TOBIAS HÜRTER

DAS ZEITALTER DER UNSCHÄRFE

Die glänzenden und die dunklen Jahre der Physik

1895–1945

Klett-Cotta

Für Herbert Schmidt

MIX
Papier aus verantwortungsvollen Quellen
FSC® C083411

Dritte Auflage, 2022

Klett-Cotta
www.klett-cotta.de

Cover: Rothfos & Gabler, Hamburg
unter Verwendung einer Abbildung von
© Christie's Images/Bridgeman Images
(Paul Cornoyer, Urban Nocturne)
Gesetzt von Dörlemann Satz, Lemförde
Gedruckt und gebunden von CPI – Clausen & Bosse, Leck
ISBN 978-3-608-98372-2
E-Book ISBN 978-3-608-11709-7

Bibliografische Information der Deutschen Nationalbibliothek
Die Deutsche Nationalbibliothek verzeichnet diese Publikation in der Deutschen Nationalbibliografie; detaillierte bibliografische Daten sind im Internet über http://dnb.d-nb.de abrufbar.

INHALT

PROLOG

Stellen Sie sich vor, Sie finden eines Tages heraus, dass die Welt, in der Sie leben, ganz anders funktioniert, als Sie bisher glaubten. Die Häuser, Straßen, Bäume und Wolken sind nur Kulissen, bewegt von Kräften, von denen sie nichts ahnten.

Genau dies ist den Physikerinnen und Physikern vor hundert Jahren widerfahren. Sie mussten einsehen, dass hinter den Begriffen und Theorien, durch die sie die Welt sahen, eine tiefere Wirklichkeit liegt, die so fremdartig auf sie wirkte, dass ein Streit darüber ausbrach, ob sich überhaupt noch von »Wirklichkeit« sprechen lässt.

Wie die Physikerinnen und Physiker in diese Situation kamen und wie sie mit ihr rangen, ist die Geschichte dieses Buches. Am Ende wird die Welt eine andere sein: Die Physiker* werden sie nicht nur neu erkannt, sondern auch zutiefst verändert haben.

---

* Aus Gründen der besseren Lesbarkeit wird im Folgenden das generische Maskulinum (Physiker, Chemiker, Mathematiker, Wissenschaftler ...) verwendet; damit sind Personen beiderlei Geschlechts bezeichnet und gemeint.

PARIS 1903
DIE ERSTEN RISSE

Paris, an einem Sommerabend im Juni 1903. Ein Garten im Boulevard Kellermann im 13. Arrondissement. Licht fällt aus den Fenstern auf den Rasen, eine Tür geht auf, frohe Stimmen dringen heraus, dann strömt eine kleine Festgesellschaft auf die Kieswege, in ihrer Mitte eine Frau in einem schwarzen Kleid: die Physikerin Marie Curie, 39. Ihr sonst oft angespanntes Gesicht ist gelöst und froh. Sie hat zu ihrer Promotionsfeier eingeladen.

Marie ist auf einem Höhepunkt ihrer Karriere. Als erste Frau in Frankreich wurde ihr der Doktortitel in einer Naturwissenschaft verliehen, mit der Auszeichnung »très honorable«.* Als erste Frau überhaupt ist sie für den Nobelpreis nominiert.

An Maries Seite strahlt ihr Mann Pierre vor Stolz. Sie ist umringt von ihrer älteren Schwester Bronia, ihrem Doktorvater Gabriel Lippmann, ihren Kollegen Jean Perrin und Paul Langevin und mehreren ihrer Schülerinnen. Der neuseeländische Physiker Ernest Rutherford feiert mit, er ist gerade mit seiner Frau Mary auf Hochzeitsreise – endlich, die Hochzeit liegt schon drei Jahre zurück. Rutherford und Marie Curie sind Konkurrenten, beide erforschen den Bau der Atome und widersprechen einander vehement. Doch dieser Streit soll heute Abend ruhen. Heute wird gefeiert.

---

* Um die Lektüre zu erleichtern, haben sich Autor und Verlag entschieden, die Orthographie vor- und umsichtig an die neue Rechtschreibung anzupassen. Sprachliche Besonderheiten, beispielsweise bei sehr privaten Äußerungen in Briefen und persönlichen Aufzeichnungen, wurden nicht verändert.

Der Weg, der für Marie in diesen glücklichen Abend mündete, beginnt fernab der französischen Metropole, im Warschau der 1860er Jahre. Polen ist zwischen den Großmächten Preußen, Russland und Österreich aufgeteilt, Warschau steht unter der Zwangsherrschaft des russischen Zaren. Niemand darf sein Heimatland laut »Polen« nennen. Am 7. November 1867 wird dort Maria Skłodowska als letztes von fünf Kindern eines Lehrerehepaars geboren. Die Gesinnung der Familie ist gegen die Besatzer gerichtet. Der Vater tut sein Bestes, seine Töchter zu unabhängigem Denken zu erziehen. Als Mania, wie Maria zuhause gerufen wird, vier Jahre alt ist, meidet die tuberkulosekranke Mutter den Kontakt zu ihren Kindern. Sie möchte keines ihrer Kinder anstecken und stirbt nach langem Kampf gegen die damals noch unheilbare Krankheit.

Mania braucht mehr als zehn Jahre, um ihre Lebensfreude wiederzugewinnen. Zuerst flüchtet sie sich ins Lernen, vergräbt sich in Bücher, bringt es mit unerbittlichem Fleiß zur Jahrgangsbesten im kaiserlichen Gymnasium. Mit 15 erleidet sie unter dem Druck, unter den sie sich selbst setzt, einen Nervenzusammenbruch. Ihr alleinerziehender Vater schickt sie zur Erholung aufs Land. Dort gelingt es ihr, die Bücher wegzulegen, sie entdeckt die Musik, feiert, flirtet und tanzt die Nacht durch. An einer polnischen Untergrund-Universität, die auch Frauen aufnimmt, beginnt sie zu studieren – und übertrifft mit ihren Leistungen alle ihre Kommilitonen. Um ihre zwei Jahre ältere Schwester Bronia, die zum Medizinstudium nach Paris geht, finanziell zu unterstützen, tritt sie eine Stelle als Gouvernante in der Familie eines Zuckerrübenfabrikanten bei Warschau an – und verliebt sich in den Sohn der Familie, den 23-jährigen Mathematikstudenten Casimir. Der Vater ist entsetzt über die Liaison. Casimir leistet ihm zunächst zaghaft Widerstand, fügt sich jedoch nach jahrelangem Hin und Her, und Mania steht allein und verlassen da, mit zutiefst verletztem Herzen, voller Wut auf die Männer: »Wenn sie keine armen jungen Mädchen heiraten wollen, sollen sie doch zum Teufel gehen!«

Die zweifache Nobelpreisträgerin Marie Curie erhielt 1903 den Nobelpreis für Physik und 1911 für Chemie; hier ist sie in ihrem Labor in Paris im Jahr 1917 zu sehen.

Im Jahr 1891 folgt Mania ihrer Schwester nach Paris. Bronia hat inzwischen geheiratet, ausgerechnet einen Casimir. Er ist Arzt, sie ist Ärztin, und beide sind erfüllt von kommunistischen Idealen. Praktiziert wird in ihrer Wohnung, und bedürftige Patienten werden gratis behandelt. Zu viel Trubel für Mania, die sich nun Marie nennt. Sie zieht in eine Dachkammer, in der sie sich buchstäblich vergräbt: in kalten Winternächten unter all den Kleidern, die sie besitzt. Um Geld zu sparen, schleppt sie nur selten einen Eimer Kohle hinauf und ernährt sich ausschließlich von Tee, Obst, trockenem Brot und Schokolade – egal! Sie ist frei. Im Paris der Jahrhundertwende sind Frauen zwar alles andere als gleichberechtigt. Eine »Studentin« (étudiante) kann sowohl eine studierende Frau als auch die Geliebte eines studierenden Mannes sein. Aber immerhin können Frauen unbehelligt studieren, und das tut Marie mit Leidenschaft. Sie verbringt ihre Tage am liebsten in Hörsälen, Labors und Bibliotheken, ihre Nächte mit ihren Büchern, lauscht den Ausführungen des legendären Henri Poincaré. Wieder übertreibt sie es und bricht in der Bibliothek zusammen. Bronia holt sie zu sich nachhause und füttert die erschöpfte und unterernährte Marie mit Fleisch und Kartoffeln, bis sie wieder zu Kräften kommt. Sofort eilt sie zurück zu ihren Büchern und wird bei den Abschlussprüfungen wieder Jahrgangsbeste.

Und was nun? Studieren dürfen Frauen zwar, aber als Forscherinnen dulden viele Männer sie nicht gerne neben sich. Marie darf sich glücklich schätzen, ein Stipendium zu erhalten, das sie bei der Erforschung der magnetischen Eigenschaften verschiedener Stahlsorten fördert. Als sie mit dem Laborgerät nicht zurechtkommt, empfiehlt ein Bekannter ihr einen Experten für Magnetismus: Pierre Curie, 35 Jahre alt, jünger aussehend, schüchtern und bedächtig. Er zeigt ihr, wie man mit Elektrometern umgeht, schließlich hat er solche Geräte selbst entwickelt. Marie gibt ihren Vorsatz auf, sich nach der Misere mit Casimir nie mehr zu verlieben: Pierre und Marie werden ein Paar.

Doch der Magnetismus von Stahl entspricht nicht Maries Berufung, es gibt Spannenderes zu erforschen. Gerade hat Wilhelm Conrad Röntgen in Würzburg zufällig die mysteriösen X-Strahlen, die Röntgen-Strahlen, entdeckt, als sie seine Hand durchleuchten, die er vor eine Elektronenröhre hält. Zu Neujahr 1896 schickt er Photos der Knochenkonturen der Hand seiner Frau, samt Ehering, unter Kollegen herum. So etwas hat vorher noch kein Mensch gesehen. Röntgenbilder lösen einen wissenschaftlichen und gesellschaftlichen Hype aus.

Im selben Jahr entdeckt Henri Becquerel in Paris – wiederum zufällig – eine Art von Strahlung, die er *rayons uraniques* nennt, Uranstrahlen, weil sie von Uran ausgehen, das er mit einer Photoplatte in eine Schublade legt. Das ist aber auch schon alles, was Becquerel über diese Strahlen in Erfahrung bringt. Wie sie entstehen, kann er nicht erklären. Er vermutet und hofft, dass sie irgendetwas mit Phosphoreszenz zu tun haben, denn diesen Effekt haben er und seine Vorläufer seit Generationen erforscht. Seine Strahlen machen weitaus weniger Furore als die von Röntgen, und seine verschwommenen Aufnahmen verblassen neben den Röntgenbildern, die auf den Titelseiten der Zeitungen gedruckt und auf Jahrmärkten gezeigt werden.

Marie Curie jedoch ist von Becquerels Entdeckung fasziniert. Sie erkennt, dass die Angelegenheit mit den wenigen Experimenten des nicht gerade arbeitswütigen Becquerel keineswegs erledigt ist, und entwickelt ein neues Verfahren zur Messung der Uran-Strahlen, beruhend auf Pierres Elektrometern. Und sie wagt es, dem mächtigen Becquerel zu widersprechen. Sie nennt die Strahlen »radioactif« statt »uranique«, weil sie überzeugt ist, dass sie eben nicht nur aus dem Element Uran kommen. Um dies zu beweisen, macht sie sich an den Nachweis neuer radioaktiver Elemente und wird in den nächsten Jahren zwei entdecken: Polonium und Radium.

Und mehr noch, Marie Curie behauptet, »dass die unbegreifliche Uran-Strahlung eine Eigenschaft des Atoms ist«, wie sie im Jahr 1898 schreibt – beim damaligen Erkenntnisstand der Wissenschaft eine Provokation. Mit den Atomen kommen die Forscher gar nicht klar. Sie haben einfach zu viele davon. Da sind die Atome der Chemiker, unteilbare und unwandelbare Materiebausteine, die sich in chemischen Reaktionen aus ihren Verbindungen lösen und neu miteinander verbinden. Da sind neuerdings auch die Atome der Physiker, die wie winzige Billardkugeln durchs Vakuum schießen und zusammenstoßen, um Druck und Hitze in Gasen zu erzeugen. Da sind die Atome der Philosophen, seit den Zeiten des Demokrit die unvergänglichen Grundbausteine der Welt. Allerdings gibt es zwischen diesen unterschiedlichen Atomen keinen theoretischen Zusammenhang. Nur dass sie eben »Atome« heißen. Und nun behauptet Marie Curie, dass innerhalb dieser Atome etwas geschieht.

Wie soll das möglich sein? Wie kann der Mechanismus funktionieren, mit dem Atome radioaktiv strahlen? Offenbar, so zeigen die Experimente, ist er unbeeinflusst von den chemischen Prozessen, von Licht und Temperatur, von elektrischen und magnetischen Feldern. Was dann löst ihn aus? Marie Curie hat einen unerhörten Verdacht: nichts. Der Prozess, in dem die Strahlung entsteht, beginnt von selbst – spontan. In einer Abhandlung für den Internationalen Physikerkongress anlässlich der Pariser Weltausstellung im Jahr 1900 schreibt sie einen ominösen Satz: »Die Spontaneität der Strahlung ist ein Rätsel, ein Gegenstand tiefen Staunens.« Radioaktive Strahlung entsteht von selbst, ohne Ursache. Damit rüttelt Curie am Fundament der Physik, dem Kausalitätsprinzip. Sie erwägt sogar, den Energie-Erhaltungssatz zu verwerfen, das eherne Prinzip der Physik, dem zufolge Energie niemals verschwindet oder aus dem Nichts entsteht. Der Mann, der Licht in Curies Rätsel bringt, ist der neuseeländische Physiker Ernest Rutherford. Er entwickelt die »Umwandlungstheorie« der Radioaktivität: Wenn ein Atom radioaktiv strahlt, verwandelt es sich von einem chemischen Element in ein anderes. Damit wankt ein weiteres Dogma der Wissenschaft. Solch eine Umwandlung gilt als unmöglich, als Spinnerei von Alchemisten und Scharlatanen. Selbst Marie Curie sträubt sich lange gegen Rutherfords Theorie, doch am Ende behalten beide recht, Curie mit der Spontaneität, Rutherford mit der Umwandlung. Es ist die alte Physik, die weichen muss.

In einem Schuppen im Innenhof der Ingenieursschule *École supérieure de physique et de chimie industrielles* im Quartier Latin, dem Gelehrtenviertel der französischen Hauptstadt, richten die Curies ihr Labor ein. Der Wind pfeift durch die Ritzen. Der Boden trocknet niemals ganz. Zuvor haben dort Studenten Leichen seziert – bis es ihnen zu ungemütlich wurde. Nun sind die Obduktionstische seltsamen Geräten gewichen: Glaskolben, Stromkabeln und Vakuumpumpen, Waagen, Prismen und Batterien, Gasbrennern und Schmelztiegeln. Als »eine Kreuzung zwischen Stall und Kartoffelkeller« erlebt der baltisch-deutsche Chemiker Wilhelm Ostwald das Barackenlabor der Curies, als er es auf seine »dringende Bitte« hin besichtigen darf. »Wenn ich nicht die chemischen Apparate auf dem Arbeitstisch gesehen hätte, dann hätte ich das Ganze für einen Witz gehalten.« Hier, im Ambiente einer Alchemistenküche, machen die Curies einige der wichtigsten Entdeckungen des anbrechenden 20. Jahrhunderts. Sie ahnen noch nicht, dass sie in ihrem zugigen Schuppen einen Grundstein zu einem neuen physikalischen Weltbild legen sollten.

In ihrem Schuppen wollen die Curies eine Substanz herstellen, die viele ihrer Fachkollegen bis vor kurzem ebenfalls für Hokuspokus hielten: reines Radium. Aber sie können ja nicht zaubern, das Radium muss irgendwoher kommen, sie brauchen einen Rohstoff. In langwierigen Versuchen ist Marie auf ein strahlendes Mineral namens Pechblende gestoßen. Sie brauchen es tonnenweise, doch in Paris ist es nicht zu bekommen, und die Curies haben kein Geld. Pierre fragt in ganz Europa herum und findet heraus, dass in der Erzmine Joachimsthal, tief im Böhmischen Wald, aus der auch die Metalle für die »Thaler«-Münzen kommen, reichlich Pechblende als Abraum anfällt. Er kann den Minendirektor überreden, ihm zehn Tonnen davon zu überlassen. Den Transport finanziert der Baron Edmond James de Rothschild, schwerreich durch die Bankgeschäfte seines Vaters, selbst mehr interessiert an Kunst, Wissenschaft und Pferden als an Finanzhandel.

Als im Frühjahr 1899 ein Berg Pechblende im Hof vor der Baracke angeliefert wird, hebt Marie eine Handvoll des »braunen, mit Kiefernnadeln vermischten Staubs« an ihr Gesicht. Nun kann es losgehen.

Es ist buchstäblich eine Knochenarbeit: Marie schleppt schwere Eimer, gießt Flüssigkeiten um, rührt mit Eisenstäben in brodelnden Tiegeln. Die Pechblende muss mit Säure, alkalischen Salzen und hunderten Hektolitern Wasser gewaschen werden. Zur Extraktion haben die Curies eine Technik namens »Fraktionierung« entwickelt. Sie kochen das Material immer wieder auf, lassen es abkühlen und kristallisieren. Leichte Elemente kristallisieren schneller als schwere, daher können die Curies auf diese Weise nach und nach Radium anreichern. Es erfordert feine Messungen und viel Geduld, aber trotz der mörderischen Schufterei sind beide glücklich. Auf ihren nächtlichen Spaziergängen vom Labor nachhause phantasieren sie gemeinsam darüber, wie reines Radium aussehen mag. Immer reiner wird ihr Radiumgemisch, immer stärker das Leuchten, das nachts aus den Glaskolben ins Labor dringt. Im Sommer 1902 sind sie endlich am Ziel und halten ein paar Zehntelgramm Radium in den Händen. Marie bestimmt das Atomgewicht des Elements und gibt ihm die Nummer 88 des Periodensystems.

Nur eine ist unglücklich: Irène, ihre Tochter, die zwei Jahre, bevor die Curies ihren Arbeitsplatz im Schuppen einrichteten, zur Welt kam. Sie bekommt Mama und Papa kaum zu Gesicht, kommen die Eltern einmal nachhause, sind sie erschöpft. Opa

Eugène kümmert sich um Irène, die alle Merkmale einer Tochter mit Bindungsangst zeigt. Wenn Mama Marie den Raum verlässt, klammert sie sich an ihren Rock und weint. Eines Tages fragt sie ihren Opa, warum Mama so selten da ist. Opa nimmt sie an die Hand und führt sie in die Laborbaracke. Irène ist entsetzt über »diesen traurigen, traurigen Ort«. Wieder eine Tochter, die ihre Mutter vermisst. Drei Jahrzehnte später wird Irène Joliot-Curie den Nobelpreis erhalten, als zweite Frau nach ihrer Mutter, für ihre Forschung zur Radioaktivität. Auch ihre Tochter Hélène wird Kernphysikerin.

An jenem Juniabend im Boulevard Kellermann ahnt Marie Curie noch nichts von dem Unglück, das über ihrer Familie heraufzieht. Für die Feier hat sie sich extra ein neues Kleid nähen lassen, aus schwarzem Tuch, darauf sieht man die Flecken aus dem Labor nicht so deutlich. Und nicht die sich wölbende Rundung ihres Bauches. Marie ist im dritten Monat schwanger. Ein paar Wochen später unternimmt sie mit Pierre eine Fahrradtour. Sie lieben es, übers Land zu rollen, haben auch ihre Hochzeitsreise mit dem Rad gemacht. Doch nun ist Marie im fünften Monat, und ihr Körper verträgt die Stöße des Fahrrads auf den holprigen Schotterstraßen nicht mehr. Sie erleidet eine Fehlgeburt. Auf der Flucht vor der Trauer stürzt sie sich in die Arbeit, immer tiefer, bis sie erneut zusammenbricht. So kann sie nicht nach Stockholm zur Verleihung des Nobelpreises reisen, der ihr und Pierre gemeinsam mit Henri Becquerel für die Entdeckung der Radioaktivität zugesprochen wurde, und die Bühne in Stockholm gehört ganz dem eitlen Becquerel. Er betritt sie in einem grünen, goldbestickten Brokatrock, Orden auf der Brust und Säbel an der Seite.

Als Marie an jenem Sommerabend ihrer Promotionsfeier Arm in Arm mit Pierre durch die Salontür hinaus in die Sommernacht tritt, heben die Gäste die Gläser auf sie. Das Paar geht ein paar Schritte aus dem Licht, für einen Augenblick nur zu zweit. Unter dem Sternenhimmel greift Pierre in seine Westentasche und zieht eine Glasphiole mit Radiumbromid hervor. Der Schimmer erleuchtet ihre Gesichter, selig und gerötet vom Alkohol, und die Haut an Pierres Finger, die verbrannt und von Rissen durchzogen ist. Es sind Vorboten der Strahlenkrankheit, an der Marie einst sterben wird, und eine erste Ahnung der Wucht der Erkenntnis, der sie auf der Spur sind.

BERLIN 1900
EIN AKT DER VERZWEIFLUNG

Der 7. Oktober 1900 ist ein Sonntag, und er verspricht, ein langweiliger zu werden. Das Ehepaar Max und Marie Planck hat in seiner großbürgerlichen Berliner Wohnung im Grunewald zum Nachmittagstee das Ehepaar Heinrich und Marie Rubens aus der Nachbarschaft zu Gast. Rubens ist Ordinarius für Experimentalphysik an der Universität Berlin, Planck Ordinarius für Theoretische Physik. Zum Verdruss der Frauen können es die Männer nicht lassen, über ihre Arbeit zu sprechen. Rubens erzählt von seinen neuesten Messungen im Labor der Physikalisch-Technischen Reichsanstalt, davon, dass die von ihm und seinen Kollegen aufgezeichneten Kurven allen bisher erwogenen Formeln widersprechen. Es geht um Wellenlänge, Energiedichte, Linearität und Proportionalität. In Plancks Kopf beginnen sich die Puzzleteile, die er seit Jahren gedanklich hin und her schiebt, zu einem neuen Muster zu verbinden. Am Abend, nachdem die Gäste längst gegangen sind, setzt er sich an seinen Schreibtisch und bringt zu Papier, was sich in seinem Kopf zusammengefügt hat: die Strahlungsformel, die allen Messdaten akkurat entspricht. Die Formel, die Planck und viele andere seit Jahren suchen. Gegen Mitternacht erwacht Marie Planck davon, dass ihr Mann die *Ode an die Freude* von Ludwig van Beethoven auf dem Klavier spielt. Es ist seine Art, seiner Freude Ausdruck zu verleihen. Noch in der Nacht schreibt er seine Formel auf eine Postkarte, die er an Rubens schickt.

»Ich habe eine Entdeckung gemacht, die ebenso wichtig ist wie die Newtons«, verkündet Max Planck, 42, seinem siebenjährigen

Sohn Erwin bei einem Morgenspaziergang durch den Grunewald. Er übertreibt nicht.

Planck ist kein geborener Revolutionär. Eher das Inbild des preußischen Beamten, stets korrekt gekleidet in einen dunklen Anzug, ein gestärktes Hemd mit steifem Kragen, um den eine schwarze Fliege gebunden ist, auf der Nase ein Zwicker gegen die Kurzsichtigkeit. Über durchdringenden Augen wölbt sich die hohe Kuppel seiner Glatze, unter der die Vorsicht regiert. Er schreibt sich selbst eine »friedfertige Natur« zu. »Meine Maxime ist immer«, vertraut er einem Studenten an, »jeden Schritt vorher zu überlegen, dann aber, wenn man ihn verantworten zu können glaubt, sich nichts gefallen zu lassen.« Seine Art des Umgangs mit neuen Ideen ist, sie in sein zutiefst konservatives Weltbild zu fügen. »Unvorstellbar, dass es dieser Mann ist, der die Revolution anzettelt«, sagt ein Student über Planck. Nicht nur er sollte eines Besseren belehrt werden.

Max Karl Ernst Ludwig Planck wird im Jahr 1858 in Kiel geboren, das damals zum Königreich Dänemark gehörte. Eine lange Gelehrtentradition durchzieht seine Familie. Der Großvater und Urgroßvater väterlicherseits waren angesehene Theologen, sein Onkel Gottlieb Planck schreibt am Bürgerlichen Gesetzbuch mit, sein Vater Johann Julius Wilhelm Planck, ebenfalls Jurist, wird im Jahr 1870 vom bayerischen König Ludwig II. mit dem Ritterkreuz ausgezeichnet und darf sich fortan »Ritter von Planck« nennen. Allesamt pflichtbewusste Patrioten mit Ehrfurcht vor dem göttlichen und weltlichen Gesetz. Zu einem ebensolchen wächst auch Max heran.

Als Max Planck gerade neun Jahre alt geworden ist, zieht die Familie nach München, in eine große Wohnung in der Briennerstraße 33. Der Vater übernimmt den Lehrstuhl für Zivilprozessrecht an der Ludwig-Maximilians-Universität, Sohn Max geht in die Sexta des Maximiliansgymnasiums (kurz »Max«), das gerade in das neue Damenstiftgebäude in der Ludwigstraße 14 gezogen ist.

Er ist nicht der beste der 65 Schüler seiner Klasse, aber ein disziplinierter. In »sittlichem Betragen« und »Fleiß« bringt er nur Einser nachhause, außerdem besitzt er jene Qualitäten, auf die es im preußischen Schulsystem ankommt, das auf die Verarbeitung großer Stoffmengen durch Auswendiglernen ausgerichtet ist. Ein Schulzeugnis spricht Max gute Chancen zu, »etwas Rechtes« zu werden. Er sei »der Liebling seiner Lehrer und seiner Mitschüler und bei aller Kindlichkeit ein sehr klarer, logischer Kopf«. Es sind nicht die Bierlokale Münchens, die den jugendlichen Planck anziehen, sondern die Opernhäuser und Konzertsäle. Überaus musikalisch entwickelt er bereits als Kind ein absolutes Gehör, spielt Geige und Klavier, singt im Kirchenchor, in dem er als Solist mit seiner Sopranstimme auch Frauenrollen übernimmt. Im Sonntagsgottesdienst sitzt er an der Orgel, außerdem komponiert er Lieder, sogar eine Operette, *Die Liebe im Walde*, die auf einem Fest des Akademischen Gesangvereins aufgeführt wird.

Nach dem Abitur, das er mit 16 Jahren souverän besteht, erwägt er, Konzertpianist zu werden. Doch als er einen Professor nach den Aussichten eines Musikstudiums fragt, erhält er die barsche Antwort: »Wenn Sie schon fragen, studieren Sie etwas anderes!« Dann doch lieber Altphilologe? Max ist unschlüssig. Der Vater schickt ihn zum Ordinarius für Physik, Philipp von Jolly, der alles daransetzt, dem Abiturienten das Physikstudium auszureden. Er schildert ihm den Zustand der Physik »als eine hochentwickelte, nahezu voll ausgereifte Wissenschaft, die nunmehr, nachdem ihr durch die Entdeckung des Prinzips von der Erhaltung der Energie gewissermaßen die Krone aufgesetzt sei, wohl bald ihre endgültige stabile Form angenommen haben würde. Wohl gäbe es vielleicht in einem oder dem anderen Winkel noch ein Stäubchen oder Bläschen zu prüfen oder einzuordnen, aber das System als Ganzes stehe ziemlich gesichert da, und die theoretische Physik nähere sich merklich demjenigen Grade der Vollendung, wie sie die Geometrie schon seit Jahrhunderten besitze«.

Mit dieser Haltung steht Jolly nicht allein. Bis zum Anbruch des 20. Jahrhunderts sind die Physiker zuversichtlich, ihre Disziplin bald zur Vollendung bringen zu können. »Die bedeutenderen Grundgesetze und Tatsachen der Physik sind alle entdeckt«, erklärt der amerikanische Physiker Albert Michelson im Jahr 1899, »und sie sind nun so fest gesichert, dass die Möglichkeit, sie könnten durch neue Entdeckungen überholt werden, äußerst fern liegt. Unsere künftigen Entdeckungen werden in der sechsten Dezimalstelle zu finden sein.«

James Clerk Maxwell, der Erfinder der klassischen Elektrodynamik, warnte schon im Jahr 1871 vor solcher Selbstzufriedenheit: »Diese Eigenart moderner Experimente – dass sie hauptsächlich in Messungen bestehen – ist so markant, dass sich offenbar die Meinung verbreitet hat, in wenigen Jahren wären alle wichtigen physikalischen Konstanten ungefähr geschätzt, und den Männern der Wissenschaft bliebe nur noch die Beschäftigung, diese Messungen eine Dezimalstelle weiter zu führen.« Maxwell betonte, dass der wahre Lohn für die »Mühe der sorgfältigen Messung« nicht größere Genauigkeit sei, sondern »die Entdeckung neuer Forschungsgebiete« und »die Entwicklung neuer wissenschaftlicher Ideen«. Es sollte genau so kommen, wie Maxwell es prophezeit hatte.

Jolly ahnt nicht, dass es dieser historische Irrtum ist, der ihm einen bescheidenen Platz in der Physikgeschichte verschaffen wird, und auch nicht, dass mit dem 16-jährigen Planck jener Mensch vor ihm sitzt, der seinen Irrtum aufdecken wird. Auch Planck ahnt nichts davon. Ein paar Stellen hinter dem Komma weiter messen und rechnen, das klingt in Plancks Ohren doch gar nicht so schlecht. Jedenfalls immer noch aussichtsreicher als die Antwort des Musikprofessors. Zum Wintersemester 1874/75 schreibt er sich in Mathematik und Naturwissenschaften ein.

An der Universität München erlebt Planck die Langeweile, die Philipp von Jolly ihm angekündigt hat. Zu Jollys Forschungsprojekten zählen die bis dahin genaueste Bestimmung des spezifischen Gewichts flüssigen Ammoniaks mit einer selbstgebauten Federwaage und die Überprüfung des Newtonschen Gravitationsgesetzes mit einer Bleikugel eines Gewichts von 5775,2 Kilogramm und eines Durchmessers von fast einem Meter – alles andere als revolutionär.

Drei Jahre lang hält es Planck an der Münchner Physikalischen Fakultät aus, dann wird es ihm dort zu langweilig, und er wechselt nach Berlin, die Hochburg der Physik, wo die Koryphäen Gustav Kirchhoff und Hermann von Helmholtz lehren.

Nach dem Sieg über Frankreich im Krieg von 1870/71 und dem Entstehen eines vereinten Deutschlands ist Berlin die Hauptstadt einer neuen, mächtigen Nation in Europa geworden. Noch sind es die Franzosen, die Reparationen bezahlen, die es ermöglichen sollen, am Zusammenfluss von Havel und Spree eine Metropole entstehen zu lassen, die es mit Paris und London aufnehmen kann. Von 1871 bis 1900 wächst die Bevölkerung von 865 000 auf über zwei Millionen Einwohner, womit Berlin zur drittgrößten Stadt Europas wird. Viele Zuwanderer kommen aus dem Osten, es sind vor allem Juden auf der Flucht vor den Pogromen des zaristischen Russlands.

Mit dem Ehrgeiz, Berlin zur europäischen Metropole zu formen, entstand auch der Wunsch, die Berliner Universität zur besten des Kontinents zu machen. Hermann von Helmholtz, der angesehenste Physiker des Landes, wird aus Heidelberg geholt. Helmholtz ist ein Universalgelehrter alten Stils, ausgebildeter Chirurg und gefeierter Physiologe. Dank seiner Erfindung des Augenspiegels hat er das Verständnis der Funktion des menschlichen Sehorgans weit vorangebracht.

Wenige andere Wissenschaftler dieser Zeit hatten einen so weiten Horizont wie Helmholtz. Der 50-jährige Gelehrte wusste, was er wert war. Er handelte ein Gehalt aus, das um ein Vielfaches über dem Üblichen lag, und bekam ein eigenes prächtiges neues Physik-Institut, das noch im Bau war, als Planck 1877 in Berlin eintraf und im Hauptgebäude der Universität, einem früheren Palast Unter den Linden, gegenüber der Oper, erste Vorlesungen hörte. Es war für Planck, als träte er aus einer engen Kammer hinaus in eine weite Halle.

Doch auch in einer Halle kann es langweilig zugehen. Kirchhoff liest seine Vorlesungen aus einem Kollegheft ab, Planck findet sie »trocken und eintönig«, Helmholtz ist schlecht vorbereitet, trägt stockend vor und verrechnet sich immer wieder. Planck, in dem immer noch der strebsame Oberschüler steckt, verlegt sich aufs Selbststudium und liest die Schriften von Rudolf Clausius über Wärmelehre und Entropie, das neue physikalische Maß für Unordnung – ein erster Schritt zur Revolution.

Mit 20 besteht Planck das Examen in Physik und Mathematik. Ein Jahr später gibt er seine Dissertation *Über den zweiten Hauptsatz der mechanischen Wärmetheorie* ab. Ein weiteres Jahr später seine Habilitationsschrift über *Gleichgewichtszustände isotroper Körper in verschiedenen Temperaturen*. Er besteht die Prüfungen »summa cum laude« und »in hohem Maße befriedigend«. Eine musterhafte Hochschulkarriere bahnt sich an.

Planck wird Privatdozent an der Ludwig-Maximilians-Universität in München und wohnt wieder bei seinen Eltern, wo er »das denkbar schönste und behaglichste Leben« führt. Damit ist Schluss, als er eine Professorenstelle in Kiel erhält. Das Jahresgehalt von 2000 Mark reicht gerade aus, um eine eigene Familie zu gründen, jetzt fehlt ihm nur noch eine passende Frau. Planck heiratet die Schwester eines Schulfreunds, Marie Merck, die aus einer reichen Bankiersfamilie stammt. Das Paar bekommt binnen zwei Jahren drei Kinder.

Gerade als Max Planck dabei ist, sich als »Familienmensch« einzurichten, wird es wieder ernst. In Berlin stirbt der seit langem kränkelnde Gustav Kirchhoff, und der Lehrstuhl für Mathematische Physik an der Friedrich-Wilhelms-Universität wird frei. Die

Berufungskommission sucht einen Kandidaten »von gesicherter wissenschaftlicher Autorität im kräftigen Mannesalter«. Ludwig Boltzmann, der Erfinder der statistischen Mechanik, und Heinrich Hertz, der Entdecker der elektromagnetischen Wellen, sagen ab. Max Planck ist die dritte Wahl. Aber ist er, gerade mal 30 Jahre alt, denn schon reif genug für einen der bedeutendsten Lehrstühle des Landes? Manche in den Gremien der Berliner Physiker, in denen das Durchschnittsalter oft um die 60 liegt, bezweifeln es. Nach Fürsprache seines anderen früheren Lehrers Hermann von Helmholtz wird Planck zwar eingestellt, aber zunächst nur als außerordentlicher Professor.

Planck muss sich also bewähren. Er sitzt nun auf dem Stuhl seines Lehrers, an der Seite seines anderen Lehrers Hermann von Helmholtz, und macht sich an die Aufgabe, die Kirchhoff unerledigt zurückließ: das Schwarzkörper-Problem.

Töpfer und Schmiede wissen seit Jahrhunderten, dass alle erhitzten Gegenstände, egal welchen Materials, in einer Folge charakteristischer Farben glühen, wenn ihre Temperatur steigt. Wenn man ein Schüreisen ins Feuer hält, glüht es zuerst in schwachem Dunkelrot, das in ein helleres Kirschrot übergeht, wenn das Eisen heißer wird, dann ins Gelbe wechselt, das dann mit steigender Hitze immer weißer und heller wird, bis es allmählich mit einem Blaustich anläuft. Diese charakteristische Farbenfolge bleibt immer gleich, im Himmel wie auf Erden, vom Rot glimmender Kohle über das Gelb der Sonne bis zum Blauweiß geschmolzenen Stahls.

Experimentalphysiker haben die Spektren der emittierten Strahlung wieder und wieder vermessen. Mit verbesserten Thermometern und Photoplatten haben sie entdeckt, dass die Farbpalette jenseits des Sichtbaren weitergeht, am kühleren Ende ins Infrarote, am heißeren Ende ins Ultraviolette. Nachkommastelle um Nachkommastelle arbeiteten sie sich voran.

Gesucht war eine Formel, die den Zusammenhang von Temperatur und Farbspektrum richtig beschreiben sollte: Das ist das Schwarzkörper-Problem. Es heißt so, weil es um Körper geht, die alle einfallende Strahlung verschlucken. Im Jahr 1859 formuliert der Physiker Gustav Kirchhoff, damals Professor in Heidelberg und eine Autorität für die Spektralanalyse von Mineralwasser, das Schwarzkörper-Problem wissenschaftlich. Doch er und andere Theoretiker scheitern immer wieder daran, die Schwarzkörper-Formel zu finden. Wilhelm Wien entdeckt eine Formel, die den hochfrequenten Teil der Spektren einigermaßen gut wiedergibt, James Jeans entwickelt eine Formel für große Wellenlängen. Aber beide Formeln versagen am jeweils anderen Ende des Spektrums.

Es ist nicht das einzige Problem, das die Physiker bewegt. Gerade sind die Röntgenstrahlen, die Radioaktivität und die Elektronen entdeckt worden, es tobt der Streit um die Existenz der Atome. Im Vergleich dazu scheint das Schwarzkörper-Problem eine Lappalie zu sein, aber gerade deshalb lässt es die Koryphäen nicht zur Ruhe kommen.

Es geht hier nicht um bloßen Denksport, vielmehr um eine Angelegenheit von nationaler Bedeutung. Im erst 1871 proklamierten deutschen Kaiserreich erhofft man sich von der Lösung des Schwarzkörper-Problems einen Wettbewerbsvorteil für die heimische Beleuchtungsindustrie gegenüber der Konkurrenz aus Großbritannien und den USA. Ein Glühfaden ist physikalisch gesehen nichts anderes als ein glühendes Schüreisen. Im Januar 1880 hat Thomas Edison sein Patent auf eine Glühlampe erhalten, die den damals üblichen Gaslampen überlegen war, worauf ein weltweiter Kampf um die Herrschaft über den Beleuchtungsmarkt folgte. Deutsche Unternehmen versuchten, effizientere Glühlampen als ihre amerikanischen und britischen Konkurrenten zu entwickeln.

Im Wettlauf um die Führung in der Elektrotechnik lag das junge deutsche Reich gut. Werner von Siemens hatte den Dynamo erfunden. Im Jahr 1887 gründet die Reichsregierung mit Siemens'

Unterstützung am Berliner Stadtrand die Physikalisch-Technische Reichsanstalt, mit einem Programm zur Erforschung der Schwarzkörper-Strahlung, auf dass deutsche Glühbirnen die besten der Welt würden.

Schließlich glaubt Friedrich Paschen, Privatdozent an der Technischen Hochschule Hannover, im Jahr 1896, die Schwarzkörper-Formel gefunden zu haben. Aber seine Konkurrenten an der Reichsanstalt widerlegen ihn mit verfeinerten Messmethoden. Ihr strahlungsphysikalisches Labor ist das bestausgestattete der Welt, voller Glühstrümpfe, Kupferspulen, Thermometer, Photometer, Spektrometer und Bolometer mit großen Zeigerskalen, durchzogen von schweren Kabelsträngen, in der Mitte ein isolierter Hohlzylinder, geheizt mit Gas und Flüssigkeit: der Schwarze Körper.

Als Max Planck Kirchhoffs Nachfolger an der Universität Berlin wird, muss er zeigen, dass ihm Kirchhoffs Schuhe nicht zu groß sind. Er muss sich im akademischen Großbetrieb der Hauptstadt-Universität bewähren, hunderte Studenten betreuen, Prüfungen abnehmen, Berichte schreiben, Sitzungen absitzen. Seine Vorlesungen hält er so trocken und wenig inspirierend, wie er es von seinem Vorgänger kennt. Sie seien »bei all ihrer außerordentlichen Klarheit etwas unpersönlich, beinahe nüchtern«, beklagt eine Studentin namens Lise Meitner. »Planck ist auch nicht zum Totlachen«, stellt ein Student fest.

Ab 1894 widmet Planck alle Zeit, die ihm zum Forschen bleibt, dem Schwarzkörper-Problem, das Kirchhoff ungelöst hinterlassen musste. Ihn fasziniert, dass es sich bei der »schwarzen Hohlraumstrahlung« um »etwas Absolutes« handele, »und da das Suchen nach dem Absoluten mir stets als die schönste Forschungsaufgabe erschien, so machte ich mich mit Eifer an ihre Bearbeitung«. Er attackiert das Schwarzkörper-Problem als purer Theoretiker: mit Papier, Stift und seinem Gehirn. Doch, nachdem er in jener Sonntagnacht endlich die gesuchte Formel niederschreibt, steht er schon vor der nächsten Herausforderung: Er versteht seine eigene

Entdeckung nicht. Als er zwei Wochen später, am 19. Oktober, im Freitagskolloquium der Physikalischen Gesellschaft im Magnus-Haus an der Spree nach einem Vortrag von Ferdinand Kurlbaum aufsteht, hat er nicht viel mehr mitzuteilen als die Formel selbst.

Der schwierige Teil der Arbeit liegt noch vor Planck. Er muss die Formel, die er erraten hat, deuten und begründen. Physiker wollen nicht nur wissen, was richtig ist, sondern auch verstehen, warum es richtig ist. In den Wochen nach seiner Entdeckung bemüht sich Planck, die Formel, die ihm so glücklich zugefallen ist, mit physikalischen Argumenten herzuleiten. Er ist ein Physiker der alten Schule, der nichts von neumodischem Kram wie der statistischen Physik eines Ludwig Boltzmann hält und der nicht an Atome glaubt. Aber mit den Begriffen seines klassischen Denkens kann er seine eigene Formel nicht verstehen. Was bedeutet diese rätselhafte Konstante namens *h*, die er in jener Nacht mit leichter Hand aufs Papier schrieb? Es ist eine Winzigkeit, dieses *h*, es beträgt nur 0,000000000000000000000000000655 (eine Ziffer mit 26 Nullen nach dem Komma). Aber es lässt sich partout nicht auf null drücken.

In einem »Akt der Verzweiflung« ringt Planck sich zu der Annahme durch, dass der Schwarzkörper aus Atomen besteht. Er greift zu den statistischen Methoden Boltzmanns, die er eigentlich ablehnt, und kommt so zu seiner Formel, aber auch zu der merkwürdigen Folgerung, »dass die Energie von vornherein gezwungen ist, in gewissen Quanten beieinander zu bleiben«. Zuerst Atome, jetzt auch noch »Quanten«. Planck hofft, dass dieser Spuk bald wieder verschwinden, seine Formel aber bleiben wird. Er hält die Quanten für »eine rein formale Annahme, und ich dachte mir eigentlich nicht viel dabei, sondern eben nur das, dass ich unter allen Umständen ein positives Resultat herbeiführen musste«. Ein bloßer Rechentrick. Nichts, was ein Weltbild aus den Fugen hebt. Noch nicht.

Am 14. Dezember 1894, um fünf Uhr nachmittags, trägt Planck

wieder im Freitagskolloquium vor: »Zur Theorie des Gesetzes der Energieverteilung im Normalspektrum« lautet der Titel seines Vortrags. Die Experimentatoren Rubens, Lummer und Pringsheim sitzen vor ihm in den Holzbänken. »Meine Herren!«, begrüßt Planck sie und spricht dann in verschachtelten Sätzen: »Als ich vor mehreren Wochen die Ehre hatte, Ihre Aufmerksamkeit auf eine neue Formel zu lenken, welche mir geeignet schien, das Gesetz der Verteilung der strahlenden Energie auf alle Gebiete des Normalspektrums auszudrücken, gründete sich meine Ansicht von der Brauchbarkeit der Formel, wie ich schon damals ausführte, nicht allein auf die anscheinend gute Übereinstimmung der wenigen Zahlen, die ich Ihnen damals mitteilen konnte, mit den bisherigen Messungsresultaten (inzwischen haben die Herren Rubens und Kurlbaum für sehr lange Wellen eine direkte Bestätigung gegeben), sondern hauptsächlich auf den einfachen Bau der Form und insbesondere darauf, dass dieselbe für die Abhängigkeit der Entropie eines bestrahlten monochromatisch schwingenden Resonators von seiner Schwingungsenergie einen sehr einfachen logarithmischen Ausdruck ergibt, welcher die Möglichkeit einer allgemeinen Deutung jedenfalls eher zu versprechen schien als jede andere bisher in Vorschlag gebrachte Formel, abgesehen von der Wienschen, die aber durch die Tatsachen nicht bestätigt wird.« Die Formel hat er also bereits verkündet, jetzt kann er sie auch begründen. Bald kommt er zum Schlüsselschritt: »Wir betrachten aber – und dies ist der wesentlichste Punkt der ganzen Berechnung – die Energie als zusammengesetzt aus einer ganz bestimmten Anzahl endlicher gleicher Teile und bedienen uns dazu der Naturkonstanten $h=6{,}55 \cdot 10-27$ ergsec.« Die Quanten sind in der Welt, und keiner bemerkt sie. Warmer Applaus ertönt von den Holzbänken.

Weder Planck noch seine Zuhörer ahnen, dass spätere Physiker jenen Nachmittag »die Geburtsstunde der Quantenphysik« nennen werden. Jahrelang versucht Planck, versuchen auch andere Physiker wie Lord Rayleigh und James Jeans in England und Hendrik Antoon Lorentz in Leiden, die Quanten wieder loszuwerden. Sie glauben an das Kontinuum, an den Äther. Sie glauben an Newton und Maxwell. All das wird fallen. Die Quanten jedoch werden bleiben.

BERN 1905

DER PATENTIERKNECHT

Bern, am Freitag, den 17. März 1905. Gleich wird die Zytglogge acht Uhr schlagen. Ein junger Mann in einem karierten Anzug eilt die steile, schmale Stiege aus dem zweiten Stock der Kramgasse 49 hinunter und über das Kopfsteinpflaster durch die Lauben. Er trägt einen Umschlag in der Hand. Mancher Passant dürfte sich über die abgenutzten, grünen, blumenbestickten Pantoffeln an seinen Füßen wundern. Der junge Mann achtet nicht auf ihre Blicke. Er muss dringend zur Post. Der Inhalt des Umschlags in seiner Hand wird die Welt verändern. Sein Name ist Albert Einstein.

Einstein ist drei Tage zuvor 26 Jahre alt geworden und zehn Monate zuvor Vater. Oben in der Zweizimmerwohnung lebt er mit seiner Frau Mileva und dem gemeinsamen Sohn Hans Albert.

Am Patentamt bekleidet Einstein die Stelle eines »Experten III. Klasse«. Kein Traumjob, aber er ist froh, sie überhaupt bekommen zu haben. Gescheiterte Promotion, keine Assistentenstelle an der Universität, eine Geburt voller Komplikationen, eine langwierige Besetzungsprozedur am Patentamt. Einstein muss sich eine Weile als Privatlehrer durchschlagen, um für Frau und Kind sorgen und die Miete bezahlen zu können. Er unterrichtet Architekten, Ingenieure und Langzeitstudenten in Physik und Mathematik. Einer seiner Schüler, ein Französischschweizer, notiert in sein Heft: »Sein kurzer Schädel wirkt ungemein breit. Der Teint ist von mattem Hellbraun. Über dem großen, sinnlichen Mund sprosst ein schmächtiger, schwarzer Schnurrbart. Die Nase hat leichte Adlerform. Die sehr braunen Augen strahlen tief und weich. Die

Stimme ist einnehmend, wie ein vibrierender Celloton. Einstein spricht korrekt Französisch mit einem leichten fremdländischen Akzent.« Daneben hört Einstein Vorlesungen in Pathologie an der Universität Bern, die Physikvorlesungen sind ihm zu langweilig. Er versucht, sich als Privatdozent einzurichten, doch die Universität lehnt sein Habilitationsgesuch ab. Seine Leistungen seien nicht ausreichend, um ihn, der nicht einmal promoviert ist, von dem Verfassen einer Habilitationsschrift auszunehmen. Einen »Schweinestall« nennt Einstein die Universität. »Ich werde nicht lesen dort.« So scheitert der erste Versuch, ein »großer Professor« zu werden.

Überhaupt sind die letzten Jahre schlecht gelaufen für Einstein. Als er sich im Jahr 1896 mit 17 am Zürcher Polytechnikum einschreibt, nachdem er im ersten Anlauf durch die Aufnahmeprüfung gefallen ist und den Umweg über das Schweizer Abitur gehen musste, gerät die Firma des Vaters in Konkurs. Einstein sitzt ohne finanzielle Unterstützung in der größten und reichsten Stadt der Schweiz, in der Metropole der Banken und der Unternehmer. Italienische Verwandte helfen mit 100 Franken monatlich aus. Das Physikstudium bewältigt er mehr schlecht als recht. Im »Physikalischen Praktikum für Anfänger« erhält er einen Verweis und schlechte Noten, außerdem fehlt er oft unentschuldigt, weil er lieber zuhause die Klassiker des Elektromagnetismus studiert: James Clerk Maxwell und Heinrich Hertz. Dazu die neuen Werke von Ludwig Boltzmann, Hermann von Helmholtz und Ernst Mach.

Besonders von Mach ist Einstein angetan, dem Wiener Physiker, der sich für ein neues wissenschaftliches Denken einsetzt und frei von unbelegten Hypothesen und metaphysischer Spekulation die Physik von Grund auf durchdenkt. Es gibt nur, was man beobachten kann, sagt Mach. Physikalische Begriffe wie Geschwindigkeit, Kraft und Energie müssen in sinnlicher Erfahrung gründen. Vorstellungen eines absoluten Raums und absoluter Zeit, die seit Newton als Dogmen gelten, seit Kant als außersinnliche Voraus-

Albert Einstein, 1921 in seinem Berliner Arbeitszimmer.

setzungen sinnlicher Erfahrung, gehören zu dem metaphysischen Gerümpel, das Mach entsorgen möchte. Es gibt keine absolute Zeit. Es gibt nur die Zeiger und Glocken der Zytglogge.

Auf die Frage nach der Existenz von Atomen pflegt Mach gegenzufragen: »Hams ans gsehn?« Er geht davon aus, dass die Antwort »Nein« lauten muss. Doch das ändert sich gerade. In den »Uranstrahlen«, die Henri Becquerel und die Curies beobachtet und erforscht haben, zeigt sich die Existenz von Atomen, und Einstein ist nicht der Typ, der leugnet, was er sieht.

Einstein findet sich damit ab, »ein mittelmäßiger Student« zu sein, und schafft die Abschlussprüfung als vierter von fünf Kandidaten. Der Physikprofessor Heinrich Friedrich Weber stellt alle Absolventen als Assistenten ein – alle außer Einstein. Zwei Promotionsversuche scheitern, weil die Professoren Einsteins Arbeiten »refüsieren«. Einstein selbst nennt sie später »meine zwei wertlosen Erstlingsarbeiten«.

Einsteins Freundin, die Serbin Mileva Marić, ist eine der ersten Frauen, die Physik studieren. Sie fällt durch die Abschlussprüfung, wird von Einstein schwanger, fällt noch einmal durch, bringt die Tochter Lieserl zur Welt. Mileva und Albert verheimlichen die Tochter vor Freunden und Verwandten und geben sie zur Adoption frei, ohne dass der Vater sein Kind überhaupt gesehen hat. Einstein ist bereits in Bern. Dann kommt Mileva nach, die beiden heiraten – gegen den Willen von Einsteins Mutter. Nicht gerade das, was man damals »geordnete Verhältnisse« nennt.

Als Einstein dann endlich die Stelle am Patentamt bekommt, sind immerhin die Geldsorgen passé. Die »hübsche Bezahlung« von 3500 Franken im Jahr reicht für ein bürgerliches Familienleben. Dafür beginnt der Stress erst richtig. Jeden Werktagmorgen um acht Uhr muss er im »Amt« im Stockwerk über der Post- und Telegraphendirektion zum Dienst erscheinen, um für acht Stunden Patente zu prüfen. Danach erteilt er noch mindestens eine Privatstunde und muss anfangs selbst Nachhilfestunden beim

Amtschef nehmen, da er nur wenig Ahnung von Maschinenbau und technischen Zeichnungen hat.

Niemand nähme es Einstein übel, wenn er sich nun, abgeschnitten von den Zentren der physikalischen Forschung, auf eine Schweizer Beamtenlaufbahn konzentrieren würde. Doch gerade im akademischen Abseits gedeiht Einstein. Er braucht den Abstand zum physikalischen Establishment, um zu seinen eigenen Gedanken zu kommen, und doch ist er nicht das einsame Genie, nicht der »Einspänner«, als den er sich selbst gern sieht. Mileva ist seit der gemeinsamen Zeit in Zürich eine kluge, kongeniale Gesprächspartnerin und Mitdenkerin, ihre Ideen und Einsteins sind manchmal kaum zu trennen.

In einem festen Kreis von Freunden, der sich »Akademie Olympia« nennt, diskutiert und schwadroniert Einstein über Physik und Philosophie, ohne sich um die Konventionen des Wissenschaftsbetriebs scheren zu müssen. Einladungen zu den Sitzungen, bei denen unentschuldigtes Fehlen nicht geduldet wird, unterzeichnet er mit »Albert Ritter von Steissbein«. Er hat das beste Sitzfleisch.

Überdies besucht Einstein regelmäßig die Abendsitzungen der »Naturforschenden Gesellschaft in Bern«, die alle zwei Wochen im Vereinszimmer des Hotels »Storchen« stattfinden. Dort führen emeritierte Professoren, Gymnasiallehrer, Ärzte und Apotheker gelehrte Diskussionen, und am 5. Dezember 1903 trägt Einstein über seine »Theorie der elektromagnetischen Wellen« vor. Später wird man sie »Relativitätstheorie« nennen. »Die Arbeit liegt erst im Konzept vor«, sagt Einstein. Dann wendet die Gesellschaft sich einem veterinärmedizinischen Thema zu.

Als Einstein Max Plancks Veröffentlichung zum Schwarzkörper-Problem von 1900 liest, erkennt er als Erster die Tragweite dieser Entdeckung: »Es war, wie wenn einem der Boden unter den Füßen weggezogen worden wäre, ohne dass sich irgendwo fester Grund zeigte, auf dem man hätte bauen können.« Wenn Licht aus »Quanten« besteht, wie Plancks Arbeit nahelegt, wie lässt sich dann noch auf Maxwells Theorie der Lichtwellen vertrauen? Einstein beschließt, den Schritt hinaus auf unsicheres Terrain zu wagen und Planck beim Wort zu nehmen.

Seit mehr als einem halben Jahrhundert, seit James Clerk Maxwell, ist Licht ein Wellenphänomen. Gegen seine physikalische Intuition hat Planck, als er mit dem Schwarzkörper-Problem kämpfte, sich zu der Annahme durchgerungen, dass Energie klümpchenweise absorbiert und emittiert wird. Energie fließt nicht gleichmäßig dahin, sondern wird in ganz bestimmten kleinsten Einheiten – Quanten – abgegeben oder aufgenommen. Aber er, wie alle anderen Physiker, blieb bei der Überzeugung, dass elektromagnetische Strahlung aus stetig dahinschwingenden Wellen besteht. Was sonst? Die lästigen Energieklümpchen müssen irgendwie entstehen, wenn Strahlung und Materie miteinander wechselwirken. In Einstein lodert der Revolutionsgeist, der Planck fehlte. Licht, ja alle elektromagnetische Strahlung, besteht nicht aus Wellen, behauptet Einstein, sondern aus teilchenartigen Quanten.

Diese verwegene Aussage steht in dem Manuskript, das in dem Umschlag steckt, den Einstein am 17. März 1905 auf dem Weg zur Arbeit zur Post trägt. Der Umschlag ist adressiert an die Herausgeber der *Annalen der Physik,* die bedeutendste Physikzeitschrift der Welt. Das Manuskript trägt den Titel »Über einen die Erzeugung des Lichtes betreffend heuristischen Gesichtspunkt«. Einstein ist sich darüber bewusst, dass sein Vorschlag noch radikaler als der Plancks ist. Licht als Teilchenstrom zu betrachten, das grenzt an Ketzerei.

Für die nächsten zwanzig Jahre wird so gut wie niemand außer Einstein an die Lichtquanten glauben. Er weiß von Anfang an, dass es ein mühsamer Kampf sein wird. Mit dem Wort »heuristisch« bekennt er, dass er seinen »Gesichtspunkt« nicht für eine gründlich ausgearbeitete Theorie hält, sondern nur für eine Arbeitshypothese, ein Hilfsmittel, um das rätselhafte Verhalten des

Lichts besser zu verstehen. Damit erleichtert Einstein es seinen Fachkollegen, seine Sichtweise überhaupt wahr- und hinzunehmen. Es ist ein Wegweiser zu einer neuen Theorie des Lichts. Doch auch das ist zu viel für seine Fachkollegen, die nicht anders über Licht denken können, als Maxwell sie zu denken gelehrt hat. Sie brauchen Jahrzehnte, um Einstein in die Dimensionen zu folgen, in die er bereits im Jahr 1905 an seinem Amtsschreibtisch aufgebrochen ist.

Und das ist erst der Anfang dessen, was der Berner Patentprüfer III. Klasse den Physikern in jenem Jahr 1905 zumutet. Im Mai landet ein Brief Einsteins bei dessen Freund Conrad Habicht, der vor ein paar Monaten von Bern nach Graubünden gezogen ist, um Mathematik in einer Dorfschule zu unterrichten. Der Brief ist erkennbar in Eile geschrieben, in fahriger Schrift mit Tintenklecksen und Ausstreichungen. Einstein hat sich nicht einmal die Mühe gemacht, ihn zu datieren. Er beginnt mit ein paar Beschimpfungen, nennt Habicht einen »eingefrorenen Walfisch« und »ein getrocknetes, eingebüchstes Stück Seele«, für das er selbst »siebzig Prozent Zorn und dreißig Prozent Mitleid« empfinde. So drückt Einstein seine Zuneigung aus. Habicht fehlt ihm, er vermisst die gemeinsamen Sitzungen der Akademie Olympia.

Dann verspricht Einstein, seinem Freund vier Arbeiten zu schicken, von denen er hofft, dass sie noch im selben Jahr erscheinen würden. Die erste ist die über Lichtquanten. Die zweite seine Doktorarbeit, in der er einen neuen Weg beschreibt, die Größe von Atomen zu messen. In der dritten erklärt Einstein die Brownsche Bewegung: den ruckelnden Tanz von Teilchen wie Blütenpollen in Flüssigkeit, über den Wissenschaftler schon seit acht Jahrzehnten rätseln. »Die vierte Arbeit liegt im Konzept vor«, schreibt Einstein, »und ist eine Elektrodynamik bewegter Körper unter Benützung einer Modifikation der Lehre von Raum und Zeit.« Als Feierabendphysiker hat Einstein durchgezogen, was Ernst Mach in ihm angeregt hat, und Raum und Zeit neu erfunden. Max Planck, der die

Arbeiten für die *Annalen der Physik* begutachtet, gibt der Theorie den Namen, der geradezu zu Einsteins zweitem Nachnamen werden wird: »Relativitätstheorie«.

Doch es ist nicht die Relativitätstheorie, die er in seinem Brief an Habicht »sehr revolutionär« nennt, sondern seine Theorie der Lichtquanten. Es ist das einzige Mal, dass er eines seiner Werke mit diesem Wort bezeichnet: »revolutionär«. Der Gutachter Planck, der die von ihm selbst in die Welt gesetzten Quanten immer noch für einen vorübergehenden Rechenbehelf hält, ist überhaupt nicht einverstanden mit Einsteins Teilchentheorie des Lichts. Aber er ist einverstanden damit, dass sie gedruckt wird. Wer ist dieser Berner Hobbyphysiker, von dem plötzlich all diese großartigen und verwegenen Theorien kommen, wundert Planck sich.

Allein die Arbeiten, die Einstein in seinem Brief an Habicht aufzählt, hätten leicht gereicht, um ihm auf ewig einen Platz in der Wissenschaftsgeschichte zu sichern. Einstein produziert sie binnen ein paar Monaten in seiner Freizeit. Nie zuvor gab es solch einen Ausbruch an Schaffenskraft bei einem Wissenschaftler. Und dann schreibt er noch eine fünfte Arbeit, die er im Brief an Habicht nicht erwähnt. In ihr leitet er die Formel $E=mc^2$ ab.

Im Januar 1906 promoviert Einstein an der Universität Zürich, worauf ihn das Berner Patentamt zum Prüfer oder, wie er sagt, zum »Patentierknecht II. Klasse« befördert. Sein Jahresgehalt wird auf 3800 Franken erhöht. Anfang 1907 schreibt Einstein in einem Brief an einen Freund: »Mir geht es gut; ich bin ehrwürdiger eidgenössischer Tintenscheißer mit ordentlichem Gehalt. Daneben reite ich auf meinem alten mathematisch-physikalischen Steckenpferd und fege auf der Geige – beides in den engen Grenzen, welche mir mein 2-jähriger Bubi für derlei überflüssige Dinge gesteckt hat.«

PARIS 1906
PIERRE CURIE GERÄT UNTER DIE RÄDER

Marie und Pierre Curie sind inzwischen zu Stars geworden. Zeitungen veröffentlichen Homestorys über die »Idylle im Physiklabor«. Währenddessen steigert sich die Aufregung um das Radium zu einem globalen Hype. Radium soll Krebs heilen, Zähne reinigen und die sexuelle Lust befeuern. Auf den Partys der Haute Volée blinken Leuchteffekte aus Radium, in Nachtclubs treten Tänzerinnen bemalt mit Radiumfarbe auf. Überall auf der Welt entstehen Radiumfabriken, die sich um den Nachschub an Pechblende streiten. Der amerikanische Stahlindustrielle und Sportler Eben Byers trinkt täglich eine Flasche Radiumwasser, um sich zu energetisieren, und stirbt qualvoll an Kieferkrebs.

Auch die Curies erforschen die physiologischen Wirkungen des Radiums. Sie legen sich Kautschukkapseln mit Radiumsalz auf die Haut und protokollieren, was die Strahlung mit ihrer Haut anrichtet. Zuerst entstehen Rötungen, dann Blasen und Geschwüre. In einem Versuch lässt Pierre eine eher schwach radioaktive Probe für zehn Stunden auf seinem Arm. Die Wunde braucht vier Monate, um zu heilen. Marie und Pierre zeigen erste Symptome dessen, was sich später als Strahlenkrankheit erweisen würde. Die Haut ihrer Hände reißt ein und entzündet sich. Pierre kann kaum noch schlafen, so stark sind seine Knochenschmerzen. Die Radioaktivität setzt sich in den Kleidern fest, die sie tragen, in dem Papier, auf das sie schreiben. Sie bringt noch mehr als hundert Jahre später die Geigerzähler zum Ticken.

Eines Tages im Jahr 1906 verlässt Pierre nach einem Streit mit Marie das Haus. Wütend und schmerzerfüllt humpelt er durch die Straßen. An einer belebten Kreuzung an der Rue Dauphine gerät er unter ein Pferdefuhrwerk, ein Hinterrad sprengt ihm den Schädel und er stirbt. Dieser Verlust ist zu viel für Marie, sie zieht um in die Nähe seines Grabes. Seither gibt es keine Photographie mehr, auf der sie lächelt. Zwei Jahre nach Pierres Tod erhält sie seinen Lehrstuhl für Physik und wird die erste Frau, die an der Sorbonne lehrt. Im Jahr 1911 bekommt sie nochmals den Nobelpreis, dieses Mal für Chemie, für die Herstellung von Radium. Dieses Mal gibt es kein Fest.

BERLIN 1909
DAS ENDE DER FLIEGENDEN ZIGARREN

Berlin, Sommer 1909. Die Berliner strömen zu Zigtausenden auf den Exerzierplatz der preußischen Armee auf dem Tempelhofer Feld. Sie sind unterwegs mit Fahrrädern, mit der U-Bahn, zu Fuß. Es ist eine Zeit, in der Technik die Menschen bewegt.

Im Gedränge nehmen viele von ihnen kaum den pyramidenförmigen Holzturm mit seiner merkwürdigen Konstruktion wahr. Sie sehen nicht die Flugmaschine, die Orville Wright in Amerika zerlegt, in Kisten verpackt, auf einem Schiff nach Europa geschickt und in Berlin wieder zusammengebaut hat. Die Konstruktion an dem Holzturm schleudert Wright mit seiner Maschine in die Luft, und im September 1909 erreicht er unter dem tosenden Jubel der Berliner einen Höhenweltrekord von 172 Metern über dem Erdboden.

Ein paar Tage zuvor war auch Orville Wright unter den Zuschauern. Er stand neben dem Kaiser auf der Tribüne, um die Fluggeräte der Deutschen zu begutachten: die Zeppeline. Graf Zeppelin selbst saß am Steuer seiner Riesenzigarre. Er flog höher und weiter als Wright, doch die Zeppeline wirken träge und unförmig neben den filigranen Flugmaschinen der Gebrüder Wright. Behäbig senkte der Graf den Bug in Richtung der Tribüne, zum Gruß des Kaisers. Wright applaudierte höflich. Die Zeppeline sind von gestern. Die Wright-Flieger sind von morgen. Der nächste Weltkrieg wird auch in der Luft geführt werden.

PRAG 1911
EINSTEIN LÄSST BLUMEN SPRECHEN

April 1911. Albert Einstein richtet sich in seinem Arbeitszimmer an der Deutschen Universität Prag ein. Er ist gerade aus Zürich hergezogen. Unter seinem Fenster liegt ein schöner Park mit alten Bäumen. Einstein wundert sich darüber, dass dort morgens nur Frauen spazieren gehen und nachmittags nur Männer. Schließlich erfährt er, dass der Park zu etwas gehört, das man in dieser Zeit eine »Irrenanstalt« nennt. »Sie sehen dort jenen Teil der Verrückten, der sich nicht mit der Quantentheorie beschäftigt«, sagt Einstein seinen Besuchern. Die Quantentheorie droht ihm selbst auf die geistige Gesundheit zu schlagen. Die Doppelnatur des Lichts und die Quanten, die er selbst in die Welt gesetzt hat, plagen ihn. Existieren sie wirklich? Er hört auf, sich darüber den Kopf zu zerbrechen. Nachdem er auf der ersten Solvay-Konferenz im November 1911 einen Vortrag über »Die Theorie der Strahlung und die Quanten« gehalten hat, beschließt er, dem Quanten-Wahnsinn ein Ende zu setzen, und widmet sich anderen Fragen mit milderen Nebenwirkungen. Er muss weg aus dem düsteren Prag. Auf die Empfehlung des französischen Mathematikers Henri Poincaré, der unabhängig von ihm auf die Gleichungen der speziellen Relativitätstheorie gekommen war, bietet die Eidgenössische Technische Hochschule Zürich ihm eine Professur an. Im Juli 1912 kehrt er als Professor zurück an jene Hochschule, die ihm einst eine Assistentenstelle verweigerte.

Doch wieder bleibt er nicht lange. Bereits ein Jahr später empfängt Einstein die Physiker Max Planck und Walther Nernst am Bahnhof in Zürich. Er kennt den Grund ihres Besuches, sie wollen ihn in die deutsche Hauptstadt holen. Aber er weiß noch nicht, was genau sie ihm zu bieten haben. 12 000 Mark Jahresgehalt, eröffnet Planck ihm, das Maximalgehalt preußischer Professoren, obendrein den Ehrensold der Preußischen Akademie der Wissenschaften, 900 Mark. Einstein ist beeindruckt. Doch er zögert, hat noch andere Offerten und erbittet einen Tag Bedenkzeit. Während Planck und Nernst einen Ausflug mit der Bergbahn auf die Rigi unternehmen, überdenkt Einstein ihr Angebot. Ob er annimmt, werden sie, wenn sie zurückkommen, an der Farbe der Blumen erkennen, kündigt er an. Rot bedeutet Ja, weiß heißt Nein. Als sie Einstein wiedersehen, hält dieser einen roten Blumenstrauß in der Hand.

CAMBRIDGE 1911
EIN DÄNE WIRD ERWACHSEN

September 1911. Ein junger Däne, noch nicht ganz 26, kommt in der englischen Universitätsstadt Cambridge an. Ein Hauch von Trauer umgibt ihn, mit seinem scheuen Blick unter dicken, hängenden Brauen und den hängenden Mundwinkeln. Wenn er scharf nachdenkt, hängen auch seine Arme mit den großen Händen am Körper herab und seine Gesichtszüge erschlaffen. Dann sieht er aus »wie ein Depp«, sagt ein Kollege. Und so klingt er auch, wenn er in langsamen, bedächtigen Sätzen spricht.

Doch der Schein trügt. Bohr ist von gewaltiger Kraft, körperlich und geistig. Im Winter läuft er Ski und Schlittschuh, im Sommer spielt er Fußball, diesen neumodischen Sport, der gerade von England aus den Kontinent erobert. Bohr ist Torhüter beim Akademisk Boldklub, den sein Vater gegründet hat. Und er ist einer der begabtesten Wissenschaftler seiner Generation. Er muss es nur noch beweisen – der Welt und sich selbst.

Bohrs wissenschaftliche Karriere begann mit einem Fehlstart. Gerade hatte er seine Dissertation über elektrische Leitung in Metallen geschrieben. Er ging davon aus, dass Elektronen die Ladung durch das Metall tragen und dabei ungehindert ihres Wegs »rumpeln« – wie Atome in einem Gas. Dieses Modell funktionierte jedoch nicht sonderlich gut. Den Doktortitel bekam er dennoch. Niemand sonst in Dänemark verstand genug von Elektronen, um ihm widersprechen zu können.

In Bohr dämmert der Verdacht, dass etwas nicht stimmt mit der aus dem 19. Jahrhundert stammenden Vorstellung von Elektronen als winzigen, geladenen Billardkugeln. Er ist nach Cambridge gereist, um beim Meister der Elektronen zu lernen: bei Joseph John Thomson, 55, genannt J. J., dem Leiter des berühmten Cavendish-Labors, gegründet von James Clerk Maxwell, und Professor am Trinity College, wo einst Isaac Newton lehrte. Thomson war es, der das Elektron vor 15 Jahren entdeckt hatte. Vielleicht kann Thomson dem jungen Dänen helfen, seine Dissertation in einer angesehenen Fachzeitschrift unterzubringen?

Bohrs großes Ziel ist es, herauszufinden, wie ein Atom funktioniert. Von den Atomen wissen Wissenschaftler bisher kaum mehr, als dass sie existieren. In Cambridge wäre Bohr genau am richtigen Ort, denn Thomson hat das gleiche Ziel. Wenn nur die englischen Umgangsformen nicht wären.

Thomson ist ein angesehener Laborleiter, aber berüchtigt für seine Unbeholfenheit beim Experimentieren und im zwischenmenschlichen Bereich. Kurz nach seiner Ankunft erdreistet Bohr sich, den großen Thomson auf ein paar Fehler und Ungenauigkeiten in dessen Buch *Conduction of Electricity Through Gases* hinzuweisen, die jedoch leicht zu beheben seien. Er sagt es fröhlich und freundlich, in stockendem Englisch, doch schnell wird ihm bewusst, welchen Fehltritt er gerade begangen hat. Er will Thomson nicht belehren, beteuert er, er will nur lernen, doch die Beteuerungen kommen zu spät. Thomson ist beleidigt und Bohr enttäuscht, dass Thomson kein Interesse daran hat, zu erfahren, dass seine Berechnungen fehlerhaft sind.

Etwas später überlässt Bohr Thomson ein Manuskript mit der Bitte um Durchsicht. Nach ein paar Tagen sieht er, dass Thomson das Manuskript noch nicht angerührt hat, und spricht ihn darauf an. Auch dies entspricht nicht den Gepflogenheiten. Thomson gibt Bohr zu verstehen, dass ein junger Mann wie er unmöglich genau so viel über Elektronen wissen könne wie er selbst.

Bohr hat verspielt bei den steifen Engländern, fortan wechselt Thomson die Straßenseite, sobald er Bohr kommen sieht. Beim gemeinsamen Abendessen an den langen Tischen der Dining Hall des Trinity College will niemand neben dem Dänen mit dem traurigen Blick Platz nehmen. Es dauert Wochen, bis überhaupt wieder jemand mit ihm spricht. »Sehr interessant«, nennt Bohr seinen Aufenthalt in Cambridge später, »völlig nutzlos.« »Sehr interessant«, »very interesting«, das ist Bohrs Standardphrase, um ein Gespräch zu beenden, wenn sein Gegenüber Blödsinn redet, grundlos spekuliert oder zweifelhafte wissenschaftliche Hypothesen verficht. »Very interesting« – auch Cambridge hat bei Bohr verspielt. Immerhin hat er nun Zeit, die dicken Romane von Charles Dickens zu lesen, und sein miserables Englisch verbessert sich zusehends.

Im Februar 1911 trauert der Däne mit dem traurigen Blick tatsächlich, als sein Vater mit nur 54 Jahren stirbt: Christian Bohr, ein angesehener Physiologe, der den Gasaustausch in der Lunge beim Atmen erforschte. Im Labor des Vaters hat Niels die Wissenschaft kennengelernt. Bohr ist allein mit seiner Trauer, er vermisst seine Verlobte Margrethe Nørlund, die Schwester eines alten Freunds. Sie haben sich ein Jahr zuvor kennengelernt, im Debattierclub »Ekliptika« in Kopenhagen, und kurz darauf beschlossen, so bald wie möglich zu heiraten. Niels schreibt Margrethe sehnsüchtige Briefe, jeden Tag mindestens einen. In einem zitiert Niels ein Gedicht von Goethe:

Weite Welt und breites Leben,
Langer Jahre, redlich Streben,
Stets geforscht und stets gegründet,
Nie geschlossen, oft geründet,
Ältestes bewahrt mit Treue,
Freundlich aufgefasstes Neue,
Heitern Sinn und reine Zwecke:
Nun, man kommt wohl eine Strecke.

Bei einem Abendessen begegnet der einsame Niels Bohr einem 40-jährigen Mann mit grau melierten, gescheitelten Haaren, Schnurrbart und seltsamem Dialekt: Ernest Rutherford ist Sohn eines schottischen Bauern, der nach Neuseeland ausgewandert ist, Professor in Manchester, Träger des Nobelpreises für Chemie und der beste Experimentalphysiker der Welt. Kräftig gewachsen, kräftige Stimme, mit der er laut flucht, wenn ein Experiment misslingt. Ein geradliniger Typ, das gefällt Bohr. Auch Rutherford hat bei J. J. Thomson studiert, jetzt liefert er sich mit seinem einstigen Lehrer einen Wettlauf: Wer findet zuerst heraus, wie Atome gebaut sind?

Bohr erkennt, dass Manchester der richtige Ort für ihn ist, nicht Cambridge. Rutherford versteht mehr von Atomen als Thomson, und er macht die spannenderen Experimente. Statt mit steifer britischer Attitüde begegnet er Bohr mit Freundlichkeit und ermutigt ihn. »Er war fast wie ein zweiter Vater für mich«, wird Bohr später über Rutherford sagen und dem vierten seiner sechs Söhne den Namen »Ernest« geben.

Im März 1912 gelingt es Bohr endlich, von Cambridge nach Manchester zu wechseln, entschlossen, zu lernen, wie man mit Radioaktivität experimentiert. Allerdings wird auch in Manchester kein besserer Experimentator aus ihm, er ist zwar nicht »völlig nutzlos«, aber doch weitgehend.

Die Radioaktivität ist der Schlüssel zum Aufbau der Atome. Diese Überzeugung teilt Rutherford mit seiner geschätzten Konkurrentin Marie Curie, mit der er sonst gerne streitet. Vor ein paar Jahren hat Rutherford im Cavendish-Labor die Identität der Alphastrahlung geklärt. Sie besteht aus Teilchen, die viel schwerer als Elektronen und entgegengesetzt und doppelt so stark geladen sind. Als Rutherford und Geiger diese Alphateilchen einfingen und elektrisch neutralisierten, erkannten sie, dass es sich um Heliumatome handelt. Beim Alphazerfall verwandelt sich also ein großes Atom in ein kleineres, indem es ein Stück, das dem leichtesten Heliumatom gleicht, aus sich herausschleudert. Nur weiß noch niemand genau, was ein Atom ist.

Rutherford kommt auf die Idee, dass Alphateilchen sich als Geschosse eignen. Man kann mit ihnen auf andere Dinge schießen, um herauszufinden, woraus diese Dinge bestehen. Gemeinsam mit Geiger bombardiert er eine dünne Goldfolie mit Alphateilchen aus einer radioaktiven Quelle. Es klingt spannender, als es ist. Rutherford überlässt es seinen Mitarbeitern, stundenlang im dunklen Labor zu sitzen und zu warten, bis die Pupillen ihrer Augen sich genügend geweitet haben, um die winzigen Blitze zu zählen, die entstehen, wenn Alphateilchen auf einen phosphoreszierenden Schirm treffen.

Sie staunen über das, was sie beobachten. Die meisten Alphateilchen fliegen durch die Goldfolie, als wäre sie gar nicht da. Manche ändern die Richtung um wenige Grad, wie Streifschüsse. Was die Physiker überraschte, war, dass manche Alphateilchen gar nicht durch die Folie kommen. Sie fliegen zurück in die Richtung, aus der sie gekommen sind. Es ist, sagt Rutherford später, »so ziemlich das unglaublichste Ereignis meines Lebens, so unglaublich, als feuere man eine schwere Granate auf ein Papiertaschentuch und sie prallt zurück und trifft einen selbst«. An irgendetwas, das noch schwerer ist als sie selbst, müssen die Alphateilchen abgeprallt sein, erkennt Rutherford. Er folgert: Atome haben kleine, dichte »Kerne«, in denen fast ihre gesamte Masse geballt ist. Der Rest eines Atoms ist ziemlich leer. Rutherford vergleicht den Kern eines Atoms gern mit »einer Mücke in einer Konzerthalle«.

Der richtige Gedanke – aber Rutherford fehlt noch das richtige Argument dafür. J. J. Thomson glaubt noch immer fest an sein kernloses »Plumpudding«-Modell, dem zufolge die Elektronen in den Atomen in eine gleichverteilte Masse eingebettet wären wie Rosinen in einen Kuchen. Rutherford hat nicht die Mittel, ihn umzustimmen. Er ist Laborphysiker. Mit Formeln und Theorien ist er so ungeschickt wie Thomson beim Experimentieren.

Einer von Rutherfords Assistenten heißt Charles Darwin, Enkel des großen Evolutionsbiologen – und der einzige Theoretiker in Rutherfords Gruppe. Als Niels Bohr nach Manchester kommt, versucht Darwin gerade, Rutherfords Beobachtungen theoretisch zu verstehen. Darwin vermutet, dass die meisten Alphateilchen sich im Gewirr der Elektronen in der Goldfolie verheddern und dabei ihre Energie verlieren. Nur ausnahmsweise stößt ein Alphateilchen auf einen dieser mutmaßlichen Kerne und springt zurück. Auf diesem Weg will Darwin herausfinden, wie Atome gebaut sind. Er stellt sich vor, die Elektronen schwirrten ungeordnet im Volumen des Atoms umher.

Es funktioniert nicht. Als Darwin sein Modell anpasst, um nachzuvollziehen, wie Alphateilchen in verschiedenen Materialien steckenbleiben, kommt Unsinn heraus. Die Atome haben die falsche Größe. Bohr sieht diesen Unsinn und fühlt sich an seine eigene Doktorarbeit erinnert. Er ahnt, dass die Ursache beide Male dieselbe ist: Die Elektronen haben nicht so viel Bewegungsfreiheit, wie er selbst und Darwin angenommen haben. Sie hängen am Atomkern. Bohr spielt mit verschiedenen Bildern. Er denkt sich die Elektronen als kleine Bälle, die an Federn auf und ab schwingen. Als miniaturisierte Planeten, die den Kern ihres Atoms wie eine Sonne umkreisen. Es ist nur ein Gedankenspiel, einer Sache ist Bohr sich jedoch sicher: Die Elektronen müssen in Bewegung sein. Sonst würde das Atom auseinanderfallen. Andererseits: Wenn sie in Bewegung sind, müssen sie elektromagnetische Strahlung abgeben und allmählich zum Stillstand kommen. Paradox!

Dann tut Bohr einen verwegenen Schritt. Um seine Atome zu stabilisieren, bestimmt er, dass die Elektronen sich nicht mit jeder beliebigen Energie im Atom bewegen dürfen. Ihre Energie verändert sich nur in festen Stücken: immer nur um ein »Quantum«. Wie kommt er darauf? Es bleibt sein Geheimnis. Vielleicht wiederholt sich die Geschichte, und Bohr vollzieht den gleichen

»Akt der Verzweiflung«, den Max Planck einst in einem ganz anderen Zusammenhang vollzogen hat. Bohr kennt den Trick, mit dem Planck vor elf Jahren auf seine Strahlungsformel kam, und er kennt Einsteins Lichtquanten. Freimütig gesteht er, dass er seinen Vorschlag nicht begründen kann, so wie damals Planck seinen nicht begründen konnte. Noch immer schwebt die Idee der Energiequanten in der Luft, noch immer umwoben von einer Aura des Rätselhaften.

Aber es funktioniert: Bohr kann nun die Bremsmanöver der Alphateilchen viel besser nachvollziehen. Hastig schreibt er den Entwurf eines Forschungspapiers zusammen und eilt, nach nur drei Monaten in Manchester, zurück nach Hause, um Margrethe zu heiraten. Am Donnerstag, den 1. August 1912, werden sie in Margrethes Heimatstadt Slagelse auf der Insel Seeland getraut – nicht in der prächtigen mittelalterlichen Kirche, sondern im Rathaus. Bohr, der nicht an Gott glaubt, lehnt eine religiöse Trauung ab. Der Bürgermeister von Slagelse ist in Urlaub, daher treten Margrethe und Niels vor den Polizeichef, um einander das Eheversprechen zu geben. Die Zeremonie dauert zwei Minuten.

Bohr ist glücklich, nicht mehr eigenhändig schreiben zu müssen. Es fällt ihm schwer, gleichzeitig zu schreiben und zu denken, viel lieber redet er. Von nun an diktiert er viele seiner Arbeiten seiner sprachbegabten Frau Margrethe, die sein holpriges Englisch korrigiert. Ursprünglich wollte sie Französischlehrerin werden, jetzt wird sie seine Sekretärin. Ihre Arbeit beginnt schon auf der Hochzeitsreise. Das Paar fährt nach Cambridge und Manchester, wo Niels Margrethe seine Wirkungsstätten zeigt. In Manchester können sie Ernest Rutherford das Forschungspapier überreichen, in dem Niels die Atome enträtselt. Rutherford ist beeindruckt.

In den nächsten Monaten zeigt sich, wie fruchtbar das von Bohr zusammengebastelte Atommodell ist. Mit ihm kann er ein Rätsel lösen, das die Physiker Jahrzehnte vergeblich zu entschlüsseln suchten: das der Spektrallinien des Wasserstoffs. Seit einem

Jahrhundert beobachten sie, dass das Licht der Sonne, wenn man es mit einem Prisma in die Regenbogenfarben zerlegt, von hunderten schwarzen Linien durchzogen ist, und sie haben ausgeklügelte Formeln entwickelt, um die Linienmuster zu beschreiben. Die Analyse der Spektrallinien ist ein eigener Wissenschaftszweig geworden – aber niemand hat eine Ahnung, wie diese Linien entstehen.

Mit seinem Atommodell kann Bohr die Spektrallinien nun fast nebenbei erklären. Wie die Schwerkraft die Planeten an die Sonne bindet, so hält die elektrische Anziehung die Elektronen in ihren Umlaufbahnen. Anders als Planeten können Elektronen auf höhere oder niedrigere Orbits springen – aber nur, wenn die Energie, die sie dabei gewinnen oder verlieren, der Quantenbedingung entspricht. In Bohrs Händen wird die Wissenschaft von den Spektrallinien zur Wissenschaft von den Elektronensprüngen.

Die Erklärung der Spektrallinien des Wasserstoffs ist hübsch, aber vielleicht ja nur ein Glückstreffer? Die Skeptiker überzeugt Bohr mit einer spektakulären Vorhersage über Helium, das zweite Element im Periodensystem, das auf der Erde selten, aber ein Hauptbestandteil der Sonne ist. Es wurde zuerst in den Spektrallinien der Sonne nachgewiesen. Sein Name kommt aus dem griechischen *helios,* »die Sonne«. In der Glut des Sonnenfeuers kann ein Heliumatom eines seiner zwei Elektronen verlieren. Das andere Elektron kann von Bahn zu Bahn springen – wie in einem Wasserstoffatom. Bohr sagt mit seinem Modell voraus, dass die Frequenzen im Heliumspektrum sich um den Faktor 4 von denen im Wasserstoffspektrum unterscheiden. Ein britischer Experimentator misst in seinem Labor genau nach und kommt auf einen Faktor von 4,0016. Er folgert, dass Bohrs Modell falsch sein müsse.

Doch Bohr antwortet schnell. Er hat aus Gründen der Vereinfachung angenommen, dass die Masse des Elektrons vernachlässigbar klein sei im Vergleich zur Masse des Atomkerns. Als er die bekannten Massen in seine Formel einsetzt, berechnet er einen

Faktor von 4,00163. Eine zuvor unerreicht genaue Übereinstimmung zwischen Theorie und Experiment, eine Sensation! Schnell spricht sich herum, dass ein junger Däne eine große Entdeckung gemacht hat.

Damit begründet Niels Bohr die Atomphysik. Sein Modell beantwortet lange offene Fragen, doch es wirft auch neue Fragen auf. Wie entscheidet sich ein Elektron, ob und auf welche Bahn es springt? Wieder einmal scheinen die Ereignisse in der Quantenwelt spontan ihren Lauf zu nehmen, wieder einmal scheint das Prinzip von Ursache und Wirkung außer Kraft gesetzt. »Das mit der Kausalität plagt auch mich viel«, wird Albert Einstein ein paar Jahre später an Max Born schreiben, nachdem das Rätsel der unverursachten Quantensprünge noch immer nicht gelöst war. Einstein ist nicht allein mit seiner Sorge. Die Physiker spielen begeistert mit Bohrs Atom herum, während sie im Stillen wissen, dass etwas nicht stimmt.

Auch Bohr selbst sieht, dass sein Modell nicht die ganze Wahrheit sein kann. Nicht einmal die halbe, ahnt er. Aber es ist eine Spur in Richtung Wahrheit, und das ist es, was er gesucht hat, denn er denkt wie ein Ermittler. Er liebt Detektivgeschichten, die er reihenweise verschlingt. Auf ihren Reisen schleppen die Bohrs manchmal einen ganzen Koffer voller Krimis mit. Niels Bohr weiß: Der erste Verdächtige ist nie der Mörder.

NORDATLANTIK 1912
DER UNTERGANG DER UNFEHLBARKEIT

Am 10. April 1912 läuft die *Titanic*, der weltweit als unsinkbar gepriesene Riesendampfer, zu ihrer Jungfernfahrt aus dem Hafen von Southampton aus und nimmt Kurs auf New York. Tausende Kilometer entfernt in der Karibik ist das Wetter in diesem Frühjahr ungewöhnlich warm, was den Golfstrom verstärkt. Mit dem kalten Wasser des Labradorstroms treiben hunderte Eisberge aus dem Polarmeer nach Süden. Wo beide Ströme aufeinandertreffen, entsteht eine Barriere von Eisbergen, durch die die Route der Titanic führt. Die Nacht auf den 15. April ist sternenklar über dem Nordatlantik. Die Metalllegierung, aus der die Hülle der *Titanic* gefertigt ist, wird spröde im kalten Wasser, und das Schiff schrammt an einem Eisberg entlang, den der Labradorstrom von einem Gletscher im Westen Grönlands herangetragen hat. Das Eis reißt mehrere Löcher in die Hülle an der Steuerbordseite unterhalb der Wasserlinie. In einem dreistündigen Drama sinkt die *Titanic*, und mit ihr der Glaube an die Unfehlbarkeit der Wissenschaft und Technik. Nur 711 von 2201 Passagieren und Besatzungsmitgliedern überleben.

Der italienische Physiker Guglielmo Marconi, Erfinder der Radiotelegraphie und Träger des Nobelpreises, muss sich nicht mit anderen Passagieren um die Plätze in den Rettungsbooten streiten. Er hat die Einladung ausgeschlagen, mit seiner Familie gratis an der Jungfernfahrt teilzunehmen, denn er hat gerade viel Arbeit und war ungeduldig, nach New York zu kommen. Daher war er drei Tage zuvor mit einem anderen Dampfer über den Atlantik aufgebrochen. Glück gehabt.

Dennoch spielt Marconi eine Schlüsselrolle in diesem Drama. Er hat die Funkanlage der *Titanic* gebaut, die beiden Funker an Bord, Jack Phillips und Harold Bride, sind Angestellte seines Unternehmens. Sie funken SOS und die Position der *Titanic* an andere Schiffe, und sie funken auch weiter, nachdem der Kapitän sie von ihrer Aufgabe entbunden hat, bis das Wasser in den Funkraum läuft. Bride überlebt. Phillips ertrinkt. »Jene, die gerettet wurden, wurden durch einen Mann gerettet, Herrn Marconi und seine wunderbare Erfindung«, sagt der britische Postminister später. Die Theorie der elektromagnetischen Wellen rettet Leben. Wer wagt es, an ihr zu rütteln?

MÜNCHEN 1913
EIN KUNSTMALER KOMMT NACH MÜNCHEN

In den Tagen, in denen Niels Bohr beim *Philosophical Magazine* die erste Arbeit einreicht, in der er sein Atommodell beschreibt, fliehen Adolf Hitler, Kunstmaler, und Rudolf Häusler, arbeitsloser Kaufmann, die gemeinsam in einem Wiener Männerwohnheim gewohnt haben, mit dem Zug aus Österreich nach München, um sich dem Militärdienst zu entziehen. Sie streifen durch die Stadt, auf der Suche nach einer Unterkunft. An einer Schneiderei in der Schleißheimer Straße hängt ein Schild: »Kleines Zimmer zu vermieten«. Hitler klopft. Die Schneidersfrau Anna Popp öffnet ihm und zeigt ihm das Zimmer im dritten Stock. Hitler sagt sofort zu. Für eine Miete von drei Mark pro Woche wohnen Hitler und Häusler bei den Popps. Hitler malt jeden Tag ein Aquarell, manchmal zwei. Stadtansichten, die er abends in den Schankwirtschaften an Touristen verkauft. Er hat keinen Kontakt zur lebendigen Künstlerszene und bekommt keinen Besuch. Nachts liest er politische Hetzschriften. Als die Schneidersfrau ihm rät, die Finger von den politischen Büchern zu lassen und dafür mehr zu malen, antwortet er: »Liebe Frau Popp, weiß man, was man im Leben braucht oder nicht braucht?«

Währenddessen beginnt in Österreich-Ungarn die Suche nach Wehrdienstflüchtlingen. Am 22. August 1913 stellt die Wiener Polizei eine Suchanzeige: »Hietler, Adolf, zuletzt wohnhaft Männerheim, Meldemannstraße, gegenwärtiger Aufenthalt noch unbekannt, Nachforschungen werden fortgesetzt.«

Am 17. August hat Kaiser Franz Joseph seinen Thronfolger, Erzherzog Franz Ferdinand, zum »Generalinspektor der gesamten bewaffneten Macht« ernannt und damit dessen Befugnisse erweitert. Der große Widersacher des Thronfolgers, Graf Franz Conrad von Hötzendorf, Chef des Generalstabs, fordert einen Präventivkrieg gegen Serbien und Montenegro. Franz Ferdinand lehnt ab. Noch herrscht Frieden.

MÜNCHEN 1914
AUF TOURNEE MIT DEM ATOM

Im Juli 1914 geht Niels Bohr wieder auf Tournee, mit seinem Atom, ohne seine Frau. Seine Reise führt nach Göttingen und München. Göttingen ist die Hochburg der reinen Mathematik und der mathematischen Physik, dort wirkte im 19. Jahrhundert Carl Friedrich Gauß, der *Princeps Mathematicorum.* Allerdings hat sich seit Gauß' Zeiten wenig getan in Göttingen, und der Ruhm beginnt schon etwas zu bröckeln. Die traditionsreiche Stadt ist kein einfaches Pflaster für Bohr. Nachdem die Nachrichten von seinem Atommodell sich nach Göttingen herumgesprochen hatten, winkten die Autoritäten ab. Das Modell ist ihnen zu »verwegen« und »abstrus«. Nun ist Bohr also leibhaftig da, um es vorzustellen, mit seiner sanften Stimme und bedächtigen Sprechweise, in unbeholfenem Deutsch. Und immerhin erzielt er einen kleinen Fortschritt: Die Reaktionen sind nicht mehr einhellig ablehnend. Alfred Landé, Assistent des Mathematikers David Hilbert, nennt das Modell »Unsinn«. Max Born, der gerade Professor geworden ist und das Modell, als er es auf Papier gesehen hat, völlig unverständlich fand, urteilt milder, nachdem er Bohr zugehört hat: »Dieser dänische Physiker sieht so sehr wie ein echtes Genie aus, da muss was dran sein.«

In München hat Bohr es leichter. Dort regiert Arnold Sommerfeld, der 64-jährige Ordinarius für theoretische Physik mit dem Zack und dem Schnurrbart eines Husarenoberst. Obwohl er einige Jahre in Göttingen verbracht hat, hat Sommerfeld sich seinen Forschergeist und seine jugendliche Neugier bewahrt. Er ist einer der ersten Wissenschaftler, die Einsteins spezielle Relativitätstheorie unterstützt haben, während andere Physiker seiner Generation sich noch gegen eine Umdeutung von Raum und Zeit sträubten. Als die Kunde von Bohrs Atom die Runde machte, schrieb er Bohr, dass er zwar eine gewisse Skepsis hege, die Vorhersagekraft des Modells aber »fraglos eine große Leistung« sei. In München empfängt Sommerfeld den Gast aus Dänemark freundlich und ermutigt seine Studenten, sich mit der neuen Atomphysik zu beschäftigen.

Die deutschen Physiker James Franck und Gustav Hertz führen in den Jahren von 1912 bis 1914 Stoßexperimente mit Elektronen durch, die als Franck-Hertz-Versuch in die Geschichte eingehen. In einem Glaskolben beschleunigen sie Elektronen mit einem elektrischen Feld und lassen sie durch eine Wolke aus Quecksilberdampf fliegen. Sie messen, wie viel Energie die Elektronen in den Kollisionen mit den Quecksilber-Atomen verlieren. Im Mai 1914 erkennt Albert Einstein als einer der Ersten, dass die Messungen von Franck und Hertz die Quantenhypothese bestätigen und damit Bohrs Atommodell stützen.

Doch in jenen Monaten lässt ein Ereignis die Physik völlig in den Hintergrund treten. Am 28. Juni 1914 erschießen serbische Nationalisten den Neffen des Kaisers und Thronfolger Österreich-Ungarns Franz Ferdinand und seine Frau Sophie. Bei seinem Onkel, Kaiser Franz Joseph I., hält sich die Trauer in Grenzen. Er erachtet Franz Ferdinand als untauglich für den Kaiserberuf, was sich schon darin zeigte, dass dieser sich dafür entschieden hat, aus Liebe zu heiraten. Sophie, eine frühere Hofdame, war aus Sicht des Kaisers derart unter dem Stand des Thronfolgers, dass er die Heirat erst nach langem Widerstand erlaubte, jedoch nur unter der Bedingung, dass Sophie nicht »die künftige Kaiser-Gemahlin werde«, sondern nur »die Gemahlin des künftigen Kaisers«, und dass die Nachkommen des Paares den Nachnamen der Frau trügen und keinen Anspruch auf den Thron hätten. Nach dem Tod des eigenwilligen Franz Ferdinand rückt des Kaisers Großneffe Karl als Thronfolger nach, der deutlich traditioneller denkt.

Das Attentat auf Franz Ferdinand bleibt nicht ungesühnt, und Österreich lässt sich dazu hinreißen, Serbien anzugreifen. Dadurch gerät das Netz zwischenstaatlicher Verträge, das Europa im Gleichgewicht hält, in Bewegung, ein Land nach dem anderen mobilisiert seine Truppen. Die Julikrise erfasst den Kontinent. Die Mittelmächte um das Deutsche Reich und Österreich-Ungarn sehen sich der Triple Entente aus Großbritannien, Frankreich und Russland gegenüber, zu der sich bald auch Italien gesellen sollte.

Im Juli 1914 fährt Niels Bohr mit seinem jüngeren Bruder Harald von München nach Tirol, um in den Bergen zu wandern. In den Zeitungen, die sie in die Finger bekommen, lesen sie immer beunruhigendere Berichte über einen bevorstehenden Krieg. Alle Reisenden begeben sich eiligst nach Hause, und auch die Brüder Bohr sehen ein, dass jetzt nicht die Zeit zum Wandern ist. Eine halbe Stunde bevor Deutschland Russland den Krieg erklärt, überqueren sie die Grenze zurück nach Deutschland. In einem Zug, der so überfüllt ist, dass sie die Nacht stehend auf dem Gang verbringen müssen, fahren sie von München nach Berlin, wo ihnen mit Wucht die Kriegsbegeisterung entgegenschlägt. »Da war dieser grenzenlose Enthusiasmus«, erinnert Niels Bohr sich später, »da war ein Geschrei und Gebrüll, dass man jetzt wieder in den Krieg ziehe. Solcher Enthusiasmus ist üblich in Deutschland, sobald es um etwas Militärisches geht.« Sie nehmen den Zug nach Warnemünde, von wo die letzte Fährverbindung ins neutrale, sichere Dänemark geht.

Der Krieg hatte Bohrs Debüt in der deutschen Physik jäh gestoppt. Er ist zurück in Kopenhagen, wo er kein eigenes Labor hat und kaum Zeit für die Forschung findet. Stattdessen muss er Medizinstudenten Physik beibringen, muss an die Tafel schreiben, wieder selbst schreiben, was ihm schwerfällt. Im Hörsaal kann Margrethe ihm dies nicht abnehmen.

Es ist Krieg, die dänische Regierung hat kein Ohr für Bohrs Bitte, ein Institut für theoretische Physik zu gründen. Dankbar nimmt er daher eine Einladung Rutherfords an, zurück nach Manchester zu kommen. Es ist fast wie ein Nachhausekommen für Bohr, der Rutherford nach dem Tod seines Vaters »beinah wie einen zweiten Vater« betrachtet.

Doch vieles hat sich inzwischen verändert, nichts ist mehr wie vor drei Jahren. Rutherfords Labor wirkt wie ausgestorben. Viele Forscher sind im Krieg. James Chadwick, der zu Kriegsbeginn mit einem Stipendium in Berlin war, sitzt nun für die Dauer des Kriegs in Gefangenschaft. Henry Moseley, einer der begabtesten Studenten Rutherfords, wird in der Schlacht von Gallipolli zwischen dem britischen und dem osmanischen Reich von einem Scharfschützen erschossen. Hans Geiger, nach dem der Geigerzähler benannt ist und der die Streuexperimente bei Rutherford durchgeführt hat, ist Offizier bei der deutschen Artillerie und bereitet in der »Gastruppe« einen Gaskrieg vor. In Frankreich bauen Marie Curie und ihre Tochter Irène mobile Röntgenstationen für Soldaten.

Auch Rutherford hat kaum noch Zeit, über Atome nachzudenken. Er entwickelt ein Sonarsystem gegen die deutschen U-Boote, die die britischen Kriegs- und Handelsschiffe angreifen. Bohr steht wieder einmal allein da. Der Krieg ist keine günstige Zeit für einen, der versucht, die Welt zu verstehen.

Bohr trifft die Isolation besonders schwer. Seine Art, zu forschen und zu verstehen, besteht zeit seines Lebens im Diskutieren, in einem fortlaufenden informellen Seminar mit Kollegen. Er ist angewiesen auf den Dialog mit anderen Wissenschaftlern, denkt laut, schleudert Ideen heraus und korrigiert sie, springt vor und zurück, schweift ab, hält inne und grübelt. Es beginnt eine glückliche, aber wissenschaftlich eher karge Zeit für ihn und seine frisch angetraute Frau. Margrethe fühlt sich wohl in Manchester. Die Industriestadt ist zwar nicht so charmant wie Cambridge, aber die Menschen sind freundlicher, findet sie.

Trotz des Kriegs kommt der Wissenschaftsbetrieb nicht ganz zum Erliegen. In München, das von der internationalen Physik völlig abgeschnitten ist, nimmt Sommerfeld sich das Bohrsche Atom gründlich vor. Aufsätze und Fachmagazine kursieren auf obskuren Wegen zwischen den Feindesländern. Auch wenn Nationen aufeinander schießen, können Ideen noch reisen. Und auch über die Schützengräben hinweg kann Bohr andere Physiker inspirieren.

In Manchester kommt Bohr der Gedanke, dass Elektronen nicht nur in Kreisen, sondern auch in elliptischen Bahnen um den Kern ihres Atoms laufen könnten. Das wäre womöglich eine Erklärung dafür, dass die Spektrallinien des Wasserstoffs sich manchmal in mehrere feine Linien aufteilen. Aber als er diesen Gedanken durchrechnen will, bleibt er stecken.

Für einen Physiker von Weltrang ist Bohr ein bemerkenswert schlechter Mathematiker. Was an seinen Forschungsaufsätzen auf den ersten Blick auffällt, sind die wenigen Gleichungen. Stattdessen beginnt er bei allgemeinen Konzepten und Annahmen, unternimmt eher philosophische Reflexionen, hält die quantitativen Folgerungen und formalen Ableitungen sparsam. Für die meiste Zeit seiner Karriere bedient er sich einer Reihe mathematisch begabter Mitarbeiter, um seine außergewöhnlichen physikalischen Einsichten in formale Argumente zu verwandeln. Diese Arbeitsweise trägt zu der mystischen Aura bei, die sich nach und nach um Bohr rankt. Er hat einen unvergleichlich guten Blick und erkennt sofort, wo die entscheidenden Fragen und Probleme liegen und auf welchem Weg eine Antwort zu finden wäre. Aber er ist oft außerstande, diese Antwort selbst auszuarbeiten. Viele Jahre später erinnert Werner Heisenberg sich an ein Gespräch, in dem »Bohr mir bestätigte, er habe die komplizierten atomaren Modelle nicht mit klassischer Mechanik ausgearbeitet, sie seien ihm eher intuitiv gekommen, auf Grundlage seiner Erfahrung, als Bilder«.

Und so ist Bohr nicht in der Lage, seine Idee der elliptischen Umlaufbahnen ganz auszuarbeiten. Er veröffentlicht eine nur skizzenhafte Darstellung seines Vorschlags, die irgendwie den Weg nach München findet und in die Hände des formal versierten und ideenreichen Arnold Sommerfeld gelangt. Ausgebildet in bester deutscher Tradition, meisterhaft in mathematischer Methodik und ihrer Anwendung auf Probleme der Mechanik und des Elektromagnetismus, ist Sommerfeld der richtige Mann, um den nächsten Schritt zu tun.

Wenn Bohr der Kopernikus des Atoms ist, dann ist Sommerfeld sein Kepler. Er tüftelt die mechanischen Feinheiten des miniaturisierten, gequantelten Planetensystems aus und findet ein überzeugendes Argument dafür, dass auch elliptische Umlaufbahnen der Elektronen auf bestimmte Werte beschränkt sind. Die Elliptizität einer Bahn ist, wie ihre Höhe, in Quanten gestückelt. Mit solchen Tricks kann Sommerfeld die Muster der Spektrallinien weiter enträtseln.

Bohr sieht mit Begeisterung, dass sich sein Atommodell als fruchtbar erweist. »Ich glaube nicht, dass ich jemals etwas mit mehr Freude gelesen habe als Ihre schöne Arbeit«, schreibt er an Sommerfeld. Die Physiker beginnen, vom Bohr-Sommerfeld-Atom zu sprechen, der vielleicht ersten wahrhaft globalen Errungenschaft der Wissenschaft. Der Kern stammt vom Neuseeländer Rutherford, das Bauprinzip vom Dänen Bohr, der Rutherford in England traf, die Feinheiten stammen aus Deutschland von Sommerfeld. Doch ist es auch eine gewagte Mischung aus alter und neuer Physik, aus klassischer Mechanik und Quanten, fruchtbar zwar, aber wohl falsch, das sieht auch Bohr selbst.

Im Jahr 1916 kehrt er nach Kopenhagen zurück, dieses Mal, um zu bleiben. Er ist nicht mehr der scheue Student von einst. Der dänische Staat hat seinem beständigen Drängen nachgegeben, und die Universität, an der er einst Anfängervorlesungen hörte, richtet ihm einen eigenen Lehrstuhl, sogar ein eigenes Institut ein. Anfangs besteht es nur aus einem kleinen Büro, das sich Bohr mit seinem ersten Assistenten, dem Niederländer Hendrik Kramers, teilt. Im Jahr 1919 kommt ein dritter Schreibtisch für seine Sekretärin dazu. Aber Bohr hat größere Pläne. Er sammelt Geld für ein eigenes Institutsgebäude im Blegdamsvej, einer kleinen Straße in Kopenhagen. Im Jahr 1921 öffnen sich die großen Doppeltüren des dreistöckigen Baus, über denen in großen Lettern »UNIVERSITETS INSTITUT FOR TEORETISK FYSIK« steht. Rechter Hand von der großen Eingangshalle befindet sich das Auditorium, außerdem gibt es eine Bibliothek und eine Cafeteria.

Während der Kriegsjahre irren viele Physiker durch die Welt, auf der Suche nach einem sicheren, ruhigen Ort. Bohr findet ihn zuhause. Er ist nun einer der wenigen Professoren für theoretische Physik weltweit und bald schon eine Berühmtheit in Dänemark. In den 1920er Jahren besuchen mehr als 60 Theoretiker das Bohr-Institut und verweilen dort für längere Zeit. Viele bleiben jahrelang. Sie kommen aus aller Welt – aus den USA, aus der Sowjetunion, aus Japan. Die meisten von ihnen sind jung. Bohr persönlich kümmert sich um die Finanzierung ihrer Aufenthalte. Er etabliert eine neue Art der Zusammenarbeit, die weit über die Physik hinausgeht. Die Physiker arbeiten nicht nur zusammen, sie leben zusammen, essen zusammen, spielen zusammen Fußball. Bohr fährt mit ihnen Ski, geht mit ihnen wandern und ins Kino. Am liebsten sieht er Western-Filme.

Als der junge niederländische Physiker Hendrik Casimir nach Kopenhagen reist, um von Bohr zu lernen, prüft Casimirs Vater, ob Bohr wirklich landesweit berühmt ist, indem er einen Brief an »Casimir, c/o Niels Bohr, Dänemark« adressiert. Der Brief kommt noch vor Casimir an. Der Vater ist beruhigt. Sein Sohn ist in guten Händen.

Ein besserer Redner ist Bohr noch immer nicht geworden. In seinen Vorträgen stottert und stolpert er herum, springt von einem Gedanken zum anderen: »äh, und, und, und ... aber, aber ...« Vortragen bedeutet für ihn nicht, bereits Durchdachtes zu erklären, sondern laut zu denken.

BERLIN 1915
GUT IN DER THEORIE, SCHLECHT IN BEZIEHUNGEN

Zürich, im Februar 1914. Albert Einstein, 34, ahnt, dass ihm eine Zeit des Umbruchs bevorsteht, im Denken wie im Leben. Er schreibt nach Berlin an seine Cousine und Geliebte Elsa Löwenthal, 38: »Ich komme nicht zum Schreiben, weil ich mit wirklich großen Dingen beschäftigt bin. Tag und Nacht grüble ich an der Vertiefung der Dinge, die ich in den letzten zwei Jahren allmählich gefunden habe und die einen unerhörten Fortschritt in den Grundproblemen der Physik bedeuten.« Ein paar Tage später fährt er fort: »Mein kleiner Junge hat Keuchhusten, Mittelohrentzündung und Grippe und ist sehr heruntergekommen. Der Arzt verlangt, dass man mit ihm für einige Zeit nach dem Süden geht, sobald es sein Zustand erlaubt. Dies hat sein Gutes. Denn Miza muss mitgehen, und ich werde einige Zeit allein in Berlin sein.« Miza, das ist seine Frau Mileva. Es steht schlecht um die Ehe der Einsteins. »Ich behandle meine Frau wie eine Angestellte, die man nicht entlassen kann«, sagt Albert seiner Geliebten.

Am 29. März 1914, einem regnerischen Sonntag, fährt Einstein mit dem Zug in Berlin ein. Man sieht ihm nicht an, dass er in die deutsche Hauptstadt kommt, um zu bleiben. Er reist mit leichtem Gepäck, betritt den Bahnsteig mit seinem Geigenkoffer in der Hand und einer halbfertigen Theorie im Kopf. Sie wird später »allgemeine Relativitätstheorie« heißen und ihren Urheber zum berühmtesten Wissenschaftler der Welt machen.

Noch ist der künftige Ruhm jedoch nur eine Verheißung. In

Wissenschaftlerkreisen gilt er als der kommende Kopernikus, darüber hinaus kennt ihn kaum jemand. Max Planck und Fritz Haber, die Mächtigen der Preußischen Akademie der Wissenschaften, haben lange daran gearbeitet, Einstein nach Berlin zu holen. Anders als zuvor in Zürich, soll er in Berlin alle Freiheit zu forschen haben. Er darf an der Universität lehren, aber er muss es nicht. Einstein freut sich auf sein Dasein »als Akademie-Mensch ohne irgendeine Verpflichtung, quasi als lebendige Mumie«. Erst einmal hat er zwei Wochen Zeit, um sich mit Elsa zu vergnügen. Dann kommt Mileva mit den beiden Söhnen nach Berlin.

Einer von Einsteins ersten Terminen in Berlin ist ein Treffen mit Leopold Koppel, dem einflussreichen Unternehmer und Bankier. Dessen Stiftung unterstützt die gerade gegründete Kaiser-Wilhelm-Gesellschaft zur Förderung der Wissenschaften, bekämpft die Sozialdemokratie und bezahlt Einsteins Gehalt. Koppel will die Gründung eines Kaiser-Wilhelm-Instituts für Physik finanzieren, mit Einstein als Direktor. Aber das dauert noch. Vorerst richtet Haber Einstein ein Büro bei sich im Kaiser-Wilhelm-Institut für physikalische Chemie und Elektrochemie im ruhigen Stadtteil Dahlem ein. Dort findet Einstein genau das, was er braucht: Ruhe, denn er arbeitet an nichts Geringerem als dem Sturz der Mechanik Newtons.

Diesen Coup bereitet Einstein schon seit Jahren vor. Im Herbst 1907 wurde ihm klar, »dass alle Naturgesetze innerhalb des Rahmens der speziellen Relativitätstheorie behandelt werden können – nur nicht das Gravitationsgesetz«. Er brauchte eine Weile, um die Gründe dafür zu verstehen, bis ihm eines Tages der »Durchbruch« gelang, als er an seinem Schreibtisch im Patentamt in Bern saß und seine Gedanken schweifen ließ. Einstein stellte sich einen Menschen vor, der vom Dach eines Hauses fällt. Im freien Fall spürt er sein eigenes Gewicht nicht, er ist schwerelos im Schwerefeld der Erde. Dieses Gedankenexperiment führte ihn auf die Spur zu seiner Theorie der Gravitation.

Es erinnert an den Gedankenblitz, den der 23-jährige Isaac Newton hatte, als er im Jahr 1666 im Garten seiner Eltern saß und einen Apfel vom Baum fallen sah – und darauf kam, dass die Kraft, die den Apfel abwärts zieht, die gleiche sein muss, die den Mond auf seiner Bahn um die Erde hält. Nur dass bei Einstein der Beobachter selbst fällt, bei Newton nur der Apfel.

Jahrelang tüftelt Einstein daran, die Erkenntnis aus seinem Gedankenexperiment in Formeln zu fassen. Fast nichts davon dringt nach außen, nur das Gerücht, dass Einstein etwas Großem auf der Spur sei.

Max Planck wäre es lieber, wenn Einstein ihn bei der Entwicklung der Quantentheorie unterstützen würde, oder besser noch: dabei, die Quanten wieder aus der Welt zu schaffen. Er rät Einstein davon ab, seine Revolution der Gravitation weiter zu verfolgen, denn er werde damit sowieso nicht durchkommen.

»Und wenn Sie durchkommen, wird Ihnen niemand glauben«, prophezeit Planck Einstein. »Wozu eine neue Theorie der Gravitation, wenn wir eine altbewährte haben?«, fragt der konservative Planck.

Einstein weiß, wozu. Auch wenn Newtons Gesetze der Schwerkraft bisher den Beobachtungen entsprechen, widersprechen sie dem Prinzip seiner speziellen Relativitätstheorie, der zufolge sich keine Wirkung schneller als die Lichtgeschwindigkeit ausbreiten kann. In Newtons Theorie wirken Kräfte zwischen Körpern ohne Zeitverzögerung über beliebig weite Distanzen hinweg, also unendlich schnell. Einstein will die Gravitation als Feld verstehen, so wie schon Elektrizität und Magnetismus verstanden werden. Er stellt sich vor, dass die Erde ein Gravitationsfeld erzeugt, ähnlich wie ein elektrisches oder magnetisches Feld, und dieses Feld dann auf Äpfel, Menschen und Planeten wirkt. Nur dass die Gravitation, anders als die elektromagnetischen Kräfte, stets anziehend wirkt, nie abstoßend, was die Sache komplizierter macht.

Die Schlüsselidee hatte Einstein schon 1907 im Berner Patentamt. Im freien Fall gleicht die Trägheit des fallenden Körpers genau die Beschleunigung durch die Schwerkraft aus. Umgekehrt fühlt sich Beschleunigung, zum Beispiel in einem Auto, genauso an wie Schwerkraft. Träge Masse ist gleich schwere Masse: Dieses »Äquivalenzprinzip« arbeitet Einstein seit Jahren zu einer Theorie aus, und er ist schon ziemlich weit gekommen, als er in Berlin den Bahnsteig betritt.

Einstein hat berechnet, dass Lichtstrahlen im All durch Himmelskörper, an denen sie vorbeistreifen, stärker abgelenkt werden, als Newtons Theorie es vorhersagt. Wer also die Lichtablenkung genau nachmisst, kann überprüfen, ob Einstein besser liegt als Newton. Einstein versucht es, indem er alte Photoplatten von Sonnenfinsternissen auswertet. Wenn die Sonne vom Mond verdunkelt ist, werden die Sterne direkt daneben sichtbar. Doch die Aufnahmen sind zu schlecht.

Mehr Aussicht auf Erfolg bietet die totale Sonnenfinsternis am 14. August 1914, beobachtbar in Nordkanada, Nordeuropa und Teilen Asiens. Der Astronom Erwin Freundlich, einer der wenigen Wissenschaftler, die Einsteins Theorie ernst nehmen, bricht im April mit allerlei Apparaturen nach Russland auf. Doch dann bricht der Krieg aus, und statt die Sonnenfinsternis zu photographieren gerät Freundlich in russische Gefangenschaft.

Währenddessen zerbricht die Ehe der Einsteins. Alberts Ton gegenüber Mileva wird immer chauvinistischer: »Du sorgst dafür, dass ich die drei Mahlzeiten IM ZIMMER ordnungsgemäß vorgesetzt bekomme«, weist er sie schriftlich an. »Du verzichtest auf alle persönlichen Beziehungen zu mir. Du hast eine an mich gerichtete Rede sofort zu sistieren, wenn ich darum ersuche.« Seiner Frau gegenüber benutzt er die autoritäre Sprache, die er selbst an Preußen verachtet. Ende Juli 1914 trennen sich Albert und Mileva. Sie zieht mit den Söhnen zurück nach Zürich, er in eine kleine Wohnung in Wilmersdorf. An seine Geliebte Elsa schreibt Albert: »Besuchen darf ich Dich nicht. Wir müssen sehr heilig thun in dieser Zeit.« Von seiner neuen Wohnung ist es nur eine Viertelstunde zu Fuß zu Elsa.

Ausgerechnet jetzt ist Einstein in Berlin gelandet, jetzt, da die deutsche Hauptstadt vor Nationalismus und Kriegsbegeisterung tost, ausgerechnet er, dem aller Militarismus so zuwider ist, dass er seine deutsche Staatsbürgerschaft aufgab und jahrelang in der Schweiz lebte, zuerst als Staatenloser, dann als Schweizer Bürger, zwischendurch mit einem österreichischen Pass. Nun ist er zurück in seiner Heimat, zurück in der Fremde. Er ist preußischer Beamter.

»Unglaubliches hat nun Europa in seinem Wahn begonnen«, schreibt Einstein seinem Freund Paul Ehrenfest. »In solcher Zeit sieht man, welch trauriger Viehgattung man angehört. Ich döse ruhig dahin und empfinde nur eine Mischung aus Mitleid und Abscheu.« Er setzt sich für die Gründung eines Völkerbunds ein und schließt sich dem Bund Neues Vaterland an, der einen Frieden durch Verständigung und demokratische Reformen anstrebt.

Doch mit seiner Haltung gegen den Krieg wird es einsam um Einstein. Viele seiner Kollegen stimmen ein in die nationalistische Euphorie. Selbst seine Freundin Lise Meitner, die Physikerin aus Österreich, wundert sich im Jahr 1916 nach einem gemeinsamen Abend: »Einstein spielte Violine und gab nebstbei so köstlich naive und eigenartige politische und kriegerische Ansichten zum Besten.« Max Planck ruft seine Studenten in die Schützengräben zum Kampf gegen »die Brutstätten schleichender Hinterhältigkeit« auf. Walter Nernst, 50, meldet sich freiwillig zum Dienst als Sanitätsfahrer. Fritz Haber verwendet sein überragendes chemisches Können darauf, Kampfstoffe zu entwickeln, und wird zum führenden Kopf der Vorbereitung eines Gaskriegs. Während Haber an der Westfront den ersten großen Gasangriff vorbereitet, gibt Einstein Habers zwölfjährigem Sohn Hermann Nachhilfe-Unterricht in Mathematik. Bei dem Angriff ergießen sich 150 Tonnen Chlorgas auf die schutzlosen Soldaten in den französischen Stellungen,

1500 von ihnen sterben. Kurz nach dem Angriff erschießt sich Habers Frau mit seiner Dienstpistole, doch Haber entwickelt weiter Gaswaffen, widmet sein ganzes Institut mit mehr als 1500 Mitarbeitern diesem Vorhaben.

Planck, Nernst, Röntgen und Wien sind unter den 93 Unterzeichnern eines Aufrufs »An die Kulturwelt!«, der am 14. Oktober 1914 in den großen deutschen Tageszeitungen und weiteren im Ausland erscheint. Die Unterzeichner protestieren »gegen die Lügen und Verleumdungen, mit denen unsere Feinde Deutschlands reine Sache in dem ihm aufgezwungenen schweren Daseinskampfe zu beschmutzen trachten«. Sie streiten ab, dass Deutschland den Krieg verschuldet hat und dass es die Neutralität Belgiens verletzt hat – was sogar der deutsche Kanzler zugibt. »Glaubt uns!«, schreiben sie, »glaubt, dass wir diesen Kampf zu Ende kämpfen werden als ein Kulturvolk, dem das Vermächtnis eines Goethe, eines Beethoven, eines Kant ebenso heilig ist wie sein Herd und seine Scholle.« Einstein hätte sich von seinem Förderer Planck gewünscht, in solche Töne nicht einzustimmen. »Sogar die Gelehrten der verschiedenen Länder gebärden sich, wie wenn ihnen vor acht Monaten das Großhirn amputiert worden wäre«, klagt er in einem Brief.

In den Augen vieler seiner Kollegen kämpft Einstein einen doppelt aussichtslosen Kampf: gegen den Krieg, für eine neue Theorie der Gravitation. Noch dazu erwächst ihm ein gefährlicher Konkurrent: David Hilbert, der legendäre Göttinger Mathematiker, arbeitet ebenfalls an einer neuen Gravitationstheorie. »Die Physik ist für die Physiker viel zu schwer«, sagt Hilbert. Eine Provokation für den Physiker Einstein.

Einstein gerät zuerst in Aufregung, dann in einen Schaffensrausch. Über Kollegen erkundigt er sich diskret nach Hilberts Forschungsfortschritten. Hilbert mag der bessere Mathematiker sein, aber Einstein hat die überragende physikalische Vorstellungsgabe. Er denkt sich das Gravitationsfeld als Auswuchs einer Krümmung des Raum-Zeit-Gefüges, das er »mit einem in der Luft schwebenden (ruhenden) Tuche« vergleicht. Die Körper krümmen die Raum-Zeit wie Kugeln, die in dem gespannten Tuch einsinken. Diese Vorstellung gilt es nun in Formeln zu fassen, was selbst Einstein an die Grenzen seiner mathematischen Fähigkeiten führt. Das Genie kommt nicht mit Geistesblitzen voran, sondern mit Mühe, Fleiß und Ausdauer. Stück für Stück setzt er seine Feldgleichungen zusammen, präsentiert in einer Sitzung der Akademie eine Fassung seiner Theorie, die er unbescheiden preist: »Dem Zauber dieser Theorie wird sich kaum jemand entziehen können, der sie wirklich erfasst hat.« Bereits in der nächsten Sitzung, eine Woche später, überrascht er die Akademiemitglieder mit einer erweiterten Fassung. Eine weitere Woche später bringt er eine spektakuläre Entdeckung mit: Er kann mit seiner Theorie die rätselhaft verschlungene Umlaufbahn des sonnennächsten Planeten Merkur, die sogenannte »Periheldrehung«, erklären. Ein Fingerzeig: Einstein ist auf dem richtigen Weg. Noch eine Woche später, zur Sitzung am 25. November 1915, hat Einstein seine Feldgleichungen noch einmal ergänzt – ein letztes Mal. Die Theorie ist fertig, nach acht Jahren mühevollen Ringens. »Damit ist endlich die allgemeine Relativitätstheorie als logisches Gebäude abgeschlossen«, sagt er. Hilberts Beitrag erwähnt er nicht.

David Hilbert hat seine Gleichungen fünf Tage vorher zur Veröffentlichung eingereicht, am 20. November 1915, doch seine Arbeit erscheint erst später. Unentschieden. Einstein bittet Hilbert um Versöhnung: »Es ist zwischen uns eine gewisse Verstimmung gewesen, deren Ursache ich nicht analysieren will. Ich gedenke Ihrer wieder in ungetrübter Freundlichkeit, und bitte Sie, dasselbe bei mir zu versuchen. Es ist objektiv schade, wenn sich zwei wirkliche Kerle, die sich aus dieser schäbigen Welt etwas herausgearbeitet haben, nicht gegenseitig zur Freude gereichen.« Hilbert nimmt das Friedensangebot an, doch er besteht zeit seines Lebens auf seiner Urheberschaft der Gravitationsgleichungen.

DEUTSCHLAND 1916
KRIEG UND FRIEDEN

1916, das dritte Kriegsjahr. Ein unsichtbarer Riss durchzieht Deutschland, spaltet Familien, entzweit Freunde. Die Physiker Friedrich Paschen und Otto Lummer experimentierten einst einträchtig im optischen Labor der Physikalisch-Technischen Reichsanstalt. Damit ist es vorbei. Lummer ist voller Kriegsbegeisterung, Paschen wünscht sich Frieden.

Als nationale Eiferer tun sich unter den Physikern vor allem Wilhelm Wien, Johannes Stark und Philipp Lenard hervor. Wien verfasst einen Aufruf »zur Bekämpfung des englischen Einflusses in der Physik«. Lenard veröffentlicht im August 1914 ein Pamphlet über »England und Deutschland zur Zeit des großen Krieges«, in dem er schreibt: »Könnten wir England gänzlich vernichten, so würde ich das als keine Sünde gegen die Zivilisation ansehen. Fort also mit aller Rücksichtnahme auf Englands sogenannte Kultur. Fort mit der Scheu vor den Gräbern von Shakespeare, Newton, Faraday!« Damit steht Lenard nicht allein. Er spricht aus, was viele deutsche Professoren denken.

Der deutschstämmige Professor Albert Einstein denkt anders. Er veröffentlicht einen Beitrag in einem »vaterländischen Gedenkbuch« mit dem Titel *Das Land Goethes 1914–1916*, herausgegeben vom Berliner Goethebund. Der dicke Band versammelt Beiträge von Paul von Hindenburg, Walther Rathenau, Ricarda Huch, Sigmund Freud und anderen. Darunter viel patriotrisches Getöse und martialisches Gebrüll. Nur wenige äußern vorsichtig Sorge, so etwa die Dramatikerin Elsa Bernstein unter ihrem Pseudonym Ernst

Rosmer: »Gott schuf den Tod, der Mensch den Mord.« Einstein wird deutlicher: »Man kann sich die Frage vorlegen: Wieso verliert der Mensch in Friedenszeiten, während welcher die staatliche Gemeinschaft fast jede Äußerung viriler Rauflust unterdrückt, nicht die Eigenschaften und Triebfedern, welche ihn während des Krieges zum Massenmord befähigen? Damit scheint es sich mir so zu verhalten. Wenn ich in ein gutes normales Bürgergemüt hineinsehe, erblicke ich einen mäßig erhellten, gemütlichen Raum. In einer Ecke desselben steht ein wohlgepflegter Schrein, auf den der Hausherr sehr stolz ist und auf den jeder Beschauer sogleich mit lauter Stimme hingewiesen wird; darauf steht mit großen Lettern das Wort ›Patriotismus‹ geschrieben. Diesen Schrank zu öffnen ist aber für gewöhnlich verpönt. Ja der Hausherr weiß kaum oder gar nicht, dass sein Schrank die moralischen Requisiten des tierischen Hasses und Massenmordes birgt, die er dann im Kriegsfalle gehorsam herausnimmt, um sich ihrer zu bedienen. Diesen Schrein, lieber Leser, findest Du in meinem Stübchen nicht, und ich wäre glücklich, wenn Du Dich der Ansicht zuwenden möchtest, dass in jene Ecke Deines Stübchens ein Klavier oder ein kleiner Bücherkasten besser hineinpasste als jenes Möbel, das Du nur darum erträglich findest, weil Du von Jugend an daran gewöhnt worden bist.«

Andere Physiker öffnen den Schrein des Patriotismus mit Begeisterung. Im Jahr 1919 hört Philipp Lenard die Reden des ersten NSDAP-Führers Anton Drexler und die Adolf Hitlers. Im Februar 1920 besucht er »die erste Massenveranstaltung der Partei« und ist begeistert. 1926 reist Lenard zu einer Parteiveranstaltung nach Heilbronn, um Hitler persönlich kennenzulernen. 1928 besucht Hitler ihn in seiner Heidelberger Wohnung – für Lenard eines der denkwürdigsten Ereignisse seines Lebens.

BERLIN 1917
EINSTEIN BRICHT ZUSAMMEN

Die harte Geistesarbeit, der Lebensstil eines Junggesellen und die Trübnis des Krieges zehren an Albert Einsteins Gesundheit. Im Februar 1917 bricht er mit starken Magenschmerzen zusammen. Die Diagnose lautet Leberschwäche. Sein Zustand verschlechtert sich über die nächsten zwei Monate stetig, er verliert 25 Kilogramm Körpergewicht. Es ist der Beginn einer Reihe von Krankheiten – darunter Gelbsucht, Gallensteine und ein lebensbedrohliches Zwölffingerdarmgeschwür am Magenausgang –, die ihn über die nächsten Jahre heimsuchen werden. Mit noch nicht einmal 38 Jahren sorgt er sich ernsthaft um seinen »krächeligen Leichnam«. Der Arzt verordnet ihm eine »Brunnenkur und strenge Diät«. Leicht gesagt. Preußen hungert. Nach einer Missernte und dem »Steckrübenwinter« sind sogar die Kartoffeln knapp. Es gibt Ersatzbrot aus Blut und Sägemehl, Ersatzmarmelade aus Rüben, Ersatzbutter aus Rindertalg, Ersatzkaffee aus Kastanien, Ersatzgewürz aus Asche und überhaupt viel Ersatz: Ersatzseife aus Tonsand, Ersatzkleidung aus Papier – Deutschland wird zur Ersatznation. Die Behörden empfehlen gebratene Krähen als Ersatz für Hühnchen. Katzen, Ratten und Pferde landen auf den armselig befeuerten Herden. Im Jahr 1915 zählt das Land 88 000 Hungertote, im Jahr darauf sind es bereits 120 000.

Im Vergleich zu vielen anderen Berlinern ist Einstein jedoch noch gut dran. Seine Schweizer Verwandten schicken ihm Lebensmittelpakete. Elsa pflegt ihn. Zur Erholung fährt er mit seinem »kleinen Harem«, bestehend aus Elsa und ihren Töchtern, im Sommer 1918 in das Fischerdorf Ahrenshoop an der Ostsee. Dort arbeitet er nicht, telefoniert nicht, liest keine Zeitung, sondern liegt in der Sonne, macht barfuß kurze, eher gemächliche Strandspaziergänge. Die schmerzhaften Anfälle hören auf, und im Wintersemester 1918/19 kann er seine Arbeit an der Universität wieder aufnehmen. Er hält sein Samstagvormittags-Kolleg über die Relativitätstheorie, doch schon bald muss Einstein es »wegen Revolution« wieder absagen. Am 3. Oktober 1918 hat die Reichsregierung ein Friedensgesuch an den amerikanischen Präsidenten Woodrow Wilson gerichtet. Der verlangt eine Demokratisierung Deutschlands.

Frieden und Demokratie: zwei gute Nachrichten für Einstein. Ein Schock für viele Deutsche, die sich bis zuletzt als Sieger wähnten. Die Armee ist stark dezimiert und erschöpft. Am 4. November revoltieren die Matrosen in Kiel. Ihr Aufstand wächst zur Revolution, die sich über Deutschland ausbreitet und am 9. November Berlin erreicht. Arbeiter- und Soldatenräte bilden sich und rufen den Generalstreik aus. Vor dem Reichstag fordern Demonstranten, den Krieg sofort zu beenden. An dem Samstag, an dem Einsteins Kolleg ausfällt, wird die Republik ausgerufen, in der darauffolgenden Nacht dankt der Kaiser ab und flieht in die Niederlande. Einstein schickt euphorische Postkarten an seine Verwandten in die Schweiz: »Das Große ist geschehen!« – »Bei uns ist der Militarismus und der Geheimratsdusel gründlich beseitigt.«

Zusammen mit Max Born und dem Psychologen Max Wertheimer fährt Albert Einstein mit der Straßenbahn zum Reichstag, in der Tasche das Manuskript einer Rede an die »Genossinnen und Genossen«. Die bewaffneten Revolutionäre vor dem Reichstag erkennen ihn und lassen ihn durch zum gerade ausgerufenen Reichspräsidenten Friedrich Ebert. Einstein erwirkt, dass der Rektor der Universität, den die revolutionären Studentenräte eingesperrt haben, freigelassen wird. Zu seiner Rede kommt er nicht.

BERLIN 1918
PANDEMIE

Haskell County im amerikanischen Bundesstaat Kansas ist eine dünn besiedelte Gegend. Sandstürme fegen über die öde Ebene. Hier leben vor allem Bauern. Viele von ihnen halten Hühner. Der Arzt Loring Miner wird im Februar 1918 zu ungewöhnlich vielen Hausbesuchen gerufen. Er eilt von Hof zu Hof, um Menschen zu behandeln, die plötzlich schwere Grippesymptome entwickeln: Husten, Fieber, rasselnde Geräusche in der Lunge. Dr. Miner wundert sich: Viele Patienten sind jung und waren bislang kerngesund. Das ist nicht die übliche Grippewelle. Miner schickt eine Warnung an den Gesundheitsdienst, doch er bekommt nie eine Antwort.

Im März, während jenseits des Atlantiks die deutsche Armee ihre Frühjahrsoffensive gegen Frankreich beginnt, erreicht die Grippewelle die Militärbasis Haskell. Ein Koch erkrankt, der das Essen an Rekruten ausgibt, die sich auf den Kriegseinsatz in Europa vorbereiten. Die Rekruten fahren in engen Schiffen über den Atlantik, dann liegen sie unter elenden hygienischen Bedingungen in den Schützengräben, im Schlamm, im Dreck, in der Kälte, in der Nässe, mit Ungeziefer und Ratten. Ihr Immunsystem ist nicht vorbereitet auf das mutierte Grippevirus, das spätere Biologen dem Typ H1N1 zuordnen werden. Jeden Tag infizieren sich viele Tausend Soldaten, jeder zehnte stirbt. Manche geraten in deutsche Gefangenschaft. So gelangt das Virus auf die andere Seite der Front. Bald hat es 900 000 deutsche Soldaten außer Gefecht gesetzt. Die Militärärzte auf beiden Seiten können nicht viel tun.

Im späten Frühling, am 27. Mai 1918, kann man erstmals in der Zeitung von dem Virus lesen. Die spanische Nachrichtenagentur Fabra meldet, »eine merkwürdige Krankheit mit epidemischem Charakter« sei in Madrid aufgetreten. Sie hat auch König Alfons XIII. befallen. So bekommt das Virus den Namen »Spanische Grippe«, obwohl es gar nicht aus Spanien stammt. Nur schreiben die spanischen Zeitungen offen über die Epidemie, denn Spanien nimmt nicht am Krieg teil und es gibt keine Kriegspropaganda und keine Militärzensur.

Das Virus breitet sich mit unterschiedlichstem Namen über den ganzen Erdball aus. Die Briten nennen es »flandrisches Fieber«, dort haben sich ihre Soldaten angesteckt. Die Polen sagen »Bolschewikenkrankheit«, die Deutschen »Blitzkatarrh«, wegen des raschen Krankheitsverlaufs. Die Spanier sprechen von der »portugiesischen« Krankheit«, die Senegalesen von der »brasilianischen«. Die *New York Times* schreibt von der »deutschen Grippe«, weil sie vor allem Deutsche befalle. Jeder hat seine eigene Schuldzuweisung.

Soldaten auf Heimaturlaub schleppen das Virus ins Deutsche Reich, wo es auf eine ausgehungerte, demoralisierte Bevölkerung trifft. Die erste Welle verläuft noch sanft, die meisten Infizierten überstehen die Krankheit. Dafür trifft die zweite Welle im Herbst das Kaiserreich, das bald zur Republik wird, umso härter. Binnen weniger Monate erkranken Hunderttausende. 400 000 Menschen sterben, allein in Berlin sind mehr als 50 000 Tote zu beklagen. Weltweit sterben 50 Millionen Menschen an diesem Grippevirus, doppelt so viele wie durch den Ersten Weltkrieg.

Niemand kann sich sicher fühlen. In München stirbt der Philosoph und Ökonom Max Weber, in Wien der Maler Egon Schiele. In Prag liegt der durch eine Lungentuberkulose geschwächte Schriftsteller Franz Kafka wochenlang mit der Grippe darnieder – und überlebt.

Die Grippe, die Hungersnöte, der zermürbende Krieg an zwei

Fronten, das alles ist zu viel für Deutschland. Am 11. November 1918 unterzeichnen französische und deutsche Delegierte im Wald von Compiègne, 90 Kilometer nordöstlich von Paris, den Waffenstillstand. Plötzlich ist es ganz ruhig auf den Schlachtfeldern, nach mehr als vier Jahren Geschützdonner. Viele Deutsche trifft die Kapitulation als Schock. Sie ahnten nicht einmal, dass die Reichswehr in der Defensive war. Hatte sie nicht im Sommer noch Geländegewinne an der Westfront gemeldet? Generalfeldmarschall Paul von Hindenburg sagt den unseligen Satz: »Die deutsche Armee ist von hinten erdolcht worden.« Die »Dolchstoßlegende« vom angeblichen Verrat durch die kriegsmüde Heimat trägt dazu bei, dass Deutschland bald schon wieder einen Weltkrieg anzetteln wird.

Im November 1918 gibt es eine kommunistische Revolution in Bayern. Kurt Eisner wird Ministerpräsident, er setzt den König ab und ruft den Freistaat Bayern aus. In Berlin rufen Rosa Luxemburg und Karl Liebknecht eine sozialistische Republik aus. Anfang des Jahres 1919 werden Luxemburg, Liebknecht und Eisner ermordet.

Auf die versuchte Revolution folgt die Konterrevolution. Der rechtsgerichtete Kapp-Putsch im März 1920 scheitert. Im Ruhrgebiet erheben sich die Arbeiter, zunächst zur Abwehr des Putsches, schließlich um selbst die Macht zu übernehmen. Kinder werfen mit Steinen und schießen mit Gewehren. Die Freikorps und die Reichswehr schlagen den Aufstand mit Gewalt nieder. Es kommt zu standrechtlichen Todesurteilen und Massenerschießungen. Wer bei seiner Festnahme bewaffnet ist, wird hingerichtet, auch wenn er verletzt ist.

Im Juni 1922 wird Walther Rathenau ermordet. Die badische Regierung ordnet die Schließung der Universitäten an. Doch in Heidelberg weigert sich Philipp Lenard, halbmast zu flaggen und sein Praktikum ausfallen zu lassen. Ein toter Jude sei es nicht wert, seinen Studenten frei zu geben. Ein Disziplinarverfahren gegen Lenard wird eingeleitet und bald wieder eingestellt.

Die deutsche Polizei hat Schwierigkeiten, Ordnung zu halten, da die Alliierten den Deutschen im Vertrag von Versailles Obergrenzen für Militär und Polizei gesetzt haben. Sie befürchteten, dass aus einem bewaffneten Polizisten rasch ein Soldat werden könnte.

Weltweit haben viele Menschen geliebte Freunde und Verwandte verloren, durch den Krieg, den Hunger, die Grippe. In manchen ist der Glaube an Fortschritt durch Wissenschaft und Technik dadurch erschüttert worden. Stattdessen haben Spiritualismus und Aberglaube Konjunktur. Witwen, Waisen und Eltern, die ihre Kinder verloren haben, sehnen sich nach Kontakt zu den Toten. Zwei der prominentesten Vertreter des Spiritualismus sind die Engländer Sir Arthur Conan Doyle, der Erfinder des Meisterdetektivs Sherlock Holmes, und Sir Oliver Lodge, ein Physiker, der an Radiowellen forscht. Lodges Sohn wurde in Belgien von einem Granatsplitter getötet. Doyles Sohn wurde in Frankreich schwer verwundet und starb an einer Lungenentzündung. Nach der Pandemie und dem Krieg reisen beide Männer durch England und die USA und zeigen den Menschen, wie man mit dem Jenseits Kontakt aufnimmt und mit Verstorbenen spricht. Es sei der »höchste Moment meiner spirituellen Erfahrung« gewesen, sagt Doyle, während einer Séance im Jahr 1919 von seinem Sohn gehört zu haben.

Die Wissenschaftler lernen die Demut kennen. »Der Wissenschaft ist es nicht gelungen, uns zu schützen«, schreibt die *New York Times*. Es kann kein Wissen ohne Ungewissheit geben – so wird der Kernsatz der nächsten großen Theorie der Physik lauten.

KARIBIK 1919
DER MOND VERDUNKELT DIE SONNE

Die Ehe zwischen Albert und Mileva Einstein wird am 14. Februar 1919 vor dem Bezirksgericht Zürich wegen »natürlicher Unverträglichkeit« geschieden, nachdem Albert fünf Jahre gedrängt, Mileva sich gesträubt, Albert höhere Unterhaltszahlungen angeboten hat. Er verspricht ihr das gesamte Preisgeld des Nobelpreises. Der wurde ihm zwar noch nicht zugesprochen, aber Einstein ist sich sicher, ihn bald zu erhalten. Am 2. Juni heiratet er seine Cousine Elsa Löwenthal. Er ist 40, sie drei Jahre älter. Inzwischen hat er auch mit Elsas Tochter Ilse, die ihn »Vater Albert« nennt, etwas angefangen – eine weitere, und nicht die letzte, von unzähligen Affären Einsteins.

Elsa ahnt nicht, dass die Ereignisse der nächsten Monate das Leben der Frischverheirateten völlig verändern sollten. Einstein wird Weltruhm erlangen.

Im Februar 1919, kurz nach der Scheidung von Albert und Mileva Einstein, schickt die britische Royal Society zwei Expeditionen los, eine in das Dorf Sobral im Norden Brasiliens, eine auf die Insel Principe vor der Küste Spanisch-Guineas. Sie sollen die totale Sonnenfinsternis am 29. Mai beobachten. Von diesen Orten soll man die Finsternis besonders gut beobachten können, haben Astronomen berechnet. Arthur Eddington, der Leiter des Projekts, sitzt am Morgen des 29. Mai 1919 mit seinen Leuten in einer Kokosplantage auf Principe. Es regnet an diesem Tag heftig, und erst gegen Mittag, schon während der Finsternis, reißen die Wolken allmählich auf. Immerhin können die Forscher zwei brauchbare Photos schießen, den Kollegen in Sobral gelingen acht Aufnahmen. Zurück in England, misst Eddington auf den Photoplatten aus, wie stark die durch den Mond verfinsterte Sonne das an ihr vorbeistreifende Licht der Sterne ablenkt. Exakt so, wie Einstein es mit seiner Gravitationstheorie vorhersagt, stellt er fest.

Einstein wird über Nacht zum Weltstar. J. J. Thomson, der Präsident der Royal Society, sagt einer englischen Zeitung, die Relativitätstheorie eröffne »einen ganz neuen Kontinent neuer wissenschaftlicher Ideen«. Auch im Nachkriegsdeutschland wird Einstein gefeiert, überall erscheinen Artikel über ihn und die Relativitätstheorie. Die *Berliner Illustrirte Zeitung* stellt ihn in eine Reihe mit Kopernikus, Kepler und Newton. Die *Times* in London druckt die Überschrift »REVOLUTION IN SCIENCE/NEW THEORY OF THE UNIVERSE/Newtonian Ideas Overthrown«. Das Varieté im Londoner Palladium lädt Einstein zu einem dreiwöchigen Gastspiel ein, er schlägt die Einladung jedoch aus. Eine junge Frau fällt beim Anblick Einsteins in Ohnmacht. »Alles ist relativ« wird zu einem Slogan der Populärkultur, der Roaring Twenties, der Amerikanisierung.

Doch in den Jubel mischt sich Kritik, freundliche und boshafte. Es sei noch niemandem gelungen, in verständlicher Sprache zu erklären, worin Einsteins Theorie wirklich bestehe, bemerkt J. J. Thomson gegenüber einem Journalisten.

Eine tiefe Verunsicherung, die im Ersten Weltkrieg in Europa durch den Massentod, die Propagandalügen, das soziale Elend, das Verschwinden traditioneller Lebensweisen entstanden ist, verdichtet sich in der Relativitätstheorie. Es formiert sich eine Gegenbewegung: der Nationalismus, die »Deutsche Physik«. Deren Vertreter, allen voran der Nobelpreisträger Philipp Lenard, lehnen die moderne theoretische Physik als »jüdisch« ab und träumen von einer »arischen« Wissenschaft. Einstein, der Jude, Theoretiker und Pazifist, verkörpert alles, wogegen sie sich wenden.

Bei den Vorträgen, die Einstein in Deutschland hält, kommt es nun immer wieder zu Tumulten. Als er seine Vorträge kostenlos für jüdische Flüchtlinge aus Osteuropa öffnet, randalieren antisemitische Studenten während seiner Vorlesungen. »Ich werde diesem Drecksjuden den Hals abschneiden«, ruft einer von ihnen. Einstein erhält Briefe mit Morddrohungen.

Doch er bleibt unbeirrt. Die Anfeindungen der Antisemiten machen ihm, der sich bisher nicht um seine Abstammung scherte, seine jüdische Herkunft erst bewusst. In den 1920er Jahren hat er erste Kontakte mit zionistischen Organisationen, mit denen er allerdings nicht alle Ziele teilte: Die Gründung eines jüdischen Nationalstaates war nie sein Anliegen. Er verficht einen kulturellen Zionismus. Palästina solle, in friedlicher Koexistenz mit den Arabern, ein sicherer Hafen für verfolgte Juden werden und der jüdischen Diaspora als Symbol zu mehr Selbstbewusstsein verhelfen. Einstein engagiert sich für den Aufbau der Hebräischen Universität Jerusalem, die 1925 gegründet wird. Im Jahr 1929 fordert er ein Recht der Frauen auf Abtreibung, Straffreiheit der Homosexualität und »bezüglich der Sexualerziehung keine Geheimniskrämerei«. Wenn er nur selbst mit seinen Frauen besser umginge.

MÜNCHEN 1919
EIN JÜNGLING LIEST PLATON

München, im Frühjahr 1919. Während Arthur Eddington in der Karibik auf die Sonnenfinsternis wartet, rückt der Weltkriegsveteran Franz Ritter von Epp mit dem Freikorps von Württemberg auf München vor, um die Räterepublik zu zerschlagen. Sie wurde in Bayern ausgerufen, nachdem der sozialistische Ministerpräsident Kurt Eisner auf dem Weg zu seiner Rücktrittserklärung am 21. Februar von einem Adeligen erschossen worden war.

Nicht nur München, ganz Deutschland ist in Aufruhr. Im Januar 1919, nach ersten Wahlen, zieht sich die Nationalversammlung aus Berlin nach Weimar zurück. Die Abgeordneten fürchten die Unruhen in der Hauptstadt und suchen einen ruhigen, sicheren Ort, um eine Verfassung auszuarbeiten. Sie finden ihn in Weimar, dem einstigen Wohnort Johann Wolfgang von Goethes. Dort gründen sie die Weimarer Republik.

Nun versucht die junge Republik, in Bayern für Ordnung zu sorgen. Regierungstruppen umstellen München. Als die Gewehrsalven durch die Stadt hallen und der Rauch der brennenden Barrikaden durch die Straßen zieht, liegt ein 17-jähriger Gymnasiast auf einem Dach in Schwabing in der Frühlingssonne und liest Platons *Timaios*, jenen Dialog, in dem Sokrates behauptet, die ganze Welt sei Mathematik. Sein Name ist Werner Heisenberg.

Werner Karl Heisenberg kommt 1901 in der fränkischen Universitätsstadt Würzburg zur Welt, anderthalb Jahre nach seinem Bruder Erwin. Sein Vater stammt aus einer westfälischen Handwerkerfamilie, die einst »Heissenberg« hieß, nach einem Schreibfehler eines Standesbeamten dann »Heisenberg«. August hat sich hochgearbeitet, er lehrt Latein und Griechisch am Alten Gymnasium, strebt jedoch nach mehr und würde gerne eine Hochschullaufbahn einschlagen. Als treuer Bürger Deutschlands unter Bismarck verkörpert er dessen protestantische Werte: Fleiß, Disziplin, Sparsamkeit, Affektkontrolle, Rationalität, Leselust, Musikbegeisterung. Die Heisenbergs gehen sonntags zur Kirche, nicht weil sie religiös sind, sondern aus Pflichtbewusstsein. Hinter der strengen Fassade des Vaters verbirgt sich ein launischer Charakter, den die Familie immer wieder zu spüren bekommt. Der Vater treibt einen Keil zwischen die Söhne, die ihr Leben lang Konkurrenten sein werden. Erwin sticht Werner in allen Schulfächern und Sportdisziplinen aus, mit einer Ausnahme, der Mathematik.

Im Jahr 1910 folgt Vater August einem Ruf an die Universität München. Werner geht auf das Maximiliansgymnasium in der Ludwigstraße, das einige Jahre zuvor noch sein Großvater leitete. Es ist nicht einfach, dieser Familie zu entkommen.

In Mathematik ist Werner überragend, schon als Schüler hört er Vorlesungen an der Universität, gelegentlich vertritt er sogar den Mathematiklehrer. Als der Erste Weltkrieg endet, bereitet Werner sich gerade auf sein Abitur vor. In einem Physikbuch fällt Heisenberg eine Darstellung der Atome als kleine Materiebälle auf, die sich mittels Haken und Ösen miteinander verbinden und wieder voneinander lösen. Das kann doch nicht stimmen. Offenbar entsprang das Bild der Phantasie des Illustrators, nicht wissenschaftlicher Erkenntnis. Wenn Atome die kleinsten Materiebausteine sind, woraus bestehen dann die Haken? Hatte Platon etwa recht, ist es die Mathematik, die die Welt zusammenhält? Andererseits, ist das nicht auch nur ein Bild ohne Grundlage in der Erfahrung?

Der Krieg und sein Ende bremsen Heisenbergs Ehrgeiz für eine Weile. Es geht jetzt ums Überleben, die Wissenschaft muss warten. Heisenberg arbeitet als Knecht auf Bauernhöfen im bayerischen Oberland. Nach der Niederschlagung der Räterepublik meldet er sich freiwillig zum Hilfsdienst als Kundschafter bei den Kavallerieschützen und schließt sich den gerade gegründeten, nationalistischen Neupfadfindern an, die nach der Kriegsmisere eine Erneuerung in der Natur suchen und später in die Nähe der nationalsozialistischen Jugendorganisationen geraten werden. Auf langen Wanderungen am Starnberger See und durch Franken diskutiert er mit Freunden über Atome, Geometrie und Einsteins Relativitätstheorie.

Der 18-jährige Heisenberg weiß, was er werden will: Mathematiker. Das ist für ihn die Wissenschaft, die es ihm ermöglicht, die Welt zu verstehen. Es ist schon genug Zeit vertan, jetzt will er endlich loslegen und gleich das Grundstudium überspringen, den Kinderkram hat er doch schon während der Schulzeit erledigt.

Auf Bitten von August Heisenberg empfängt der Münchner Mathematiker Ferdinand von Lindemann den Sohn zu einem Gespräch. Lindemann ist jener Mathematiker, der mit dem Beweis für die Unmöglichkeit der Quadratur des Kreises in die Geschichte eingegangen ist, ein misslauniger alter Mann mit weißem Bart und Ansichten von gestern. Die Mathematik habe das exklusive Privileg auf die Schönheit, und wer beabsichtige, sie ernsthaft studieren zu wollen, müsse von dieser ewigen Wahrheit durchdrungen sein.

Das Gespräch entwickelt sich schon in eine falsche Richtung, bevor es überhaupt richtig begonnen hat. Als ein schüchterner Heisenberg Lindemanns düsteres, altertümlich eingerichtetes Arbeitszimmer betritt, bemerkt er zu spät einen kleinen Hund mit schwarzem Fell, der auf dem Schreibtisch sitzt und ihn böse anschaut. Heisenberg erschrickt. Der Hund erschrickt. Heisenberg bringt stockend sein Anliegen vor, fragt, ob der Herr Professor Lindemann ihn in sein Seminar aufnehmen könne. Der Hund kläfft ihn an, lässt sich auch nicht von Lindemann beruhigen. Lindemann fragt Heisenberg, welche Bücher er denn in letzter Zeit studiert habe. Der Hund kläfft weiter. Heisenberg erzählt von der

Begeisterung, mit der er das Buch *Raum, Zeit, Materie* des Mathematikers und Physikers Hermann Weyl über die allgemeine Relativitätstheorie gelesen hat. Ein Physikbuch! »Dann sind Sie für die Mathematik sowieso schon verdorben«, beendet Lindemann das Gespräch. Ein 18-jähriger Jüngling mit der Unverfrorenheit, die Mathematik zu entwürdigen, indem er sie auf die wahrnehmbare Welt anwendet, verdient in seinen Augen keine Förderung. Unter dem Kläffen des Hundes verlässt Heisenberg das Zimmer.

Das war es mit Heisenberg und der Mathematik. Enttäuscht berät er sich noch einmal mit seinem Vater, der ihm vorschlägt, es statt mit Mathematik mit mathematischer Physik zu versuchen. Erneut nutzt der Vater seine Verbindungen und arrangiert einen Besuch seines Sohnes bei Arnold Sommerfeld, der Heisenberg in seinem lichtdurchfluteten Büro empfängt. Sommerfeld strahlt die Strenge eines preußischen Offiziers aus, er ist klein und drahtig mit einem Kugelbauch, sein Schnurrbart ist zu martialischen Spitzen gezwirbelt. Gerade hat er ein Buch mit dem Titel *Atomstruktur und Spektrallinien* veröffentlicht, das bald zur Bibel der entstehenden Atomphysik werden sollte. Mit seiner Begeisterung für dieses Gebiet steckt Sommerfeld seine Studenten an. Bei ihm findet Heisenberg keinen Hund, dafür alles, was er bei Lindemann vermisst hat: Wertschätzung und Wohlwollen.

BERLIN 1920
DIE GRÖSSTEN BEGEGNEN SICH

Berlin, 27. April 1920. Eine unangenehme Mischung aus Aufregung und Erwartung macht sich auf dem Weg vom Bahnhof zur Universität in Niels Bohrs Magen breit. Die Straßen der deutschen Hauptstadt wirken trist, die Pferde vor den Frachtkutschen sind ausgemergelt. Ab und zu holpert ein qualmendes Automobil über das Pflaster, Kriegsversehrte humpeln ziellos, auf Krücken oder mit schlackerndem Mantelarm, durch die Stadt. Frauen und Kinder strecken Passanten Zigaretten, Zündhölzer und Socken entgegen. Die Not der Nachkriegszeit hat aus den Deutschen ein Volk von Händlern gemacht. Die Not ist riechbar, wer hungert, wäscht sich nicht. Ein Wunder, dass in Deutschland überhaupt noch Physik getrieben wird. Fachzeitschriften sind Raritäten, Bücher für viele Forscher unbezahlbar.

Dann steht Bohr den beiden Männern gegenüber, die ihn erwarten: Albert Einstein und Max Planck. Beide sind von sehr unterschiedlicher Erscheinung, jeder jedoch auf seine Art freundlich. Neben Planck, der Verkörperung preußischer Formalität und Korrektheit, steht Einstein mit seinen großen Augen, dem wirren Haar und den etwas zu kurzen Hosen.

Die Kriegsjahre waren für Max Planck schicksalhaft und leidvoll. Sein Sohn war an der Front gestorben, seine beiden Zwillingstöchter bei der Geburt. Die Wissenschaft wurde für ihn zum Familienersatz. Mit Kollegen gründete er die *Notgemeinschaft der deutschen Wissenschaft,* die Fördergelder von der Regierung, aus der Industrie und dem Ausland sammelte und diese an Wissenschaftler verteilte. »Solange die deutsche Wissenschaft in der bisherigen Weise voranzuschreiten vermag, solange ist es undenkbar, dass Deutschland aus der Reihe der Kulturnationen gestrichen wird«, schreibt Planck im Jahr 1919 in einem Zeitungsartikel.

Planck lädt Bohr ein, während der Tage seines Besuchs in Berlin bei ihm zuhause zu wohnen, und Bohr nimmt die Einladung an. Bald wechseln die drei Männer zu dem Gesprächsthema, das sie verbindet: zur Physik. Bohrs Magen beginnt sich mehr und mehr zu entspannen.

Im Gegensatz zu manch anderen Physikern in Europa hat Bohr, Bürger eines neutralen Landes, nach dem Krieg keine Ressentiments gegen seine deutschen Kollegen. Er bemüht sich vielmehr, die abgebrochenen Beziehungen möglichst rasch wiederzubeleben. Während deutsche Physiker noch von internationalen Zusammenkünften ausgeschlossen waren, machte Bohr bereits einen ersten Vorstoß und lud Arnold Sommerfeld nach Kopenhagen ein. Bald darauf erhielt er selbst eine Einladung von Max Planck nach Berlin.

Als Gastgeschenk bringt Bohr Butter und andere Lebensmittel mit in die Wohnung der Einsteins in der Haberlandstraße. Keine Ersatzbutter. Echte Butter! Einstein bedankt sich für das »herrliche Geschenk aus Neutralien, wo noch Milch und Honig tröpfelt«. Elsa Einstein »schwelgt beim Anblick solcher Köstlichkeiten«.

Dann wendet man sich dem Geschäftlichen zu und spricht über Strahlung, Quanten, Elektronen und Atome. Bohr und Einstein finden keine Lösungen, wohl aber Einigkeit darüber, was die Rätsel sind. Mehr ist bei dieser verworrenen Erkenntnislage vorerst nicht zu erhoffen.

Bohr verbringt die Tage in Berlin so, wie er es liebt: von früh bis spät über Physik reden. Eine willkommene Abwechslung zu seinen Pflichten als Institutsleiter in Kopenhagen. Besonders viel Freude macht ihm das Mittagessen, das jüngere Physiker der Universität für ihn ausrichten. James Franck, Gustav Hertz und Lise

Meitner organisieren ein Picknick, sie wissen, dass Bohr gerne an der frischen Luft ist. Fritz Haber, der Chemiker und Nobelpreisträger, stellt dafür sein Landhaus zur Verfügung. Max Planck spendiert das Essen, das die jungen Forscher nicht bezahlen können. Das Picknick soll »bonzenfrei« sein, so wünschen es sich Meitner & Co. Sie wollen Bohr am liebsten für sich allein. Es ist eine Gelegenheit, ihn nach seinem Vortrag in der Physikalischen Gesellschaft auszufragen, der sie etwas niedergeschlagen zurückgelassen hat, mit dem Gefühl, kaum etwas verstanden zu haben. Doch dann sitzen Haber und Einstein mit auf der Picknickdecke, und es sind doch wieder die »Bonzen«, die mit Bohr über Wellen und Teilchen diskutieren.

Einstein versteht sehr wohl, was Bohr sagt, einverstanden ist er damit allerdings nicht. Wie auch sonst kaum jemand glaubt auch Bohr nicht, dass es Einsteins Lichtquanten wirklich gibt. Er hat sich wie Planck damit abgefunden, dass Strahlung in Päckchen emittiert und absorbiert wird. Aber sie selbst ist nicht quantisiert, beharren Bohr und Planck. Die Belege dafür, dass Licht eine Welle ist, wiegen zu schwer, um an Lichtteilchen zu glauben. Was ist mit den Interferenzphänomenen, nachweisbar in jedem Schullabor? Was ist mit den Radiowellen, mit denen jetzt die Welt kommuniziert? Nein, da ist sich Bohr sicher, Licht und andere elektromagnetische Strahlung besteht aus Wellen. Und das heißt, nicht aus Teilchen. Mag sein, dass es manchmal hilft, sie sich als kleine Päckchen vorzustellen. Doch das ist nicht mehr als ein Behelf.

Aber im Auditorium der Physikalischen Gesellschaft geht es nicht nur um das Wesen der Wirklichkeit, sondern auch um Prestige. Albert Einstein sitzt im Auditorium. Bohr nimmt Rücksicht auf ihn und umgeht die Frage nach dem Wesen der Strahlung. Einsteins Arbeit zur spontanen und stimulierten Emission von Strahlung und den Elektronenübergängen zwischen Energieniveaus von 1916 hat Bohr schwer beeindruckt. Einstein ist weitergekommen, wo er selbst steckenblieb, und hat gezeigt, dass Atome sich nach Zufall und Wahrscheinlichkeit verhalten.

Einstein ist nach wie vor besorgt darüber, dass er weder den Zeitpunkt noch die Richtung der emittierten Lichtquanten vorhersagen kann, wenn ein Elektron von einem Energieniveau zum anderen hinunterfällt. Dennoch ist er zuversichtlich, diese Verletzung des Kausalprinzips reparieren zu können. Bohr widerspricht ihm nun in seinem Vortrag, indem er argumentiert, die genaue Vorhersage von Zeit und Richtung sei für immer unmöglich. Die beiden Männer, die einander so schätzen, finden sich auf entgegengesetzten Positionen wieder. In den folgenden Tagen versuchen beide, den jeweils anderen zum Seitenwechsel zu überreden, während sie gemeinsam durch Berlin spazieren oder bei Einsteins zuhause essen.

Albert Einstein hat den sechs Jahre jüngeren Niels Bohr noch nie getroffen, schätzt ihn aber schon seit langem: seit er im Jahr 1913 Bohrs erste Arbeiten über den Aufbau der Atome und die Spektrallinien gelesen hat, in denen Bohr auf geniale und rabiate Weise »Quantenbedingungen« auf Rutherfords Planetensystem-Atome gepfropft hat. »Dass diese schwankende und widerspruchsvolle Grundlage hinreichte«, sagt Einstein, »um einen Mann mit dem einzigartigen Instinkt und Feingefühl Bohrs in den Stand zu setzen, die hauptsächlichen Gesetze der Spektrallinien und der Elektronenhüllen der Atome nebst deren Bedeutung für die Chemie aufzufinden, erschien mir wie ein Wunder – und erscheint mir auch heute noch als ein Wunder. Das ist höchste Musikalität auf dem Gebiete der Gedanken.«

Als Bohr abreist, lässt er einen beglückten Einstein zurück. »Nicht oft im Leben hat mir ein Mensch durch seine bloße Gegenwart solche Freude gemacht wie Sie«, schreibt Einstein an Bohr, nachdem dieser abgereist ist. »Ich studiere jetzt Ihre großen Arbeiten und habe dabei – wenn ich gerade irgendwo steckenbleibe – das Vergnügen, Ihr freundliches Jungen-Gesicht vor mir zu sehen, lächelnd und erklärend.« An seinen Leidener Freund Paul Ehrenfest schreibt er: »Bohr war hier, und ich bin ebenso verliebt in ihn wie Du. Er ist wie ein feinfühliges Kind und geht in einer Art Hypnose in dieser Welt herum.«

Auch Bohr ist verzaubert von Einstein, er drückt es nur weniger blumig aus, als er Einstein in holprigem Deutsch zurückschreibt: »Es war für mich eine der grössten Erlebnissen die ich gehabt habe Sie zu treffen und mit Ihnen zu sprechen, und ich kann nicht sagen wie dankbar ich bin für all die Freundlichkeit, mit der Sie mir bei meinem Besuch in Berlin entgegengekommen sind. Sie wissen nicht, wie gross eine Anregung es für mich war die lang erwünschte Gelegenheit zu haben persöhnlich von Ihren Ansichten über die Fragen womit ich mich beschäftigt habe, zu hören. Nimmer will ich unsere Gespräche auf den Weg von Dalem zu Ihrem Haus vergessen.«

Schon im August erwidert Einstein Bohrs Besuch, auf der Rückreise aus Norwegen macht er Station in Kopenhagen. So einträchtig werden die beiden in späteren Jahren nicht mehr beisammensein.

Auch wenn Einstein von Bohr nichts Neues erfahren hat, gelernt hat er dennoch etwas von ihm: »hauptsächlich auch, wie Sie den wissenschaftlichen Dingen gefühlsmäßig gegenüberstehen«. Einstein kennt zwei Typen von Physikern: »Prinzipienfuchser und Virtuosen«. Bohr und sich selbst schlägt er den Prinzipienfuchsern zu, denen, die tiefer schürfen, nach dem Prinzipiellen. Max Born und Arnold Sommerfeld sind Virtuosen, sie komponieren Formeln, doch die philosophische Grübelei liegt ihnen nicht. »Ich kann nur die Technik der Quanten fördern«, schreibt Sommerfeld an Einstein, »Sie müssen Ihre Philosophie machen.«

Einstein bewundert Bohr nicht zuletzt deshalb für seine Atomtheorie, weil er selbst keine zustande gebracht hat. Nach dem gewaltigen Ausbruch seiner Schaffenskraft im Jahr 1905 stand er ohne Aufgabe da. Wie könnte er das Geleistete noch übertreffen, was sollte ihn jetzt noch interessieren? Gut, da gab es noch diese rätselhaften Spektrallinien, aber Einstein sah keinen Weg, sie mit dem Wissen zu erklären, das Physiker damals besaßen, und lässt sie daher unerklärt. Stattdessen wendet er sich noch einmal seiner Relativitätstheorie zu – und findet die Formel $E=mc^2$. Ein paar Jahre später versucht er es wieder und wähnt sich fast am Ziel: »Gegenwärtig habe ich große Hoffnung, das Strahlungsproblem zu lösen«, schreibt er einem Freund, »und zwar ohne Lichtquanten. Ich bin riesig neugierig, wie sich die Sache macht.« Beiläufig fügt er hinzu: »Auf das Energieprinzip in seiner heutigen Form müsste man verzichten.« So wichtig nimmt Einstein das Strahlungsproblem, dass er bereit ist, dafür den Energieerhaltungssatz aufzugeben. Doch nicht einmal um diesen Preis bekommt er die Lösung. Ein paar Tage später berichtet er kleinlaut: »Mit der Lösung des Strahlungsproblems ist es wieder nichts. Der Teufel hat sich da einen faulen Witz mit mir erlaubt.«

Dann schafft Bohr, woran Einstein gescheitert ist: Er kann die Spektrallinien erklären. Es kommt Einstein »wie ein Wunder« vor: »Dieser muss ein Geist allerersten Ranges sein, äußerst kritisch und weitblickend, der nie das große Ganze aus den Augen verliert«, staunt Einstein über Bohr. Im Sommer 1916 regt Bohrs Atommodell ihn zu »einem glänzenden Einfall« an, wie er selbst es nennt, um die Emission und Absorption von Licht in einem Atom zu beschreiben. Der Einfall führt ihn zu einer einfachen Ableitung der Planckschen Strahlungsformel, nicht nur irgendeiner Ableitung, sondern »*der* Ableitung«, so Einstein. Nun ist er sicher: Die Lichtquanten gibt es wirklich.

Doch diese Erkenntnis hat ihren Preis. Einstein hat Plancks Formel aus Bohrs Atom gewonnen, aber er musste dafür das strikte Kausalprinzip der klassischen Physik aufgeben. Er betrachtet drei Prozesse, in denen ein Elektron in einem Atom zwischen einem niedrigeren und einem höheren Energiezustand hin und her springen kann. In der »spontanen Emission« fällt es herunter und gibt dabei ein Lichtquantum ab. Umgekehrt kann es ein Lichtquantum verschlucken und dabei in den höheren Zustand springen. Bei der »stimulierten Emission« stupst ein Lichtquantum ein angeregtes Elektron an, das daraufhin eine Etage tiefer springt und ein weiteres Lichtquantum abgibt. Das ist der Prozess, der später dem Laser zugrunde liegen wird: Light amplification by stimulated emission.

Merkwürdig an diesen Übergängen ist, dass sie nicht immer eine Ursache haben. Sie geschehen manchmal einfach spontan. Oder sie geschehen nicht, obwohl es eine Ursache dafür gäbe. Einstein kann nur Wahrscheinlichkeiten für sie berechnen – ähnlich wie Marie Curie für den radioaktiven Zerfall. Er macht sich Sorgen um das Prinzip von Ursache und Wirkung, das seit jeher die Physik regiert. Schon Aristoteles bestimmte: »Alles, was entsteht, entsteht durch etwas, aus etwas und als ein gewisses Etwas.« Elektronensprünge können auch durch nichts entstehen.

Vier Jahre später sorgt Einstein sich noch immer. »Das mit der Kausalität plagt mich auch viel«, schreibt er im Januar 1920 an Max Born. »Ist die quantenhafte Licht-Absorption und Emission wohl jemals im Sinne der vollständigen Kausalitätsforderung erfassbar oder bleibt ein statistischer Rest? Ich muss gestehen, dass mir da der Mut einer Überzeugung fehlt. Ich verzichte aber sehr sehr ungern auf die *vollständige* Kausalität.« Einstein schwankt. Er will zu einer neuen Physik der Quanten aufbrechen, doch er will die alte Physik nicht loslassen.

Jetzt, im Jahr 1920, steckt Albert Einstein wieder in einer Schaffenskrise, die man heute vermutlich als »Midlifecrisis« bezeichnen würde. Er ist auf die Lichtquanten gekommen, hat die spezielle und die allgemeine Relativitätstheorie geschaffen, hat eine schwierige Ehescheidung hinter sich und den Krieg und eine Reihe schwerer Krankheiten überstanden. Zwar nennt er sich selbst immer noch einen »ziemlich strammen Kerl«, jedoch muss er auch weiterhin Diät halten. Mit 41 Jahren zieht er Bilanz und fragt sich, ob noch etwas kommen würde oder ob das nun schon alles gewesen sein soll.

In den zwei Jahren nach ihren Treffen in Berlin und Kopenhagen ringen beide, Bohr und Einstein, weiter mit den Quanten, jedoch jeder für sich. An beiden zehrt die Arbeit. »Es ist gut«, schreibt Einstein im März 1922 an Paul Ehrenfest, »dass ich soviel Ablenkungen habe, denn sonst hätte mich das Quantenproblem längst ins Irrenhaus gebracht.« Bohr klagt im April 1922 in einem Brief an Arnold Sommerfeld: »In den letzten Jahren habe ich mich oft wissenschaftlich sehr einsam gefühlt unter dem Eindruck, dass meine Bestrebungen, nach besten Vermögen die Principien der Quantentheorie systematisch zu entwickeln, mit sehr wenig Verständnis aufgenommen worden ist.« Es wird Zeit für die zwei Größten, wieder zu streiten.

GÖTTINGEN 1922
EIN SOHN FINDET SEINEN VATER

Göttingen, eines sonnigen Nachmittags im Juni 1922. Zwei ins Gespräch vertiefte Männer wandern über den Hainberg. Schon von weitem sind die Gegensätze zwischen den beiden sichtbar. Der eine geht mit energischem Schritt, er muss sich immer wieder bremsen, um nicht vorauszueilen. Der andere bewegt sich, als würde er keinen Fuß unbedacht vor den anderen setzen.

Der Ältere ist Ende 30, sein Haar beginnt bereits zu ergrauen, er trägt einen schlichten Anzug, hält den Kopf geneigt und hat ein ernstes Gesicht mit einer hohen Stirn über markanten Augenwulsten. Er geht bedächtigen Schrittes und spricht Deutsch mit starkem dänischem Akzent. Der andere könnte sein Sohn sein, er ist kaum mehr als halb so alt, 20 Jahre, und sieht noch jünger aus, mit seinen kurzen blonden Haaren, strahlend blauen Augen und dem Gesicht eines Schulbuben. Er ist das Gehen sichtlich gewohnt.

So wie die beiden da miteinander spazieren, könnten sie Vater und Sohn sein oder aber alte Freunde. Doch sie begegnen sich heute zum ersten Mal.

Niels Bohr, der Ältere, dem ein paar Monate später der Nobelpreis für Physik zugesprochen werden wird, ist in Göttingen, um in einer Reihe von Vorträgen sein Wissen über die Atome zu teilen.

Bohrs Besuch in Deutschland ist keine Selbstverständlichkeit in den Jahren nach dem Ersten Weltkrieg. Dänemark war im Krieg neutral geblieben und streitet nun mit Deutschland um die Gebiete Schleswigs an der gemeinsamen Grenze. Das Reisen ist beschwerlich in Deutschland. Wegen der Reparationen ist die Kohle knapp. Wenn es überhaupt welche gibt, ist sie schlecht. Die Züge fahren langsam, bleiben manchmal stundenlang auf offener Strecke stehen, wenn ihnen der Brennstoff ausgeht.

Bohr hätte es nicht nötig, diese Mühen auf sich zu nehmen. Er muss nicht mehr herumreisen, um von anderen Physikern zu lernen, im Gegenteil, nun kommen sie zu ihm, um zu lernen. Am 3. März 1921 hat in Kopenhagen das *Universitets Institut for Teoretisk Fysik* eröffnet, kurz genannt: das Bohr-Institut. Die wachsende Familie Bohr ist bereits zuvor in eine Sieben-Zimmer-Wohnung im Erdgeschoss des Neubaus am schönen Fælledparken gezogen. Das Bohr-Institut ist ein Ort der Ruhe im von Krisen und Kriegen geplagten Europa.

Es sind karge, aber vergleichsweise ruhige Jahre in Deutschland. Die Menschen leiden unter den Reparationen und der weltweiten Wirtschaftskrise. Immerhin ist gerade kein Krieg, und die Inflation galoppiert noch nicht so schnell, dass die Menschen ihr Geld in Schubkarren herumschieben müssten, um Brot und Milch zu kaufen. Das Essen reicht für die meisten gerade eben zum Überleben. Ein paar Tage nach der Begegnung zwischen Bohr und Heisenberg wird der deutsche Außenminister, Industrielle und Schriftsteller Walther Rathenau von rechtsradikalen Studenten erschossen – ein Vorzeichen des nationalsozialistischen Terrors.

Auch Werner Heisenberg, der Münchner Physikstudent, hat genug, um nicht zu verhungern, aber zu wenig, um sich jeden Tag satt essen zu können. Obwohl seine Familie zu den wohlhabenderen in München gehört, kann sie sich die Reise ihres hochbegabten Sohns nach Göttingen nicht leisten. Heisenbergs Doktorvater Arnold Sommerfeld bezahlt die Bahnfahrkarte aus seiner Privatkasse und sorgt dafür, dass Heisenberg bei Freunden übernachten kann.

In dieser Zeit ist Bohrs Reise nach Deutschland auch ein politisches Statement. Wie Einstein verachtet er den Militarismus und das Großmachtstreben in Deutschland. Aber er wandte sich auch gegen die Versuche mancher Kollegen, die deutsche Wissenschaft international auszugrenzen. Revanche bringt keinen Frieden.

Schon bald nach dem Ende des Weltkriegs hatte Bohr seine Kontakte nach Deutschland wiederbelebt und war nun vor diesem Hintergrund nach Göttingen gereist, um seine »Bohr-Festspiele« zu halten. So wird sein Vortragszyklus in Anlehnung an die gleichzeitig in der Stadt stattfindenden Händel-Festspiele genannt. Mehr als hundert Physiker, alt und jung, Theoretiker und Experimentatoren, sind aus allen Teilen Deutschlands und Europas angereist, um aus Bohrs eigenem Mund zu hören, wie er sich den Bau der Atome vorstellt, unter ihnen Otto Hahn, Lise Meitner, Paul Ehrenfest, Hans Geiger, Gustav Hertz, Georg von Hevesy und Otto Stern.

Bohr kann die Ordnung der Elemente auf der Periodentafel mit dem Arrangement der Elektronen um den Atomkern erklären. Er spricht von »Elektronenschalen«, die sich wie Schalen einer Zwiebel um den Kern legen. Jede Schale bietet Platz für eine bestimmte Anzahl von Elektronen. Elemente mit gleichen chemischen Eigenschaften tragen gleich viele Elektronen in der äußersten Schale ihrer Atome, erklärt Bohr. Aus Chemie ist Physik geworden.

Dabei bringt Bohr eine nie gesehene Zahlenharmonie der Natur an den Tag. Nach seinem Modell liegen die elf Elektronen eines Natrium-Atoms in drei Schalen à 2, 8 und 1 übereinander. In einem Cäsium-Atom sind die 55 Elektronen in sechs Schalen angeordnet: 2, 8, 18, 18, 8, 1. Da in beiden Elementen die äußerste Schale mit einem einzelnen Elektron besetzt ist, haben sie ähnliche chemische Eigenschaften. All das sagt Bohr mit seiner Atomtheorie vorher, und noch mehr. Das bisher unbekannte Element mit der Ordnungszahl 72 werde den Elementen Zirconium und Titan ähneln, die im Periodensystem in derselben Spalte oberhalb liegen, nicht den daneben und darunter liegenden Metallen der »Seltenen Erden«.

Kurz nachdem Bohr in Göttingen die chemischen Eigenschaften des Elements vorhergesagt hat, jagt ihm eine Nachricht aus Frankreich einen Schrecken ein. Ein Experiment, durchgeführt von einer Pariser Forschergruppe, soll ergeben haben, dass das Element Nummer 72 doch zu den Seltenen Erden gehöre. Bohr ist verunsichert. Er zweifelt zuerst an seinen eigenen Ergebnissen, dann am Experiment der Franzosen. Sein Freund, der ungarische Chemiker Georg von Hevesy, unternimmt gemeinsam mit dem Physiker Dirk Coster in Kopenhagen ein Gegenexperiment. Sie stellen eine größere Menge des reinen Elements 72 her und widerlegen die Franzosen: Das Element ähnelt Zirconium, nicht den Seltenen Erden. Es wird bald auf Wunsch seiner Entdecker den Namen »Hafnium« erhalten – nach dem lateinischen Namen Kopenhagens, Bohrs Heimatstadt: Hafnia.

Nicht alle im Göttinger Auditorium Versammelten sind begeistert von Bohrs Kunstwerk. Wo sind die Herleitungen, die Formeln, wo bleibt die harte Mathematik? Aber beeindruckt sind alle von seinen Ideen. Bohr ist glücklich. »Mein ganzer Aufenthalt in Göttingen war für mich ein wunderschönes und lehrreiches Erlebnis«, schreibt er nach seiner Rückkehr nach Kopenhagen, »und ich kann nicht sagen, wie glücklich ich mich fühlte für alle die Freundschaft, die mir von allen Seiten erwiesen wurde.« Er fühlt sich nicht mehr einsam, unterschätzt und unverstanden – dieses Gefühl, das sich in den letzten Jahren in ihm festgesetzt hat, ist etwas besänftigt. Er ist auf der Suche nach der Quantentheorie und dabei, die innersten Mechanismen der Welt freizulegen. Und kaum jemand nimmt es wahr. Aber Bohr braucht Resonanz, um zu klingen, er ist kein selbstgenügsames Genie wie Einstein. Die Isolation, die der Erste Weltkrieg über die europäischen Physiker gebracht hat, macht ihm zu schaffen, obwohl er die Kriegszeit auf der sicheren Seite der Grenze verbringen konnte.

Am Vormittag dieses Sommertages hält Bohr seine dritte Vorlesung. Die vorderen Plätze des Auditoriums, in das durch große

Fenster das Sommerlicht fällt, sind für die Honoratioren der Göttinger Wissenschaft reserviert.

Heisenberg muss den Ausführungen Bohrs von ganz hinten lauschen, wo die leise gesprochenen Worte kaum noch zu verstehen sind. In seiner Unbedarftheit wagt er es, nach Bohrs Vortrag die Hand zu heben, aufzustehen und Zweifel an Bohrs Überlegungen zu äußern. Es wird still im Saal, Köpfe drehen sich. »Das stimmt so nicht«, hört Bohr den jungen Deutschen sagen, »ich habe es nachgerechnet.«

Es geht um Spektrallinien, ein Lieblingsthema der Atomphysiker. Wenn man weißes Licht durch die Dämpfe verschiedener Elemente passieren lässt und dann mit einem Glasprisma auffächert, zeigen sich charakteristische schwarze Linien. Die Physiker können am Muster dieser Linien zuverlässig und eindeutig die durchleuchteten Elemente erkennen. Aber wie entstehen diese Linien? Die Antwort muss im Bau der Atome liegen – in dem Rätsel, das die Physiker gerade zu lösen suchten.

Mit seinem Atommodell, behauptet Bohr nun, könne er die Aufspaltung der Spektrallinien in elektrischen Feldern erklären, den sogenannten »quadratischen Stark-Effekt«, entdeckt ein paar Jahre zuvor von dem deutschen Physiker Johannes Stark. Erklären – oder besser gesagt: erklären lassen. Solche Fleißaufgaben überlässt Bohr gerne seinen Mitarbeitern, in diesem Fall seinem niederländischen Assistenten Hendrik Kramers, der die Wechselwirkung von Atomen, wie Bohr sie sich vorstellte, mit Licht in elektrischen Feldern durchgerechnet und diese Berechnungen in einem Forschungspapier veröffentlicht hat. Heisenberg kennt diese Arbeit, er musste sie in Sommerfelds Seminar durcharbeiten – und hatte Fehler darin entdeckt.

Rechnen ist Bohrs Sache nicht. Er erkennt, dass Heisenberg einen heiklen Punkt bloßgelegt hat, und reagiert mit Größe. Nach der Vorlesung lädt er Heisenberg auf einen gemeinsamen Spaziergang ein.

Als die beiden gen Hainberg ziehen, hält Bohr sich nicht lange mit Geplauder auf. Man solle sein inzwischen neun Jahre altes Atommodell nicht allzu ernst nehmen, sagt er, sehr wohl ernst nehmen solle man aber die Frage, warum Atome so stabil sind und warum die Atome eines Elements so exakt gleich sind und gleich bleiben, durch alle chemischen und viele physikalischen Prozesse hindurch. Es komme ihm vor wie ein Wunder, philosophiert Bohr, unbegreiflich aus der Sicht der herkömmlichen Physik. Eine neue Physik müsse her.

Heisenberg traut seinen Ohren nicht. Hat Bohr gerade sein eigenes Atommodell in Frage gestellt? Das Modell, mit dem Physiker weltweit rechnen, das an Universitäten gelehrt und in Museen ausgestellt wird? In der Tat. Und nicht nur das. Nicht nur sein eigenes Modell, sondern die Möglichkeit anschaulicher Modelle der Atome überhaupt stellt Bohr in Frage. Die Vorstellung eines Atoms als miniaturisiertes Sonnensystem mag hübsch sein, sagt Bohr, aber solche Bilder seien bestenfalls Behelfe. Schlimmstenfalls geben sie uns das trügerische Gefühl, etwas verstanden zu haben, was wir nicht verstehen. Da ist die Frage, wie Atome es fertigbringen, durch alle Stöße und chemischen Reaktionen hindurch stabil zu bleiben, und warum zwei Atome desselben Elements einander ganz und gar gleichen. Ein völliges Rätsel aus der Perspektive der klassischen Physik. Kein Mini-Sonnensystem könne durch all die Stöße und chemischen Reaktionen, die Atome durchmachen, stabil bleiben. Überhaupt kein System, wie es die Physiker kennen, könne das.

Heisenberg, der Überflieger, der aus Sommerfelds Seminar in München gewohnt ist, alles als Erster zu verstehen, lauscht konzentriert, wirft nur ab und zu eine Frage ein. Er wüsste gern, was die Quantentheorie bedeutet, sagt er. Jenseits all der Rechnerei, der Vorhersage von Spektrallinien und Quantenzahlen: Was sagt die Quantentheorie über das Wesen der physikalischen Wirklichkeit? Was bedeuten diese seltsamen Formeln?

»Bedeuten«, erwidert Bohr, »es gibt viele Arten, auf die Sprache etwas bedeuten kann.« Er holt zu einem philosophischen Exkurs aus. »Wenn ein einziges Staubkorn aus Abermilliarden Atomen besteht«, so Bohr, »wie kann man da sinnvoll von etwas so Kleinem sprechen?« Wenn es um Atome geht, könnten wir unsere Sprache nur als Poesie gebrauchen. Wie ein Dichter sich nicht so sehr um Fakten schert, sondern um Bilder und geistige Zusammenhänge, so hätten auch die Modelle der Quantenphysik nur den Sinn, so viel wie möglich dessen zu erfassen, was wir mit unseren unzulänglichen Denk- und Ausdrucksweisen über Atome wissen und sagen können. Was gäbe uns Anlass zu der Hoffnung, dass unser für die Welt der Menschen, Bäume und Häuser entwickeltes Denken auch für die Welt der Atome passen würde? »Die Bilder, die wir uns von den Atomen machen, sind ja aus Erfahrungen erschlossen, oder, wenn Sie so wollen, erraten, nicht aus irgendwelchen theoretischen Berechnungen gewonnen«, sagt Bohr. »Ich hoffe, dass diese Bilder die Struktur der Atome so gut beschreiben, aber eben auch nur so gut beschreiben, wie dies in der anschaulichen Sprache der klassischen Physik möglich ist. Wir müssen uns klar darüber sein, dass die Sprache hier nur ähnlich gebraucht werden kann wie in der Dichtung, in der es ja auch nicht darum geht, Sachverhalte präzis darzustellen, sondern darum, Bilder im Bewusstsein des Hörers zu erzeugen und gedankliche Verbindungen herzustellen.«

Eine schwerlich ernst zu nehmende Einsicht für Heisenberg. Ein paar Jahrzehnte zuvor noch hat der Wiener Physiker Ludwig Boltzmann vehement dafür argumentiert, dass Atome nicht nur die abstrakten Hirngespinste sind, als die sie seit der Zeit der antiken Atomisten galten, eben keine Metaphern, sondern konkrete Dinger, kleiner zwar als die Stühle, auf denen wir sitzen, aber genauso wirklich. Boltzmann ging im Jahr 1906 in den selbstverursachten Tod. Zu seiner Verzweiflung trug bei, dass er seine Kollegen nicht von der Existenz der Atome überzeugen konnte. Nach seinem Tod jedoch akzeptierten mehr und mehr Physiker die Atomistik.

Und nun behauptet Bohr, die kleinsten Bausteine der materiellen Welt seien doch nichts als eine Redeweise, ein hübsches, aber letztlich unzureichendes Sprachbild? Im Grunde ja, aber mit einem Dreh, den der einstige Streit um die Atome nicht hatte. Bohr bestreitet keineswegs, dass Atome existieren, aber er sagt, dass Physiker nicht hoffen können, sie so zu beschreiben, wie sie sind. Vielleicht gibt es für Atome gar kein »Wie sie sind«. Unsere hergebrachten Intuitionen von der physikalischen Welt, von der Materie, von Dingen und ihren Orten und Bewegungen, brechen im Kleinsten zusammen. Aber wir haben nun mal nur diese Intuitionen, mit ihnen haben wir gelernt, die Welt zu begreifen. Wir können sie nicht einfach über Bord werfen.

Was Bohr da auf seine besonnene Art erklärt, verstört Heisenberg. Bisher sind die Formeln, über die er mit seinem Lehrer Sommerfeld und anderen Fachkollegen diskutiert, für ihn nur Werkzeuge, um zu rechnen und experimentell überprüfbare Vorhersagen zu machen. Jetzt lernt er, nach dem Wesen der Welt zu fragen, die sie beschreiben. Er denkt zurück an seine Lektüre des *Timaios,* damals vor drei Jahren, auf dem Dach in Schwabing, als die preußischen Regierungstruppen gegen die Münchner Revolutionäre kämpften. Die Vorstellung ist näher denn je: die Grundbausteine der Welt zu enträtseln, indem man sich auf die Suche nach dem Wahren und Schönen macht.

»Was bedeutet denn die Quantentheorie nun?«, will Heisenberg von Bohr wissen. »Was für eine Welt verbirgt sich hinter all den ausgeklügelten Berechnungen, hinter den Spektrallinien und Quantenzahlen? Was ist die Physik hinter den Formeln?« Bohr hat keine endgültige Antwort und schon gar keine einfache. Nein, die klassischen Modelle vom Atom können nicht stimmen. Aber nein, ganz falsch sind sie auch nicht. Sie sind die besten Behelfe, die wir haben. Die Kunst ist, Modelle zu finden, die möglichst viel davon erfassen, was es über Atome zu sagen gibt. Ein Modell allein wird nicht reichen, es wird mehrere Modelle brauchen, die einander ergänzen, aber auch widersprechen. Ein Elektron kann man sich als Teilchen vorstellen und als Welle. Beides stimmt, aber eben nicht ganz. Das Elektron verhält sich in manchen Aspekten wie ein Teilchen, in manchen wie eine Welle. Unsere Intuition mag mit dieser Doppelnatur des Elektrons kämpfen. Aber so ist die Welt nun mal.

Die zwei Physiker stärken sich in der Kaffeewirtschaft *Rohns,* bevor sie auf den Gipfel des Hainbergs steigen, von dem der Ausblick über die ganze Stadt reicht. »Ist das Wesen denn nun unzugänglich für die menschliche Erkenntnisgabe?«, fragt Heisenberg. »Gibt es gar keine Aussicht, dass wir die Atome je richtig verstehen?« »Doch«, erwidert Bohr. »Aber wir werden dabei gleichzeitig erst lernen, was das Wort verstehen bedeutet.«

Diese Art, über Physik zu sprechen, ist neu für Heisenberg. Arnold Sommerfeld, bei dem er studiert hat, dieser drahtige kleine Professor aus München, eine Figur wie aus alten preußischen Zeiten mit Schnurrbart und Schmissen im Gesicht, Lehrer und Mentor unzähliger Physiker der neuen Generation, betonte stets, dass Physiker rechnen und experimentieren, das Grübeln jedoch andern überlassen sollen.

Heisenberg dämmert, dass Bohr ganz anders denkt als fast alle anderen Physiker, die in Göttingen versammelt sind, dieser Hochburg der mathematischen Physik. Rechenkünstler und geschickte Experimentatoren gibt es genug. Bohrs Stärke liegt woanders: in der Intuition. Er erspürt den Aufbau der Welt. Der Däne rechnet nicht, er philosophiert, ringt um Worte – wie ein Dichter. Später nennt er ihn den »einzigen Menschen, der, in philosophischem Sinne, etwas von Physik versteht«.

Wo Heisenberg Formeln sieht, sieht Bohr Phänomene. Heisenberg spürt, dass Bohr seine Erkenntnisse nicht durch logisches Erschließen oder Lösen von Differentialgleichungen gewinnt, sondern durch »Einfühlen und Erraten«, wie er es später beschreibt. »Er setzte die Worte behutsam, sehr viel vorsichtiger, als wir es sonst von Sommerfeld gewohnt waren, und fast hinter jedem der sorgfältig formulierten Sätze wurden lange Gedankenreihen sichtbar, von denen nur der Anfang ausgesprochen wurde und deren Ende sich im Halbdunkel einer für mich sehr erregenden philosophischen Haltung verlor.« Und nun spricht Bohr von dem Vorhaben, die Atome zu enträtseln. Er spricht davon, als sei es das Tun eines Dichters, als gehe es darum, die richtigen Worte zu finden für etwas, das noch nie gesagt wurde.

Es ist für Heisenberg, als lerne er die Physik neu kennen. In den drei Stunden dieses Spaziergangs, so wird sich Heisenberg später erinnern, »hat meine eigentliche wissenschaftliche Entwicklung erst begonnen«. Und es beginnt eine Freundschaft zwischen Niels Bohr und Werner Heisenberg, aus der einige der wichtigsten Schritte zur Formulierung der neuen Theorie der Quanten hervorgehen werden. Sie wird 19 Jahre andauern, dann zerbrechen.

Als sich die beiden vom *Rohns* zum Gipfel des Hainbergs aufmachen, hat Bohr die außergewöhnliche Begabung Heisenbergs längst erkannt. Dessen unbändiger Wissensdurst gefällt ihm. Er erkundigt sich nach Heisenbergs Plänen, lädt ihn ein, für einen Forschungsaufenthalt zu ihm nach Kopenhagen zu kommen, stellt ihm sogar ein Stipendium in Aussicht. Heisenberg hätte mit einer solchen Anerkennung nicht gerechnet. Er darf nach Kopenhagen, zum großen Bohr, seinem wissenschaftlichen Übervater! Dieses Ziel hat für ihn eine ganz besondere Bedeutung, denn nach Kopenhagen ist auch Wolfgang Pauli, sein größter Konkurrent, unterwegs.

Wolfgang Pauli und Werner Heisenberg sind Arnold Sommerfelds begabteste Schüler, und der anderthalb Jahre ältere Pauli ist Heisenberg bisher stets einen Schritt voraus gewesen. Als Heisenberg zu studieren beginnt, sitzt Pauli schon in Sommerfelds Seminar. Im Auftrag Sommerfelds benotet Pauli Heisenbergs Hausarbeiten und berät ihn bei der Wahl seiner Vorlesungen und Seminare. Pauli hat im Herbst mit *summa cum laude* promoviert,

Heisenberg schafft die Prüfung nur mit Mühe. Gerade hat Pauli, dem der Kriegsdienst wegen einer Herzschwäche erspart blieb, in Hamburg seine erste Stelle angetreten. Er gilt als das Wunderkind der deutschen Physik.

Die beiden sind sich nahe genug, um einander zu Bestleistungen anzutreiben, aber zu unterschiedlich, um Freunde zu werden. Pauli feiert gern die Nächte durch, säuft, rauft und verschläft den Vormittag. Heisenberg ist am liebsten draußen in der Natur und zieht im Frühtau zu Berge. »Guten Morgen, du Naturapostel«, pflegt Pauli Heisenberg zu begrüßen. »Guten Mittag«, grüßt Heisenberg zurück. Pauli lässt keine Gelegenheit aus, Heisenberg einen »Dummkopf« zu nennen. »Das hat mir sehr geholfen«, sagt Heisenberg später. Jetzt hätte er die Chance, in Kopenhagen beim Großmeister der Quantentheorie persönlich zu lernen, bevor Pauli es täte. Aber der alte Sommerfeld hat andere Pläne für Heisenberg. Der soll erstmal in Göttingen bei Max Born lernen. Da war Pauli im Wintersemester zuvor gewesen – und darf nun zu Bohr nach Kopenhagen. Heisenberg muss sich erneut gedulden, aber er wird es noch schaffen, Pauli zu überholen. Im Jahr 1932, mit 30, bekommt er den Nobelpreis für Physik, Pauli erhält ihn erst 1945, mit 45 Jahren.

Einer fehlt bei den Bohr-Festspielen: Albert Einstein. Er bangt gerade um sein Leben. Die politische Atmosphäre in Deutschland spitzt sich immer mehr zu. Nationalistische Zeitungen rufen offen zum Mord an Walther Rathenau auf, dem jüdischen Industriellen, der seit ein paar Monaten Außenminister ist. Am 24. Juni 1922, zwei Tage nach den Bohr-Festspielen, wird Rathenau am helllichten Tag von Rechtsradikalen erschossen, als er im Auto von seiner Villa in Grunewald ins Ministerium fährt. Es ist der 354. politische Mord durch Rechtsradikale seit dem Krieg – Linksradikale haben seither 22 Morde begangen. Einstein kannte Rathenau gut, beide haben oft miteinander über Politik diskutiert. Er gehört zu denen, die Rathenau davor gewarnt haben, solch ein exponiertes Regierungsamt anzunehmen, und fürchtet nun, als Nummer 355+x zu enden. Einstein weiß, dass er selbst auf den Listen der reaktionären Todesschwadronen steht, und tut das, wozu er Rathenau vergeblich geraten hat: Er zieht sich zurück, setzt seine Lehrveranstaltungen aus, sagt alle Vorträge ab, beendet seine Mitarbeit in der »Kommission für intellektuelle Zusammenarbeit« des Völkerbunds. »Die Situation ist bei uns derart«, schreibt er nach Genf, »dass ein Jude gut daran tut, sich in allen öffentlichen Dingen Zurückhaltung aufzuerlegen.« Er erwägt sogar, seine Stelle an der Preußischen Akademie der Wissenschaften aufzugeben und in Kiel wieder als Patentbeamter zu arbeiten. Er ist kein bloßer Physiker mehr, sondern eine Ikone der deutschen Wissenschaft und ein lebendes Symbol der jüdischen Identität – eine heikle Kombination.

In dieser schwierigen Situation kommt Einstein wenigstens dazu, Bohrs Arbeiten zu lesen, und er ist hingerissen: »Das ist höchste Musikalität auf dem Gebiete der Gedanken.« In der Tat steckt in Bohrs Werk mindestens ebenso viel Kunst wie Wissenschaft. Er hat Hinweise aus verschiedenen Gebieten gesammelt – aus der Spektroskopie, aus der Chemie – und dann Schale für Schale, Atom für Atom, das ganze Periodensystem wie ein großes Puzzle zusammengebaut. Ausgangspunkt ist seine Überzeugung, dass zwar im Mikrokosmos der Atome die Quantenregeln gelten, dass aber alles, was man aus ihnen folgert, mit den Beobachtungen übereinstimmen muss, die wir im von der klassischen Physik geregelten Makrokosmos machen. Er nennt diesen Glaubensgrundsatz »das Korrespondenzprinzip«. Alle Ideen über die atomare Welt, die im Makrokosmos nicht der klassischen Physik entsprechen, sind verboten. Mit diesem Trick schlägt Bohr die Brücke zwischen den scheinbar unvereinbaren Welten der Atomphysik und der klassischen Physik. Manche halten das Korrespondenzprinzip für einen »Zauberstab, der außerhalb Kopenhagens nicht wirkt«, wie Bohrs Assistent Hendrik Kramers später sagt. Manche schwenken den Zauberstab vergeblich. Albert Einstein erkennt daran einen Zauberer, wie er selbst einer ist.

Die größte Anerkennung des Jahres erwartet Niels Bohr jedoch noch: Im Oktober spricht das Nobelkomitee ihm für seine Erforschung der Struktur der Atome den Nobelpreis für Physik zu. Ein Glückwunschtelegramm nach dem anderen landet auf seinem Schreibtisch. Gleichzeitig erhält auch Albert Einstein den Preis, verspätet den für das Jahr 1921, für seine Erklärung des photoelektrischen Effekts. Aber Einstein ist nicht zuhause, als das Telegramm aus Stockholm in seiner Berliner Wohnung zugestellt wird. Er und Elsa sind auf dem Weg zu einer Vortragsreise und haben sich am 7. Oktober in Marseille nach Japan eingeschifft. Eine willkommene Gelegenheit, der toxischen Atmosphäre in Deutschland zu entfliehen. Auf Schiffen wird nicht gemordet. Einstein stellt erfreut fest, dass fast nur Engländer und Japaner an Bord sind, »eine stille, feine Gesellschaft«. Es könnten erholsame Tage sein, Einstein hat viele Bücher und etwas Arbeit eingepackt – wenn nur sein Magen nicht so empfindlich auf den Seegang reagieren würde. Die Einsteins machen Zwischenstation in Colombo, Singapur, Hongkong und Schanghai. In manchen Häfen werden sie mit dem Deutschlandlied empfangen, was Einstein eher unangenehm berührt und ihn an die Verstrickungen erinnert, denen er doch eigentlich entfliehen wollte. Am 17. November gehen die Einsteins in Kobe an Land und fahren mit dem Zug kreuz und quer durch Japan – auch durch Hiroshima, die Stadt, die 23 Jahre später mit Hilfe von Einsteins Formeln in Asche gelegt werden wird. Erst im März 1923 kehren sie nach Berlin zurück.

Die Zeremonie der Preisverleihung findet am 10. Dezember 1922 ohne Einstein im verschneiten Stockholm statt. Nicht alles läuft gut für Bohr an diesem Tag. Er vergisst die Notizen für seine Rede im Hotelzimmer und muss improvisieren. Doch das Malheur erweist sich als Vorteil, denn sein Vortragsstil ist klarer und unterhaltsamer, als manche Zuhörer es von ihm gewohnt sind –

bis ihm seine Notizen aus dem Hotel gebracht werden. Dann kann er, zu seiner eigenen Erleichterung und zum Leidwesen der Zuhörer, wieder in sein übliches, abgelesenes Gemurmel zurückfallen.

In Einsteins Namen nimmt der deutsche Gesandte Rudolf Nadolny den Preis entgegen, nach einem Streit mit den Schweizer Diplomaten, die Einstein für ihren Staat beanspruchen, worauf die Berliner Akademie nach Stockholm telegraphiert: »Einstein ist Reichsdeutscher.« Als Nadolny beim Bankett nach der Verleihung sein Glas erhebt, äußert er »die Freude meines Volkes, dass wieder einmal einer aus seinen Reihen einen Erfolg für die gesamte Menschheit erreichen konnte«. Nach dem Streit um Einsteins Staatsangehörigkeit hofft Nadolny, »dass auch die Schweiz, die dem Gelehrten während vieler Jahre eine Heimat und eine Arbeitsstätte geboten hat, an dieser Freude teilnehmen wird«.

Zwar hat Einstein im Jahr 1896 seine deutsche Staatsangehörigkeit abgelegt und fünf Jahre später die Schweizer Staatsangehörigkeit angenommen, doch mit seiner Anstellung an der Preußischen Akademie der Wissenschaften ist er deutscher Beamter geworden, und damit automatisch wieder deutscher Staatsbürger – ohne es selbst zu wissen. Solche Dinge sind ihm gleichgültig. Die Zugehörigkeit zu einer Nation sei ihm so wichtig wie ein Versicherungsvertrag, bemerkt er einmal. Seine Stieftochter Ilse bittet das Nobelkomitee, seine Medaille an die Schweizer Botschaft in Berlin zu schicken, da er Schweizer Bürger sei. Das Komitee löst das Dilemma, indem es den schwedischen Botschafter in Deutschland zu Einstein schickt, um ihm die Medaille zu überreichen.

MÜNCHEN 1923
DER ÜBERFLIEGER FLIEGT BEINAH DURCH DIE PRÜFUNG

München, 1923. An Physik ist kaum zu denken in diesem Land, das schwer unter den Kriegsreparationen leidet. Eine Hyperinflation drückt Deutschland nieder. Die Angst vor dem Kommunismus grassiert. Viele Menschen fürchten, dass die bolschewistische Revolution doch noch von Russland nach Deutschland übergreifen werde, dass man die Bauern auspressen, die Fabrikbesitzer enteignen werde. Die französische Regierung facht den Nationalismus noch an, indem sie auf den Reparationszahlungen besteht.

Die erste deutsche Republik ringt um ihren Fortbestand. Eine Chance für alle, die sie zerstören wollen. Adolf Hitler, der Kunstmaler, versucht in München, sich an die Macht zu putschen. Am 8. November 1923 platzt er in eine Gedenkveranstaltung zum Ende des Ersten Weltkriegs hinein. Gemeinsam mit Erich Ludendorff, Weltkriegsveteran und Führer der Rechtsradikalen, marschiert er auf die Feldherrnhalle zu. Sie wollen weiter nach Berlin ziehen, um das »korrupte Weimarer Regime« zu stürzen. Der Putschversuch scheitert. Hermann Göring, der Fliegerheld aus dem Ersten Weltkrieg, entkommt, Hitler wird inhaftiert, Ludendorff freigesprochen. Von nun an sind Hitler und Ludendorff Gegner. Hitler wird zum rechten Führer.

Arnold Sommerfeld, der Münchner Ordinarius, ist der deutschen Tristesse entflohen und auf Einladung mehrerer amerikanischer Universitäten im Winter 1922/23 zu einer Vortragsreise in die USA gereist. Er verbringt ein Jahr an der University of Wisconsin in Madison, und bei seinem Auslandsaufenthalt geht es ihm nicht nur um die Physik, sondern auch um Geld. In Zeiten der Hyperinflation ist es auch für einen angesehenen deutschen Professor nicht einfach zu überleben, und für die Dollars, die Sommerfeld in den USA verdient, kann er sich auch am nächsten Tag noch etwas kaufen. Hinzu kommt das Privileg, die aufblühende amerikanische Wissenschaftswelt aus nächster Nähe erleben zu können – eine seltene Ehre in einer Zeit, in der deutsche Wissenschaftler noch immer geächtet sind. Sommerfeld achtet stets darauf, politische Gespräche zu vermeiden.

In den ersten Wochen des Jahres 1923 hört Sommerfeld von einer Entdeckung des Experimentalphysikers Arthur Holly Compton, der noch keine 30 Jahre alt, aber schon seit zwei Jahren Leiter der Fakultät für Physik an der Washington University in St. Louis, Missouri ist. Compton hat genau gemessen, wie Röntgenstrahlen von Elektronen in Atomen abgelenkt werden. Genau so, wie es das Quantenmodell vorhersagt, stellt er fest, und ganz anders, als es das Wellenmodell vorhersagt. Compton zielt mit Röntgenstrahlung auf verschiedene Elemente, Kohlenstoff und andere. Das Gros der Strahlung schießt geradewegs durch die Proben. Compton interessiert sich für die Sekundärstrahlung, die durch die Streuung des Röntgenlichts an den Elektronen entsteht. Ändert sich die Wellenlänge des Lichts? Ja, findet er heraus, und zwar so, also würden Licht und Elektronen wie winzige Billardkugeln aufeinanderstoßen und auseinanderfliegen.

Am 21. Januar schreibt ein aufgeregter Arnold Sommerfeld an Niels Bohr, um ihn auf das »Interessanteste, was ich in Amerika wissenschaftlich erfahren habe«, hinzuweisen. Entgegen aller Beweise für das Gegenteil hat Compton gezeigt, dass Röntgenstrahlen in seinen Experimenten als Quanten unterwegs sind. Sommerfeld zögert noch ein wenig, Comptons Messungen bereits als Tatsachen zu nehmen, denn sie haben noch nicht den in der Wissenschaft üblichen Prozess der Prüfung durchlaufen. Comptons Arbeit wird erst im Mai 1923 im *Physical Review* erscheinen, der bedeutendsten amerikanischen Fachzeitschrift, die aber in Europa kaum gelesen wird. Doch Sommerfeld ist bereits überzeugt, dass den Physikern »eine ganz fundamentale neue Belehrung« bevorsteht. »Hiernach würde die Wellentheorie für Röntgenstrahlen endgültig fallen zu lassen sein«, schreibt er an Bohr. »Es ist wohl die wichtigste Entdeckung, welche im gegenwärtigen Zustand der Physik gemacht werden konnte«, glaubt Sommerfeld. Für Bohr ist es ein Schlag.

Für Albert Einstein ist es eine Bestätigung, er schreibt in einem Artikel im *Berliner Tageblatt,* der linksliberalen Zeitung: »Das positive Ergebnis des Comptonschen Experimentes beweist, dass nicht nur bezüglich der Energieübertragung, sondern bezüglich der Stoßwirkung die Strahlung sich so verhält, wie wenn sie aus diskreten Energieprojektilen bestünde.« Einstein sagt es doch seit Jahren: Licht muss aus Teilchen bestehen. Andererseits: Licht muss aus Wellen bestehen, das wissen Physiker seit Maxwell, in diesem Wissen bauen Elektrotechniker Radios und Funkgeräte. Das kann doch nicht wahr sein. »Man hat also jetzt zwei Lichttheorien«, schreibt Einstein, »beide unentbehrlich und – wie man trotz zwanzigjährigen ungeheuren Anstrengungen der Theoretischen Physiker heute zugestehen muss – ohne jeden logischen Zusammenhang.« Beide, die Wellentheorie und die Quantentheorie des Lichts, gelten irgendwie. Lichtquanten können nicht die Wellenphänomene des Lichts erklären, wie zum Beispiel Interferenz und Beugung. Aber ohne Lichtquanten lassen sich der Compton-Effekt und der photoelektrische Effekt nicht erklären. Licht hat ein Doppelgesicht, Welle und Teilchen. Damit müssen Physiker leben lernen.

Als Sommerfeld im Frühjahr 1923 aus Madison zurückkehrt, kommt auch Heisenberg aus Göttingen zurück nach München, um seine Promotion abzuschließen. Für seine Doktorarbeit hat er ein Thema aus der Hydrodynamik gewählt, eine theoretische Analyse der Entstehung von Turbulenzen in Flüssigkeiten. Ein solides

Thema, aber weit entfernt von der Quantentheorie, die Heisenberg gerade fesselt.

Solide und langweilig. Was den Überflieger Heisenberg nicht interessiert, bereitet ihm Schwierigkeiten. Nur widerwillig schreibt er sich für einen Laborkurs für Anfänger ein, geleitet von Wilhelm Wien, dem Münchner Ordinarius für Experimentalphysik und Namensgeber des Wienschen Gesetzes. Wien ist ein Meister im Labor, seine präzisen Messungen der elektromagnetischen Strahlung haben den Weg bereitet für die Quantenhypothese, die Max Planck im Jahr 1900 aufstellte. Doch Heisenberg ist nicht interessiert an Handarbeit, und der Universität fehlt es an Ausstattung, eine willkommene Ausrede für Heisenberg, die Experimente, die Wien ihm aufgegeben hatte, zu vernachlässigen und sich wieder der Theorie zuzuwenden.

Im Jahr 1923 steht Heisenbergs mündliche Abschlussprüfung für sein Doktorat an. Nun muss er zeigen, dass er in der gesamten Physik bewandert ist, theoretisch und experimentell, nicht nur in seinen Interessengebieten. Es ist ein Kampf. In Mathematik, theoretischer Physik und Astronomie läuft alles glatt. Dann kommt die Prüfung in Experimentalphysik. Wilhelm Wien hat nicht vor, den Überflieger Heisenberg einfach durchzuwinken. Als Wien während der Prüfung hört, wie wenig Heisenberg experimentiert hat, beginnt er, ihm Fragen zu stellen, um seine Kenntnisse von Versuchsanordnungen zu testen. Er will von Heisenberg hören, was das Auflösungsvermögen des Fabry-Pérot-Interferometers ist, eines optischen Instruments aus zwei gegenüberliegenden Spiegeln zur Messung der Frequenz von Lichtwellen. Prüfungspflichtstoff für Heisenberg, den Wien obendrein in seiner eigenen Vorlesung durchgenommen hatte. Heisenberg hat nicht zugehört, kennt die Formel nicht und versucht nun während der Prüfung, unter Wiens strengem Blick, sie herzuleiten. Es misslingt ihm. Wien fragt ihn nach dem Auflösungsvermögen eines Mikroskops. Heisenberg weiß auch darauf keine Antwort. Wien fragt ihn nach dem Auflösungsvermögen eines Teleskops, wieder hat Heisenberg keine Ahnung. Wien fragt ihn, wie eine Batterie funktioniert. Heisenberg blamiert sich erneut.

Wien will Heisenberg durchfallen lassen, doch nun greift Sommerfeld ein. Das Examen in theoretischer Physik habe Heisenberg so hervorragend bestanden, argumentiert Sommerfeld, dass man ihm den Doktortitel nicht verwehren könne. Eine delikate Situation: Sommerfeld will seinen Musterschüler durch die Prüfung bringen, ohne seinen Kollegen zu desavouieren. Die Professoren finden einen Kompromiss. Heisenberg bekommt den Titel, aber nur mit der Note III, der zweitschlechtesten.

Diese Schmach lässt Heisenberg nicht auf sich sitzen. Es gelingt ihm, seine Frustration in Eifer zu verwandeln, und er lernt alles über Mikroskope und Teleskope. Dieses Wissen wird er noch gut gebrauchen können.

Arnold Sommerfeld hätte den frisch betitelten Dr. Werner Heisenberg gerne in München behalten, Max Born würde ihn am liebsten wieder nach Göttingen holen. Sie handeln Heisenbergs akademische Zukunft aus. Born überzeugt Sommerfeld in einem langen Brief davon, dass Heisenberg nach Göttingen gehört. Er preist Heisenbergs außergewöhnliche Begabung, Bescheidenheit und Begeisterung, seinen Eifer, seine gute Laune und seine Beliebtheit unter den Göttinger Physikern. Heisenberg solle sich nach seinem Rigorosum bei ihm in Göttingen habilitieren und dann als Privatdozent bleiben. Sommerfeld lässt sich überzeugen und stimmt Borns Vorschlag zu.

Im September 1923 kehrt Heisenberg also nach Göttingen zurück, um sich bei Born zu habilitieren. Gemeinsam versuchen beide, die Bahnen der Elektronen im Heliumatom zu berechnen. Born hält im Wintersemester eine Vorlesung mit dem sperrigen Titel »Störungstheorie mit Anwendung auf die Atomphysik«, in der er die Sprünge der Elektronen in Atomen auf ganz neue Weise beschreibt. Die Sprünge sind nun Bestandteil der Theorie. Born holt die Diskretheit, also die Quantensprünge, in die Theorie und legt damit den Grundstein zu einer neuen Quantentheorie.

Max Born ist kein Philosoph, kein Seher wie Niels Bohr. Aber er versteht, was Bohr sagt, und kann es in Mathematik übersetzen. »Die Mathematik ist klüger als wir«, sagt Born. Ohne scharfe Köpfe wie Born wäre Bohr hilflos. Ohne einen tiefen Denker wie Bohr fiele Borns Scharfsinn nicht auf fruchtbaren Boden. Bohr ist ein Schöpfermensch, die Gedanken drängen aus ihm heraus, er ringt damit, sie in Worte und Formeln zu fassen. Born ist der Anti-Bohr, zögerlich, unsicher, vergesslich, konzentrationsschwach, kränkelnd. Die Mathematik ist sein Halt in der Welt.

Während Born und Heisenberg in Göttingen mit den Elektronenbahnen ringen, marschieren französische Truppen ins Ruhrgebiet ein. Deutschland ist im Verzug mit den im Versailler Vertrag festgelegten Reparationszahlungen. Die Arbeiter im Ruhrgebiet haben gestreikt, sie selbst haben nichts zu essen und nichts zu heizen und sollen Kohle für die Franzosen fördern. Die aber sind unerbittlich. Die deutsche Regierung druckt Geld, um die Arbeiter zu entlohnen, was die Mark noch weiter drückt. Zu Kriegsbeginn hatte man für vier deutsche Mark einen amerikanischen Dollar bekommen, im Juli 1922 musste man für einen Dollar 493 Mark bezahlen, im Januar 1923 sind es bereits 17792 Mark, im November 1923 4,2 Billiarden Mark.

Viele Menschen müssen sich mehrmals in der Woche anstellen, um ihren Arbeitslohn in bar abzuholen – Stapel von Papiergeld von Millionen und Milliarden Mark – und eilen damit zu Bäckern, Metzgern und Milchläden, um sich einen Vorrat mit möglichst vielen Lebensmitteln anzulegen. Morgen schon würde das Geld nur noch die Hälfte wert sein. Das gesetzte deutsche Bürgertum kämpft ums Überleben. »Auf diese Weise«, schreibt Max Born, »verlor die ganze Mittelklasse einen großen Teil ihres Besitzes und wurde dadurch zur leichten Beute politischer Agitatoren.«

An den Universitäten geht es kaum noch um Wissenschaft. Studenten kaufen Lebensmittel, sobald sie Geld haben, und hungern, solange sie keins haben. Vorlesungen fallen aus, den Dozenten und Assistenten werden die Gehälter gekürzt.

Max Born flüchtet sich in seine Forschung, soweit Asthma und Bronchitis es zulassen. Mehr und mehr zieht er sich aus dem Freundes- und Kollegenkreis zurück, spielt allein Klavier, arbeitet oft bis spät in die Nacht. Er habe »gar keine Sehnsucht nach hoher Physiker-Concentration«, schreibt er im August 1923 an Einstein, lieber möchte er »still für mich leben und arbeiten. Von morgen an stelle ich mich tot und bin nicht zu sprechen. Eigentlich habe ich nichts besonderes vor. Ich denke, wie immer, hoffnungslos über die Quantentheorie nach und suche ein Rezept, um Helium und die anderen Atome zu rechnen; aber auch dies gelingt mir nicht«.

Im August 1923 wird Gustav Stresemann Reichskanzler. Er ändert die Geldpolitik, beendet das hemmungslose Gelddrucken und führt eine neue Währung ein. Eine Rentenmark ist ein paar Millionen alter Mark wert. »Man kann ein Problem nicht dadurch aus der Welt schaffen, dass man der unabhängigen Veränderlichen einen neuen Namen gibt«, bemängelt der Göttinger Mathematiker David Hilbert, den manche für unfehlbar halten. Doch diesmal irrt er. Es ist nicht nur der Name neu, die Rentenmark ist durch Industrieanleihen gedeckt. Die Preise fangen sich, die Wirtschaft blüht wieder auf, und auch die Wissenschaft. Was bleibt, ist das Misstrauen vieler deutscher Bürger gegenüber dem jungen Staat. Im Frühjahr 1923 schreibt Max Born an Albert Einstein: »Die Verrücktheit der Franzosen macht mich traurig, weil sie bei uns den Nationalismus stärkt und die Republik schwächt. Ich denke viel darüber nach, wie ich's machen könnte, um meinem Sohn das Schicksal zu ersparen, an einem Revanchekriege teilnehmen zu müssen. Aber für Amerika bin ich zu alt, und außerdem hat dort ja eine größere Kriegsverrücktheit geherrscht wie bei uns.«

In Heidelberg schließt Philipp Lenard die Vorlesungen des Wintersemesters 1923/24 mit einer Lobeshymne auf den in Festungshaft sitzenden Putschisten Adolf Hitler, im Mai 1924 veröffentlicht er eine Erklärung mit dem Titel »Hitlergeist und Wissenschaft«, in der er sich zum Nationalsozialismus bekennt und in Hitler und Ludendorff den »Kulturbringer-Geist« »arischer« Forscher wie Newton, Galilei und Kepler verkörpert sieht. Gegen diese »Kulturbringer« wirke seit jeher, von der Kreuzigung Christi über die Verbrennung Giordano Brunos bis zur Einkerkerung Hitlers und Ludendorffs, »immer dasselbe asiatische Volk im Hintergrund«.

KOPENHAGEN 1923
BOHR UND EINSTEIN FAHREN STRASSENBAHN

Im Jahr 1922 wird Albert Einstein mit dem Nobelpreis für das Jahr 1921 ausgezeichnet, verpasst aber die Preisverleihung. Erst im Juli 1923 hält er in Stockholm seine Nobelpreisrede vor 2000 Zuschauern, und Einstein ist sich sicher: Die meisten sind gekommen, um ihn zu sehen, nicht um zu hören, was er zu sagen hat. So ist er erleichtert, in den Zug zu steigen, der ihn wieder aus der schwedischen Hauptstadt fortbringt, hin zu jenem Mann, von dem er weiß, dass dieser sich jedes einzelne seiner Worte genau anhören und fast jedem widersprechen wird. Niels Bohr erwartet Einstein am Bahnsteig in Kopenhagen. Es ist das erste Mal seit drei Jahren, dass die beiden sich sehen. Drei Jahre, in denen viel geschehen ist. Die beiden Professoren vertiefen sich sofort in ein Gespräch über die Physik, vergessen alles um sich herum, steigen geistesabwesend in die Straßenbahn, um zu Bohrs Institut zu fahren. Bohr hat von Arnold Sommerfeld aus den USA von dem bahnbrechenden Experiment Arthur Comptons erfahren. Auch Einstein weiß von dem Experiment des jungen Amerikaners. Er steht nun nicht mehr allein da in seiner Verteidigung der Lichtquanten, doch Bohr will noch immer nicht an sie glauben. »Einstein, Sie müssen doch einsehen …«, beharrt Bohr in seinem dänisch gefärbten Deutsch. »Nein, nein, …«, entgegnet Einstein und argumentiert gegen Bohrs Quantensprünge. »Aber, aber, …«, antwortet Bohr. Sie kümmern sich nicht um die verwunderten Blicke der anderen Fahrgäste, verpassen ihre Haltestelle, fahren viel

Niels Bohr, 1930 an seinem Schreibtisch im Institut für Theoretische Physik an der Universität Kopenhagen.

zu weit. »Wo sind wir?«, fragt Einstein. Bohr weiß es nicht. Sie steigen aus, fahren zurück, verpassen die Haltestelle erneut. »Wir fuhren viele Male mit der Straßenbahn hin und her«, wird Bohr sich später erinnern, »und was die Leute dachten, mag dahingestellt bleiben.«

KOPENHAGEN 1924
EIN LETZTER VERSUCH

Niels Bohr ist empört. Arthur Comptons Entdeckung hat ihn in die Defensive gebracht, doch Bohr beharrt auf seiner Überzeugung: Licht besteht aus Wellen. Aber er ist nicht nur wegen Compton aufgebracht. Sein eigener Assistent Hendrik Kramers war ein paar Monate vor Compton auf dieselbe Idee von den Quantenstößen gekommen und hatte sie Bohr voller Stolz und Aufregung vorgelegt.

Ausgerechnet Kramers, sein treuester Helfer seit Jahren. Im Jahr 1916 stand Kramers bei Bohr vor der Tür, in der Tasche einen erfolgreichen Studienabschluss in Physik und voller Eifer, die neue Quantentheorie zu lernen. Er erwies sich als begabter Schüler, etwas unsicher zwar, aber von bestechendem Humor. »Bohr ist Allah, und Kramers ist sein Prophet«, sagt Wolfgang Pauli. Und nun verrät der Prophet seinen Gott, indem er den entscheidenden Fingerzeig für die Existenz der Lichtquanten liefert? »Nichts da«, sagt Bohr. Er redet auf Kramers ein, beschwört ihn, dass die Idee der Lichtquanten keinen Platz in der Physik habe, dass Kramers die so erfolgreiche klassische Theorie des Elektromagnetismus nicht aufs Spiel setzen dürfe – dass er gehorsam sein solle. Bohr kann sehr überzeugend wirken, auch wenn er gerade unvernünftig ist.

Kramers gehorcht. Unter dem Druck Bohrs begräbt er seinen Fund, vernichtet seine Aufzeichnungen, wird krank vor Kummer, muss sogar für einige Tage ins Krankenhaus. Bohr hat ihm gründlich den Geist verdreht. Als Compton die Entdeckung veröffentlicht, die er selbst bereits gemacht hat, bekämpft er sie gemeinsam mit seinem Chef.

Bohr weiß, dass sie einsame Streiter sind, aber er gibt nicht auf. Noch nicht. Gemeinsam mit Kramers und dem 22-jährigen amerikanischen Theoretiker John Slater, der gerade auf seiner Europa-Tournee in Kopenhagen Station macht, unternimmt er einen letzten Versuch zur Rettung der Wellen. Wie die meisten Nachwuchsphysiker hat Slater keine Scheu vor den Lichtquanten. Er ist jung und undogmatisch. Warum sollten Quanten und Wellen nicht koexistieren können? Doch er ist in Kopenhagen, der Hochburg des Quantenwiderstands. Bohr und Kramers gewinnen ihn als Verbündeten. Binnen drei Wochen schreiben sie ein Forschungspapier zusammen – schneller als jedes andere in Bohrs Publikationsliste. Bohr denkt laut. Kramers schreibt mit, so gut er kann. Slater steht daneben, lauscht, staunt, wirft ab und zu eine Frage ein.

Schon im Januar 1924 erscheint ihr Bericht im *Philosophical Magazine*. Er enthält Sätze, wie sie charakteristisch für Bohrs enigmatischen Stil sind: »Wir werden annehmen, dass ein gegebenes Atom in einem bestimmten stationären Zustand ständig durch einen zeitlich-räumlichen Mechanismus mit anderen Atomen kommunizieren wird, der virtuell äquivalent mit dem Strahlungsfeld ist, das nach der klassischen Theorie aus virtuellen harmonischen Oszillatoren entstehen würde, die den verschiedenen möglichen Übergängen in andere stationäre Zustände entsprechen.« Lauter Begriffe ohne klare physikalische Bedeutung: »virtuell«, »zeitlich-räumlicher Mechanismus«, »kommunizieren«, »so gut wie äquivalent«. Einstein sagt über Bohr, dieser äußere »seine Meinungen wie ein ständig Suchender und nicht wie einer, der sich im Besitz endgültiger Wahrheit glaubt«. Das ist als Kompliment gemeint, doch es offenbart auch eine Schwäche Bohrs. Er lässt sich selten auf eine Aussage festlegen, wirkt immer ein wenig ausweichend.

Um die Aufnahme und Aussendung von Lichtquanten in Atomen richtig zu beschreiben, ist Bohr bereit, den Grundsatz der Erhaltung von Energie und Impuls aufzugeben. Den Grundsatz will er zu bloßer Statistik herabstufen: Manchmal bleiben Energie und Impuls erhalten, manchmal nicht. Damit ist Albert Einstein, der Verfechter fester Naturgesetze, nicht einverstanden. Gesetz ist Gesetz, nicht Faustregel. Doch einen besseren Vorschlag hat auch er nicht zu bieten.

Bohrs Kernidee besteht darin, den Grundsatz der Erhaltung von Energie und Impuls zu opfern, um die Wellentheorie zu bewahren. Dieser Grundsatz, ein Eckpfeiler der Physik, ist eine wesentliche Zutat in Arthur Comptons Argument für den Effekt, der seinen Namen trägt und der die Quantentheorie des Lichts nun unübersehbar in den Blick gerückt hat. Wenn der Energieerhaltungssatz in atomaren Maßstäben nicht so streng gilt wie in der Alltagswelt der klassischen Physik, dann ist der Compton-Effekt kein eindeutiger Beweis für Einsteins Lichtquanten mehr.

Der Energieerhaltungssatz ist auf atomarer Ebene nie experimentell überprüft worden, argumentieren die drei Physiker in Kopenhagen. Sie halten es für eine offene Frage, ob und inwieweit er bei Prozessen wie der spontanen Emission von Lichtquanten gilt. Einstein nimmt an, dass Energie und Impuls bei jeder einzelnen Kollision zwischen einem Lichtteilchen und einem Elektron erhalten bleiben. »Warum?«, fragt Bohr, und setzt Einstein die Annahme entgegen, dass Energie und Impuls nur im statistischen Mittel erhalten bleiben.

Bohr, Kramers und Slater setzen der exakt durchgerechneten Stoßtheorie Comptons kein durchkonstruiertes Modell entgegen. Sie umreißen in rein qualitativen Begriffen eine mögliche Theorie, und ihr Forschungspapier enthält nur eine überaus einfache Gleichung. Sie schreiben von einem neuartigen »virtuellen« Strahlungsfeld, das Atome umgibt, ihre Absorption und Emission von Licht beeinflusst und Energie zwischen ihnen überträgt. Das Feld wirkt wie ein Energiepuffer, so dass die Energie zwar nicht bei jeder einzelnen Wechselwirkung zwischen Licht und einem Elektron erhalten bleibt, auf die Dauer aber schon. Woher kommt dieses mysteriöse Strahlungsfeld? Bohr, Kramers und Slater haben es erfunden.

Der BKS-Vorschlag, wie er nach den Anfangsbuchstaben der Nachnamen seiner Urheber bekannt wird, wirkt auf den ersten Blick wie eine überraschende Volte im Streit um das Wesen des Lichts. Tatsächlich ist er ein Akt der Verzweiflung, der zeigt, wie vehement Bohr Einsteins Quantentheorie des Lichts ablehnt. Bohr wüsste gern, was Einstein von dem Vorschlag hält, hat aber nicht den Mut, ihn direkt zu fragen, also beauftragt er Wolfgang Pauli damit. Im September 1924 gelingt es Pauli endlich, Einstein zu treffen und ihn zum BKS-Vorschlag zu befragen. »Degoutant«, urteilt Einstein: »widerlich«. Pauli berichtet Bohr unverblümt, wie Einstein den Vorschlag zerlegte, mit Worten wie »ganz künstlich«, »haftet etwas Schattenhaftes an«, »nahm Anstoß«, »keine logische Verbindung«. Pauli schließt sich Einstein an und schimpft über die »Virtualisierung der Physik«.

Ist das überhaupt noch Physik, wenn lichtbestrahlte Elektronen in Atomen herumspringen dürfen wie Roulettekugeln? Nicht, wie Einstein sich die Physik vorstellt. Er schreibt an Max Born: »Der Gedanke, dass ein einem Strahl ausgesetztes Elektron *aus freiem Entschluss* den Augenblick und die Richtung wählt, in der es fortspringen will, ist mir unerträglich. Wenn schon, dann möchte ich lieber Schuster oder Angestellter in einer Spielbank sein als Physiker.«

Niels Bohr ahnt, dass er an einer Weggabelung steht. Es ist der Moment, in dem seine Beharrlichkeit in Starrsinn ausarten könnte. Der Moment, in dem er zum tragischen Helden werden könnte, der sich in die Verteidigung einer unhaltbaren Theorie aus dem vorigen Jahrhundert verrennt. Dazu wird es nicht kommen. Schon ein Jahr später werden Experimente von Compton, der inzwischen an der University of Chicago arbeitet, und von Hans Geiger und Walther Bode an der Physikalisch-Technischen Reichsanstalt in Berlin zeigen, dass Energie und Impuls bei Stößen zwischen Licht und Elektronen erhalten bleiben. Einstein hat recht. Bohr hat sich geirrt, und er gehört nicht zu denen, die um den Preis der Wahrheit auf ihren Positionen beharren. Er schlägt vor, »unseren revolutionären Bemühungen ein möglichst ehrenvolles Begräbnis zu bereiten«. Die Wahrheit über die Quanten liegt offenbar noch tiefer, als irgendwer, Einstein, er selbst oder sonst jemand, bisher gedacht hat, ahnt Bohr. »Man muss auf die Tatsache vorbereitet sein, dass die erforderliche Verallgemeinerung der klassischen elektrodynamischen Theorie eine tiefgreifende Revolution unserer Vorstellungen erfordert«, schreibt er, »auf denen unsere Beschreibung der Natur bisher begründet war.«

Der Glanz der Göttinger Bohr-Festspiele ist verblasst. Nach Bohrs erstaunlicher Vorhersage der Spektrallinien des Wasserstoffs und des ionisierten Heliums stößt sein Modell beim Heliumatom mit zwei Elektronen an seine Grenzen. Auf welchen Bahnen laufen die beiden Elektronen? Bohr findet keine Antwort auf diese Frage, und auch Kramers kann ihm nicht helfen. »Alle Versuche, die bisher zur Lösung des Problems des neutralen Heliumatoms gemacht wurden, haben sich als erfolglos erwiesen«, stellt Arnold Sommerfeld fest.

Die Quantenphysik ist auf ihrem Tiefpunkt angelangt. Niemand sieht Licht am Ende des Tunnels, alle improvisieren vor sich hin. »Es ist ein Jammer«, klagt Werner Heisenberg. »Die Physik ist momentan wieder einmal sehr verfahren«, schreibt Wolfgang Pauli, »für mich ist sie jedenfalls viel zu schwierig, und ich wollte, ich wäre Filmkomiker oder so etwas und hätte nie etwas von Physik gehört!« Und Max Born stellt fest: »Vorläufig hat man nur wenige und undeutliche Hinweise über die Art der Abweichungen, die zur Erklärung der Atomeigenschaften an den klassischen Gesetzen angebracht werden müssen.«

Max Born hat das Frühjahr 1924 mit Asthma im Bett verbracht, die Pollen reizen seine Bronchien. Auch sein Mitarbeiter Heisenberg hat Heuschnupfen, er fährt schniefend nach Kopenhagen zu einem ersten Besuch bei Niels Bohr.

Bohr ist sehr beschäftigt, als Heisenberg ankommt. Er ist Vater von fünf Söhnen und leitet eine schnell wachsende Forschungseinrichtung. Gerne möchte er Heisenberg besser kennenlernen, doch im Institut gibt es wenig Gelegenheit für ruhige Gespräche. Also schlägt er Heisenberg vor, eine Wanderung durch Sjælland zu machen. Die beiden packen ihre Rucksäcke und ziehen los Richtung Norden nach Elsinore, wo Hamlets Schloss stand, dann geht es entlang der Ostseeküste zurück nach Kopenhagen. In nur wenigen Tagen legen sie mehr als 150 Kilometer zurück, sprechen über ihr Leben und die Politik, über die Kraft der Bilder und Vorstellungen in der Atomphysik. Einmal sieht Heisenberg neben der Straße einen weit entfernten Telegraphenmast, hebt einen Stein auf, wirft nach dem Mast und trifft diesen – gegen alle Wahrscheinlichkeit. Bohr versinkt in Gedanken und sagt: »Wenn man versuchen würde, zu zielen, sich zu überlegen, wie man werfen, wie man den Arm bewegen muss, so hätte man natürlich nicht die geringste Aussicht, zu treffen. Aber wenn man sich entgegen aller Vernunft einfach vorstellt, dass man treffen könnte, dann ist das etwas anderes, dann kann es offenbar doch geschehen.« Manchmal ist die Vorstellung eben stärker als die Vernunft. Als Bohr und Heisenberg von ihrer Wanderung zurückkehren, spricht Bohr mit einem seiner Studenten über den Zustand der Quantenphysik und sagt: »Jetzt liegt alles in den Händen Heisenbergs – einen Weg aus den Schwierigkeiten zu finden.«

Zwei Wochen verbringt Heisenberg bei Bohr. Er kommt in Aufregung zurück, mit der Nachricht vom BKS-Vorschlag. Max Born ist alarmiert, aber aus anderen Gründen. Die neue Nähe Heisenbergs zu Bohr ist ihm nicht geheuer. Gerade hat er den jungen Star der Quantenphysik, diesen »lieben wertvollen und sehr klugen Menschen, der mir ans Herz gewachsen ist«, aus München losgeeist, nun befürchtet er, ihn an Kopenhagen zu verlieren. Niels

Bohr bittet Max Born in einem Brief, Heisenberg zu ihm kommen zu lassen, und Born kann ihm die Bitte nicht abschlagen. Er weiß, dass es sich gerade fast überall anderswo besser lebt und forscht als in Deutschland, und plant selbst bereits eine Vortragsreise nach Amerika. Noch ahnt er nicht, dass er es ist, der nach seiner Rückkehr aus Amerika die Grundregel des Elektronenroulettes entdecken wird.

PARIS 1924

EIN PRINZ BRINGT DIE ATOME ZUM KLINGEN

Eines Tages im Frühjahr 1924 landet ein Päckchen mit Pariser Poststempel auf Albert Einsteins Schreibtisch. Ein französischer Freund bittet Einstein um sein Urteil über beiliegende Arbeit. Einstein schlägt das Typoskript auf und liest den nichtssagenden Titel: »Recherches sur la théorie des Quanta« (»Untersuchungen zur Quantentheorie«). Die Arbeit ist nicht allzu umfangreich, nicht allzu schwierig zu lesen, und seine Relativitätstheorie kommt darin vor. Der Autor, der mit der Arbeit den Doktortitel erlangen will, ist ihm unbekannt und schon 31 Jahre alt. Langzeitstudent? Aber immerhin ein de Broglie – ein echter Prinz! Einstein beginnt zu lesen und ist begeistert. Dieser Prinz hat eine neue Sicht auf das Wesen der Materie entdeckt.

Prinz Louis Victor Pierre Raymond de Broglie hat im Studium nicht getrödelt, aber familiäre Verpflichtungen und der Krieg haben seine wissenschaftliche Karriere verzögert. Er entstammt einer der großen alten französischen Adelsfamilien und wächst mit der Erwartung auf, in die Fußstapfen seiner Ahnen zu treten. Die de Broglies kommen ursprünglich aus dem Piemont, wo sie sich bereits im 12. Jahrhundert als Feldherren und Klostergründer hervortaten. Schon seit Jahrhunderten stellen sie Staatsmänner, Politiker und Offiziere für ihr Mutterland. Sie brachten mehrere Heerführer, Historiker und Staatsmänner hervor, darunter drei Marschälle von Frankreich und zwei Premierminister. Ein französischer König verlieh ihnen den Titel eines Duc, ein Kaiser des

Heiligen Römischen Reichs deutscher Nation den Titel eines Prinzen. Und so ist auch Louis ein französischer Duc und ein deutscher Prinz.

Louis wird am 15. August 1892 in Dieppe geboren, als jüngstes von vier überlebenden Kindern. Die Kinder leben in Luxus und genießen alle Privilegien des Adels, auch wenn die Eltern sich nur wenig um sie kümmern. Standesgemäß werden sie im Familiensitz von Privatlehrern unterrichtet. Man siezt einander in der Familie, sogar unter Geschwistern. Der kleine Louis liest die Zeitungen und hält dann Reden vor der Familie. Mit zehn Jahren kann er bereits die Namen aller Minister der Dritten Republik aufsagen.

Keine Frage, aus Louis wird einmal ein Staatsmann werden, vielleicht ein Parlamentsabgeordneter wie sein Vater. Vielleicht sogar ein Premierminister wie sein Großvater. Aber dann, als Louis 14 ist, stirbt sein Vater. Louis wächst am Rockzipfel seiner älteren Schwester Pauline auf, der Comtesse de Pange, die ihn liebt und vergöttert. Sie beschreibt ihn als zierlichen Buben, »gelockt wie ein Pudel, mit einem fröhlichen Gesichtchen und dem Schalk in den Augen«. Seine Fröhlichkeit, sein »jungenhafter Übermut« erfüllt die kalten, unwirtlichen Räume des Familienschlosses. »Am Esstisch plapperte er unaufhörlich«, schwärmt sie, »und auch wenn man ihn strengstens ermahnte, er solle still sein, konnte er seine Zunge nicht im Zaum halten, seine Bemerkungen waren einfach unwiderstehlich! In der Einsamkeit, in der er aufgewachsen war, hatte er viel gelesen und in einer Phantasiewelt gelebt. Er hatte ein erstaunliches Gedächtnis und konnte mit unerschöpflichem Schwung ganze Szenen des klassischen Theaters auswendig aufsagen. In den harmlosesten Situationen aber zitterte er vor Angst: Die Tauben erschreckten ihn, vor Hunden und Katzen graute ihm, und beim Geräusch der Schuhe unseres Vaters auf der Treppe bekam er bisweilen einen Anfall von Panik.«

Sein älterer Bruder Maurice wird seine Ersatzvaterfigur, doch der schlägt ziemlich aus der Art. Maurice war zur Marine gegangen statt zum Heer, hatte dort ein drahtloses Kommunikationssystem für Schiffe mitentwickelt und einen Beitrag über »radioelektrische Wellen« geschrieben. Angesteckt vom Hype um die Röntgenstrahlen in den 1890er Jahren, beschließt Maurice gegen den Willen des Vaters, Naturwissenschaftler zu werden. Er schwärmt dem jüngeren Bruder von Strahlung und Elektronen vor. In einer der Residenzen der Familie an der Rue Chateaubriand hat Maurice ein Labor eingerichtet, das immer weiter wächst, bis es einen großen Teil des Gebäudes einnimmt, samt dem Gästebad und den Pferdeställen. Dort brummen nun Transformatoren, von denen dicke Kabel zu Vakuumröhren zur Erzeugung von Röntgenstrahlen führen.

Maurice reist im Oktober 1911 nach Brüssel ins Hotel Metropole, wo die erste Solvay-Konferenz stattfindet, das bedeutendste Treffen von Wissenschaftlern dieser Zeit. Dort diskutieren seine Landsleute Marie Curie und Henri Poincaré mit Max Planck, Albert Einstein, Ernest Rutherford, Arnold Sommerfeld und Hendrik Lorentz über die »Theorie der Strahlung und Quanten«. Maurice hat die Ehre, zum Sekretär der Konferenz berufen zu sein. Er besorgt die Mitschriften der Diskussionen, bereitet sie für die Veröffentlichung vor und übergibt sie seinem Bruder Louis: 400 Seiten voller Ideen und Argumente der besten Physiker. Die Lektüre wird zu einem Wendepunkt in Louis' Leben, und er folgt seinem Bruder in die Wissenschaft, entschließt sich »à epouser la science et elle seule«, sich ganz und gar der Wissenschaft zu widmen. Er löst seine Verlobung, ein Arrangement mit einer Tochter aus gutem Hause, wirft die Bridge-Karten und das Schachbrett aus seinem Zimmer, verbannt die Geschichtsbücher aus seinen Regalen. Seine Sozialkontakte reduziert er auf ein Minimum. Jetzt zählt nur noch die Wissenschaft.

Pauline erkennt ihren Liebling nicht wieder: »Der *petit prince*, der mich in meiner Kindheit so erfreut hatte, war für immer verschwunden. Er verbrachte jetzt alle Zeit zurückgezogen in seinem kleinen Zimmer, versunken in einem Lehrbuch der Mathematik und gekettet an einen unnachgiebigen, ewiggleichen Alltag. Mit erschreckender Geschwindigkeit verwandelte er sich in einen asketischen Menschen, der ein so mönchisches Leben führte, dass sein linkes Lid, das immer ein bisschen über das Auge hing, dieses nun fast völlig bedeckte und ihn auf eine Weise verunstaltete, dass es mich dauerte, denn seine abwesende und effeminierte Art betonte es nur umso mehr. «

Im Jahr 1913, kurz vor dem Ausbruch des Ersten Weltkriegs, ist Louis de Broglie so leichtsinnig, sich zum Ingenieurskorps der Armee zu melden, um seinen Militärdienst abzuleisten. Während des Kriegs dient er in einer Fernmeldeeinheit, funkt mit Radiotelegraphen vom Eiffelturm, wartet die Geräte, mit denen die Funksprüche des Feindes abgehört werden. Eine einigermaßen bequeme Position für einen jungen Mann im Krieg, fernab der Schützengräben, doch eine harte Probe für den wenig heldenmutigen Louis. Später wird er beklagen, sein Kopf habe nach dem Krieg nie mehr so gut funktioniert wie vorher.

Nach dem Krieg pflegt Louis de Broglie nur noch eine einzige Beziehung: zu dem jungen Künstler Jean-Baptiste Vasek, einem Maler und Sammler dessen, was er »Brutale Kunst« nennt. Er trägt Gedichte, Skulpturen, Zeichnungen und Gemälde von psychiatrischen Patienten zusammen. Aus ihren Visionen entstünden die Mythen der Zukunft, glaubt Jean-Baptiste. Louis liebt die Gespräche mit seinem Freund, liebt das gemeinsame Schweigen, verliebt sich in ihn. Dann, plötzlich, nimmt Jean-Baptiste sich das Leben. Er lässt keinerlei Erklärung zurück, nur eine Nachricht an seinen »allerliebsten Louis«, in der er ihn darum bittet, seine Sammlung aufzubewahren und zu erweitern. Louis lässt sein Physikstudium ruhen, setzt seine ganze Kraft und seinen Anteil am Familienerbe dafür ein, das Vermächtnis seines Freundes zu erfüllen, besucht die Irrenanstalten in Frankreich und ganz Europa, organisiert eine große Ausstellung mit dem Titel »La folie des hommes« (»Der

Wahn der Menschen«). Sie ist ein Erfolg beim Publikum und ein Skandal in der Aristokratie. Louis liest einen Zeitungsartikel, der die Gemälde seines Freundes verhöhnt, ist zutiefst getroffen und schließt sich monatelang in seine Zimmer ein. Das Essen, das ihm seine Schwester bringt, stellt er unberührt wieder vor die Tür. In Pauline wächst der Verdacht, ihr Bruder wolle sich zu Tode hungern. Sie alarmiert ihren Bruder Maurice, der das Türschloss aufbricht und mit fünf Bediensteten in Louis' Gemächer stürmt, vorbei an all den Kunstwerken, bis ins Schlafzimmer, wo er erwartet, seinen verwahrlosten Bruder anzutreffen. Doch da sitzt Louis gut frisiert und gekleidet, mit klarem Blick, eine Zigarette zwischen den Lippen. Er reicht Maurice einen mit Formeln beschriebenen Stapel Papier und sagt: »Bitte sag mir, ob ich nicht den Verstand verloren habe.«

Im Krieg hat Louis den Wert der klassischen Theorie der elektromagnetischen Wellen erfahren. Von seinem Bruder kennt er die umstrittene Idee der Lichtquanten. Wie vielen anderen Wissenschaftlern erscheinen ihm diese beiden Sichtweisen des Lichts unverträglich. Doch er nähert sich diesem Rätsel auf einem Weg, den vor ihm noch niemand beschritten hat.

Ende des Jahres 1923 kommt de Broglie »nach langem, einsamem Nachdenken« auf eine einfache, verwegene Idee. Er stellt Einsteins Argument für den photoelektrischen Effekt auf den Kopf: Wenn Licht sich wie ein Strom von Teilchen verhalten kann, könnten dann auch Teilchen sich in mancher Hinsicht wie Wellen verhalten?

Es ist ein neuer, kühner und schwach fundierter Schluss ins Ungewisse. Bisher gelten Teilchen selbstverständlich als kompakte Masseballungen, die mit Wellen nicht das Geringste zu tun haben.

Louis de Broglie setzt einfach Einsteins Gleichung $E=mc^2$ mit Plancks Gleichung $E=hf$ zusammen und rechnet für jedes bewegte Teilchen eine Wellenlänge aus. Je schneller das Teilchen, desto kürzer die Wellenlänge.

Ist das mehr als ein Rechentrick? Gibt es zur Wellenlänge, die de Broglie berechnet, wirklich eine Welle? De Broglie weiß es nicht. Er probiert es einfach aus – und landet einen Treffer, der ihn selbst überrascht. Für ein Elektron auf der innersten Umlaufbahn des Bohrschen Atommodells, an das nicht einmal Bohr selbst noch glaubt, kommt er auf eine Wellenlänge, die exakt so groß wie der Umfang der Bahn ist. Für ein Elektron auf der nächsthöheren Bahn ist der Bahnumfang gleich der doppelten Wellenlänge. Auf der dritten Bahn sind es drei Wellenlängen. Und so weiter. Das kann kein Zufall sein.

De Broglie hat die Atome zum Klingen gebracht. Wie der Grundton und die Obertöne der Saite einer Geige oder Gitarre sind die zulässigen Umlaufbahnen im Atom Bohrs gerade jene, für die in den Bahnumfang ein ganzzahliges Vielfaches der Wellenlänge des Elektrons passt. Steckt hinter den Quanten nicht mehr als in den Harmonien der Musik?

De Broglie veröffentlicht seine Idee in zwei Arbeiten, die Ende des Jahres 1923 gedruckt werden. Niemand nimmt Notiz davon. Er durchdenkt die Sache weiter, geht sicher und selbstbewusst in die Verteidigung seiner Dissertation, doch die Gutachter seiner Doktorarbeit kann er nicht überzeugen. Die Idee von Elektronenwellen erscheint ihnen mathematisch zu simpel und physikalisch aus der Luft gegriffen. Sie können de Broglies Berechnungen nicht widerlegen, aber ihr physikalischer Wert entgeht ihnen. Auch de Broglies Doktorvater Paul Langevin, der frühere Liebhaber Marie Curies, weiß nicht, was er von der Arbeit halten soll. »Sieht mir weit hergeholt aus«, bekennt er einem Kollegen gegenüber. Immerhin nimmt er sie wichtig genug, um sie an seinen Freund Albert Einstein zu schicken, mit der Bitte um ein Urteil.

Einstein schweigt – monatelang. Langevin wird nervös. Hält Einstein die Arbeit für so wenig wert, dass er sich nicht einmal zu einer Antwort herbeilässt? Langevin fragt nach. Diesmal schreibt Einstein sofort zurück. Er, der Freund einfacher, verwegener

Ideen, macht es kurz und klar: »sehr beeindruckend«. De Broglie sei etwas Großem auf der Spur, schreibt Einstein, er habe »eine Ecke des großen Schleiers gelüftet. Es ist der erste schwache Lichtstrahl auf dieses leidigste unter den physikalischen Rätseln«. Nur sieht es bislang noch kaum jemand.

Langevin hört auf Einstein. Im November 1924 versammelt sich die Physikalische Fakultät der Universität Paris, um die Verteidigung von Louis de Broglies Doktorarbeit zu hören.

De Broglie erhebt seine aristokratisch näselnde Stimme und beginnt in einschläferndem Ton unerhörte Sätze zu sagen: »In der Physik, wie sie sich heute darstellt, gibt es falsche Lehren, und sie üben einen dunklen Reiz auf unsere Vorstellungskraft aus. Mehr als ein Jahrhundert lang haben wir die Erscheinungen der Welt in zwei Bereiche eingeteilt: die Atome und Teilchen der festen Materie und die unkörperlichen Wellen des Lichts, die sich durch das Meer des Lichtäthers ausbreiten. Aber diese beiden Systeme dürfen wir nicht länger getrennt voneinander betrachten, wir müssen sie zu einer einzigen Theorie vereinen, nur eine solche kann ihre vielfachen Wechselwirkungen erklären. Den ersten Schritt hat unser Kollege Einstein bereits getan: Schon vor zwanzig Jahren postulierte er, dass das Licht nicht nur eine Welle ist, sondern Energieteilchen enthält, und diese Photonen, die lediglich Energiemengen sind, reisen mit den Lichtwellen. Viele haben an der Richtigkeit dieses Gedankens gezweifelt, andere lieber die Augen verschlossen, um den neuen Weg, den er uns weist, erst gar nicht zu sehen. Denn täuschen wir uns nicht, es geht um eine echte Revolution. Wir sprechen hier vom meistgeschätzten Objekt der Physik, dem Licht, und das Licht erlaubt uns nicht nur die Formen dieser Welt zu sehen, es zeigt uns auch die Sterne, die die Spiralarme der Galaxie zieren, und das verborgene Herz der Dinge. Dieses Objekt aber ist nicht singulär, sondern zweifach. Licht gibt es auf zwei verschiedene Weisen. Als solches sprengt es die Kategorien, mit denen wir die unzähligen Formen, in denen sich die

Natur manifestiert, einzuteilen versucht haben. Als Welle und als Teilchen bewohnt das Licht zwei Systeme, es hat zwei Identitäten, und diese sind so entgegengesetzt wie die Gesichter des doppelköpfigen Janus. Wie der römische Gott drückt es die widersprüchlichen Eigenschaften des Kontinuierlichen und des Zerstreuten aus, des Gesonderten und des Gleichen. Diejenigen, die sich dieser Erkenntnis verschließen, argumentieren, eine solche neue Lehrmeinung heiße, Abstand zu nehmen von der Vernunft. Ihnen aber sage ich: Jede Materie besitzt diese Dualität! Nicht nur das Licht erfährt dergleichen Aufspaltung, sondern jedes einzelne der Atome, mit denen das Universum erschaffen wurde. Die Dissertation, die Sie in Händen halten, zeigt auf, dass es für jedes materielle Teilchen – ob Elektron oder Proton – eine entsprechende Welle gibt, die es durch den Raum transportiert. Ich weiß, dass viele Menschen meine Argumente bestreiten werden, und ich stehe nicht an zu sagen, dass sie allein meinen einsamen Überlegungen entsprungen sind. Ihren bizarren Charakter gebe ich zu und akzeptiere die Strafe, die, sollten sie falsch sein, über mich kommen mag. Aber heute sage ich Ihnen aus tiefster Überzeugung, dass sämtliche Dinge auf zwei Weisen existieren können und dass nichts so fest ist, wie es scheint. Der Stein in der Hand eines Kindes, das auf den tumben Spatz auf seinem Zweig zielt, könnte ihm wie Wasser zwischen den Fingern zerrinnen.«

De Broglie schließt seinen Vortrag. Die Professoren schweigen perplex, finden keine Worte, um seine Thesen zu erörtern. Louis de Broglie verlässt den Saal. Er hat seinen Doktortitel. Fünf Jahre später wird er den Nobelpreis für seine Arbeit erhalten.

Die Idee von den Materiewellen gefällt Einstein so gut, dass er auf dem nächsten Kongress im September 1924 in Innsbruck seinen experimentierenden Fachkollegen vorschlägt, nach Anzeichen von Wellenphänomenen in Molekularstrahlen zu suchen. De Broglies Materiewellen sind in Einsteins Augen ein Schritt, die klassische Ordnung in der Physik, die Niels Bohr gerade untergräbt, wiederherzustellen. Allerdings um einen Preis: Nun stehen zwei Aspekte der Materie, Wellen und Teilchen, nebeneinander. Wie hängen sie zusammen? Hängen sie überhaupt zusammen? Einstein hat keine Antwort.

Ein Zufall zeigt im April 1925, dass de Broglie mit seiner verwegenen Idee auf der richtigen Spur ist. Der Physiker Clinton Davisson, 34, untersucht im Labor der *Western Electric Company* in New York, was passiert, wenn er mit Elektronen auf verschiedene Metalle schießt. Eines Tages explodiert eine Flasche mit verflüssigter Luft und zerschmettert die Vakuumröhre mit der Nickelprobe, auf die er den Elektronenstrahl richtet. Das Nickel rostet an der Luft. Davisson reinigt es, indem er es erhitzt, ohne zu ahnen, dass er dabei die kleinen Kristalle in größere verwandelt, an deren Gitter sich der Elektronenstrahl beugt. Davisson kann sich nicht erklären, warum er nun ganz andere Messergebnisse erhält. Er schreibt sie auf, veröffentlicht sie und ist überrascht, als Kollegen ihm erklären, was er gemessen hat: Elektronen können sich wie Wellen verhalten. Der französische Prinz hat richtig geraten. Zwölf Jahre später sollte Clinton Davisson den Nobelpreis für seine Entdeckung erhalten.

HELGOLAND 1925
DIE WEITE DES MEERES UND DIE WINZIGKEIT DER ATOME

Mai 1925. Die Natur steht in voller Blüte. Werner Heisenberg, 24, leidet. Die Augen brennen. Das Gesicht schwillt an und errötet. Die Nase ist verstopft und, so kommt es Heisenberg vor, auch das Gehirn. Ausgerechnet jetzt.

Wie viele Physiker rätselt Heisenberg gerade über die Mechanik der Elektronen-Umlaufbahnen in Atomen: darüber, wie die Elektronen zwischen verschiedenen Bahnen hin und her springen und wie diese Sprünge die Linien erzeugen, die Physiker und Chemiker mit ihren Spektroskopen sehen. Nun hat er eine Idee, wie dieses Springen erklärt werden könnte, eine kühne Idee, von der er ahnt, dass sie ihn zu einer neuen Theorie der Quanten führen kann. Manchmal besteht Genie darin, das Offensichtliche in Frage zu stellen. Im Gegensatz zu seinen Kollegen ist Heisenberg bereit, die Gesetze aufzugeben, die seit Isaac Newton das Denken der Naturwissenschaftler bestimmen. Diese Gesetze, vermutet er, verlieren im Inneren der Atome ihre Gültigkeit. Wenn er herausfinden will, was die kleinsten Teilchen in der Tiefe zusammenhält, wird er ganz neu ansetzen müssen.

Aber Genie erfordert auch geduldiges Arbeiten. Der mathematische Formalismus bereitet Heisenberg keine großen Schwierigkeiten: Es gilt, die Position und die Geschwindigkeit eines Elektrons als Funktionen der Wellengleichung des Atoms zu beschreiben, zu dem das Elektron gehört. Sobald er aber diese Funktionen in die Gleichungen der klassischen Mechanik einsetzt, entsteht ein unentwirrbares Durcheinander. Aus einzelnen Zahlen wuchern ganze Zahlenreihen, aus den gewohnten Regeln der Algebra werden seitenweise Formeln. Heisenberg beginnt, herumzuprobieren, spielt mit Fourier-Reihen, verzettelt sich, wird ungeduldig. Zudem leidet er unter dieser gewaltigen Heuschnupfen-Attacke, die sein Gehirn lähmt.

Heisenberg bietet einen so erbärmlichen Anblick, dass sein Chef Max Born ihm Sonderurlaub genehmigt. Er flüchtet vor den Pollen und nimmt am 7. Juni den Nachtzug nach Cuxhafen, dann die Fähre nach Helgoland, um sich in der Meeresluft auszukurieren. Helgoland, das »heilige Land«: die einzige deutsche Insel in hoher See, kleiner als der Tiergarten in Berlin, 80 Kilometer vor der deutschen Nordseeküste gelegen. Ihr Klima ist so rau, dass keine Blume blüht und die Bäume kaum in die Höhe wachsen. Während des Ersten Weltkriegs war Helgoland ein militärischer Vorposten, nach dem Krieg wurde es zu einer Urlaubsinsel, angesteuert von Touristen, die Ruhe und frische Seeluft suchten. Heisenberg findet ein Zimmer, dessen Vermieterin bei seinem Anblick vermutet, er sei verprügelt worden – keine Seltenheit im Deutschland der Nachkriegsjahre.

Heisenberg hat nicht viel Gepäck dabei: Wechselkleidung, ein Paar Wanderschuhe, eine Ausgabe von Goethes *West-östlichem Divan,* seine Berechnungen zu den Elektronenbahnen. Sein Zimmer liegt im zweiten Stock, hoch oben auf dem Rand der roten Felseninsel. Er bleibt anderthalb Wochen, sitzt auf dem Balkon, atmet tief durch, blickt aufs Meer, unternimmt Strandspaziergänge, schwimmt hinüber zur Nachbarinsel, liest Goethes Verse, spricht mit niemandem und denkt nach – Tag und Nacht. So fühlt Heisenberg sich wohl. Zuflucht fand er immer schon in der Natur, in den Bergen, den Wäldern, im Wasser. Allmählich beruhigen sich seine Schleimhäute, und sein Geist wird wieder klar. In Göttingen steckte Heisenberg zu tief in der physikalischen Tradition fest, hier hat er einen freien, unverstellten Blick in die Weite. Er denkt an die

Werner Heisenberg, 1929 aufgenommen in Chicago (USA).

Worte, mit denen einst Niels Bohr ihm, dem Bergsteiger, die Augen für den Zauber des flachen Dänemarks öffnen wollte: »Wenn wir über das Meer hinausschauen, so glauben wir, damit einen Teil der Unendlichkeit zu ergreifen.« In der Einsamkeit Helgolands begreift er, was Bohr ihm damals sagen wollte: wie kindisch die Vorstellung vom Atom als kleines Sonnensystem ist, in dem die Elektronen wie Planeten den Kern wie das Zentralgestirn umkreisen. Heisenberg lässt die Sonne erlöschen und die scharf gezogenen Bahnen der Elektronen zu formlosen Wolken zerstieben.

Er findet einen neuen Weg, das Rätsel der Quantensprünge anzugehen. Jemand in der Göttinger Gruppe – vielleicht war es Wolfgang Pauli – hat einmal behauptet, dass es nur eine Möglichkeit gebe, herauszufinden, was im Inneren eines Atoms oder eines anderen, ähnlich kleinen Systems vor sich geht: eine Messung. Man kann messen, in welchem Quantenzustand ein Atom ist, dann später nochmals messen, in welchem Zustand das Atom nun ist. Aber was passiert dazwischen? Ist es überhaupt sinnvoll, nach dem Dazwischen zu fragen? Die Idee keimte in der Göttinger Gruppe, dass die einzige Wirklichkeit, die eine Messung erfassen kann, die Wirklichkeit der Messung selbst ist. Eine physikalische, also empirische Theorie soll daher nur von Dingen sprechen, die messbar sind. Physik ist, was man sehen kann, nicht mehr und nicht weniger. Heisenberg zögerte anfangs damit, diese Idee zu akzeptieren, sie erinnerte ihn zu stark an die alte philosophische Debatte, ob ein Baum, der im Wald umfällt, auch dann ein Geräusch macht, wenn niemand hinhört. Aber nun ist er bereit, auszuprobieren, wie weit die Idee seine Theorie trägt.

Die Idee »bot sich dar«, wird Heisenberg später schreiben. Doch sie bietet sich ihm dar, niemandem sonst, und er wagt einen Schritt, der nicht weniger mutig ist als jener, den Einstein gemacht hat, als er die scheinbar ewigen Begriffe von Raum und Zeit in seiner speziellen Relativitätstheorie neu fasste.

Heisenberg setzt also an, die Übergänge von einem beobachtbaren Quantenzustand zu einem anderen mathematisch zu beschreiben, ohne vom Dazwischen zu sprechen. Dabei muss er mit einer seltsamen Art mathematischer Objekte arbeiten: mit Tafeln von Zahlen. Jede Zahlentafel beschreibt solch einen Übergang. Systeme entwickeln sich, indem man solche Tafeln miteinander multipliziert. Heisenberg muss austüfteln, wie das überhaupt geht. Wenn man zwei Zahlen miteinander multipliziert, kommt eine Zahl heraus, soviel ist klar. Wenn man zwei Zahlentafeln miteinander multipliziert, kommt ein Zahlengewirr heraus, das erst einmal sortiert werden muss: Was davon ist wichtig, was kann außer Acht gelassen werden? Heisenberg muss das Multiplizieren ganz neu erlernen und schwankt hin und her zwischen dem Gefühl der Größe seiner physikalischen Einsicht und der Verzweiflung eines überforderten Mathematikschülers.

Doch schon bald fasst er sich und formuliert Bedingungen: nur beobachtbare Größen, keine Verletzung des Grundsatzes der Energieerhaltung. Ein Trick bringt ihn voran: Wenn man zwei dieser Übergänge zwischen Zuständen aufeinander folgen lässt, muss immer ein sinnvoller Übergang herauskommen. Er tüftelt weiter, verrechnet und korrigiert sich, tastet sich voran, gerät immer mehr in Aufregung, wird immer fester in der Gewissheit, »durch die Oberfläche der atomaren Erscheinungen hindurch auf einen tief darunter liegenden Grund von merkwürdiger innerer Schönheit zu schauen«. Sobald Heisenberg die Multiplikation richtig notiert hat, fügt sich alles fast wie von Zauberhand zu einer neuen Theorie der Mechanik – zu einer Quantenmechanik! »Es wurde mir fast schwindlig bei dem Gedanken«, so Heisenberg später, »dass ich nun dieser Fülle von mathematischen Strukturen nachgehen sollte, die die Natur dort unten vor mir ausgebreitet hatte.«

Sein Heufieber hat sich gelegt, nun raubt ihm das neue, innere Fieber den Schlaf. Doch diesmal lässt er sich nicht beirren. Eines Nachts gegen drei Uhr steht das Ergebnis vor ihm auf dem Papier.

Die Aufregung lässt Heisenberg nicht einschlafen. Beinahe taumelnd vor Erregung geht er hinaus in die anbrechende Dämmerung, wandert zur Südspitze der Insel, um den »Mönch« zu erklettern, einen 55 Meter hohen, schroffen Felsenturm. Heisenberg kommt unversehrt oben an, sieht die Sonne langsam aufgehen und kommt heil wieder herunter. Es ist die heikelste Klettertour in der Geschichte der Physik. Heisenbergs Kopf ist der einzige Ort, an dem die Quantenmechanik existierte. Wäre er abgestürzt, dann wäre auch sie unwiederbringlich verloren gewesen.

In der Einsamkeit hat Heisenberg seine größte Entdeckung gemacht. Aber er war nicht auf sich allein gestellt. Zurück in Göttingen bespricht er seine Idee mit Max Born, der sie zu seiner großen Überraschung mit Wohlwollen aufnimmt. Eilig schreibt Heisenberg ein Forschungspapier zusammen, um der Welt seine Idee zu verkünden, schickt es an die *Zeitschrift für Physik* und bricht zu einer kleinen Sommerreise nach Leiden und Cambridge auf, wo er seinen Durchbruch zwar in seinen Vorträgen verschweigt, aber privat mit seinen Kollegen diskutiert. In diesem Papier fasst Heisenberg sein quantenmechanisches Manifest in einem Satz zusammen: »Bei dieser Sachlage scheint es geratener, jene Hoffnung auf eine Beobachtung der bisher unbeobachtbaren Größen (wie Lage, Umlaufzeit des Elektrons) ganz aufzugeben, gleichzeitig also einzuräumen, dass die teilweise Übereinstimmung der genannten Quantenregeln mit der Erfahrung mehr oder weniger zufällig sei, und zu versuchen, eine der klassischen Mechanik analoge quantentheoretische Mechanik auszubilden, in welcher nur Beziehungen zwischen beobachtbaren Größen vorkommen.«

Am 19. Juli 1925, einen Monat nach Heisenbergs Eingebung auf Helgoland, fährt Max Born mit dem Zug nach Hannover zu einer Tagung der Deutschen Physikalischen Gesellschaft. Ein merkwürdiges Déjà-vu überkommt ihn.

Born sitzt in seinem Abteil, liest, schreibt und grübelt. Er hat schlecht geschlafen, eine Frage lässt ihn nicht los: Was an Heisenbergs Idee ist es, das ihm bekannt vorkommt? Da fällt es ihm ein: Was Heisenberg da zusammengebastelt hat, gehört zu einem entlegenen und bisher ganz nutzlosen Zweig der Mathematik namens Matrizenalgebra. Nur wenige Mathematiker kennen das Konzept der Matrizen, und so gut wie kein Physiker – außer eben Born. Er erinnert sich, vor Jahren darüber gelesen zu haben, als er noch vorhatte, Mathematiker zu werden.

Born erkennt also, dass es bereits einen Zweig der Mathematik gibt, der für die Quantenmechanik von Nutzen sein könnte. Irgendwann setzt sich Wolfgang Pauli, sein früherer Schüler, zu ihm ins Abteil. Er ist mit dem Zug aus Hamburg gekommen. Born ist begeistert von seiner Entdeckung und voller Eifer, sie Pauli zu erklären. Der jedoch ist alles andere als begeistert und erwidert: »Ich weiß, dass du anstrengenden und komplizierten Formalismus magst. Du wirst Heisenbergs physikalische Ideen mit deiner nutzlosen Mathematik nur ruinieren.« In Hannover steigt Born aus, niedergeschlagen und müde vom Nachdenken. Sein Student Pascual Jordan, der mit ihm und Pauli im Abteil saß und dem Gespräch schweigend gelauscht hat, ein Mathematiktalent mit schwer stotternder Sprache und ruhelosen Augen hinter dicken Brillengläsern, spricht ihn an: »Herr Professor, ich weiß was von Matrizen, kann ich Ihnen nicht helfen?« Gemeinsam machen Born und Jordan sich an die Arbeit, gemeinsam erkennen sie die Bedeutung des Umstands, dass es beim Multiplizieren von Matrizen auf die Reihenfolge ankommt. Zweimal sieben Äpfel sind genauso viele wie siebenmal zwei Äpfel. Aber bei Matrizen ist im Allgemeinen nicht $a \cdot b$ gleich $b \cdot a$. Das findet sich zwar auch in Heisenbergs erstem Forschungspapier, aber eben nur sehr versteckt. Nur zwei Monate nachdem Heisenberg sein Papier an die *Zeitschrift für Physik* verschickt hat, schicken Born und Jordan ihres hinterher. Sie haben Heisenbergs Theorie zu dem ausgefeilt, was bald unter dem Namen »Matrizenmechanik« bekannt werden sollte. Sie hat fast nichts mehr mit der Weltmechanik zu tun, die

Isaac Newton Jahrhunderte zuvor errichtet hat. »Meine kümmerlichen Bestrebungen gehen dahin«, schreibt Heisenberg an Pauli, »den Begriff der Bahnen, die man doch nicht beobachten kann, restlos umzubringen und geeignet zu ersetzen.«

Dann kommt Heisenberg zurück aus Cambridge und von seinen Sommerabenteuern mit den Pfadfindern. Noch vor Ende des Jahres 1925 verfassen Heisenberg, Born und Jordan ein drittes Forschungspapier über die Matrizenmechanik, das als *Dreimännerarbeit* berühmt wird. Darin verfeinern und erweitern sie die Matrizenmechanik weiter.

Es schmeichelt Heisenbergs ohnehin schon kräftigem Ego, dass seine physikalische Intuition ihn auf einen aussichtsreichen Weg geführt hat, den niemand zuvor entdeckt hat. Doch er teilt auch die Skepsis seines Freundes Pauli. Er mag die Bezeichnung »Matrizenmechanik« nicht, sie klingt zu sehr nach reiner Mathematik, die viele Physiker abschreckt.

Ein Konflikt zwischen Lehrer und Schüler bahnt sich an. Für den Rest seines Lebens hegt Born einen Groll darüber, dass seine und Jordans Beiträge zur Quantenmechanik unterbewertet oder gar übersehen werden. Immerhin war es eine seiner eigenen Arbeiten, in der erstmals das Wort »Quantenmechanik« auftauchte. Ja, gibt er zu, es war »furchtbar klug« von Heisenberg, auf die Matrizenalgebra zu kommen, ohne eine Ahnung zu haben, was Matrizen überhaupt sind. Doch es fällt ihm schwer, einzugestehen, dass Heisenbergs kühner Schritt der entscheidende war. Heisenberg ist nicht der mathematisch Unbedarfte, der zufällig vom Blitz der Erkenntnis getroffen wurde. Er besitzt etwas, was Born fehlt: tiefe physikalische Intuition.

Die Matrizenmechanik wird von der Physikergemeinschaft nicht begeistert aufgenommen. Die meisten Wissenschaftler müssen sich erst einmal in ein völlig neues Gebiet der Mathematik einarbeiten und sich dann bemühen, zu verstehen, was diese Matrizen physikalisch bedeuten. Es ist äußerst kompliziert. Die mathematischen Physiker versichern, die Theorie sei logisch schlüssig und löse viele formalen Rätsel der Quantentheorie. Gut und schön, aber wozu braucht man das?

Wolfgang Pauli bleibt skeptisch. Kurz nachdem der Artikel von Born und Jordan erschienen ist, schreibt er einem Kollegen: »Die Heisenbergsche Mechanik hat mir wieder Lebensfreude und Hoffnung gegeben. Die Lösung des Rätsels bringt sie zwar nicht, aber ich glaube, dass es jetzt wieder möglich ist, vorwärtszukommen. Man muss zunächst versuchen, die Heisenbergsche Mechanik noch etwas mehr vom Göttinger Gelehrsamkeitsschwall zu befreien und ihren Kern noch besser bloßzulegen.«

Heisenberg erträgt Paulis Sticheleien nicht immer mit Fassung. Ärgerlich schreibt er ihm: »Es ist wirklich ein Saustall, dass Sie das Pöbeln nicht aufhören können. Ihre ewigen Schimpfereien auf Kopenhagen und Göttingen sind einfach ein schreiender Skandal. Wenn Sie uns vorhalten, dass wir so große Esel seien, dass wir noch nie etwas physikalisch Neues fertig brächten, so mag das richtig sein. Aber dann sind Sie doch ein ebenso großer Esel, weil Sie's auch nicht fertig bringen … (Die Punkte bedeuten einen Fluch von etwa zwei Minuten Dauer!)«

Das sitzt. Pauli macht sich an die Arbeit. In weniger als einem Monat leitet er die Balmer-Serie der Spektrallinien des Wasserstoffatoms ab, wie Bohr es Jahre zuvor mit seinem ersten Atommodell getan hat. Mit seiner Rechenübung demonstriert Pauli, dass die Matrizenmechanik nicht ein mathematisches Konstrukt, sondern auch ein nützliches Werkzeug ist. Heisenberg ist besänftigt. »Ich brauche Ihnen wohl nicht zu schreiben«, wendet er sich an Pauli, »wie sehr ich mich über die neue Theorie des Wasserstoffs freue und wie sehr ich es bewundere, dass Sie diese Theorie so schnell herausgebracht haben.«

Doch Paulis Beweis hat die Matrizenmechanik nicht verständlicher gemacht. Das Gros der Physiker ist immer noch abgeschreckt von der hochkomplizierten Mathematik. Die Behauptung, es handle sich nicht nur um raffinierte Mathematik, sondern auch um tiefe Physik, bleibt Glaubenssache für sie.

Noch ein anderer versucht im Sommer 1925 einen großen Wurf: Albert Einstein legt der Akademie in Berlin seinen Entwurf einer »Einheitlichen Feldtheorie« vor. Eine Woche später erhält er eine Nachricht aus Göttingen von Max Born: Heisenberg habe gerade eine Arbeit vollendet, »sieht sehr mystisch aus, ist aber sicher richtig und tief«. In einem Geniestreich hat der erst 24-jährige Werner Heisenberg eine neue Quantentheorie entworfen – der Auftakt einer zweijährigen Phase fieberhaften Schaffens, an deren Ende die Theorie stand, die die Physik des 20. Jahrhunderts prägen würde wie keine andere. Einstein liest die Arbeit und missbilligt sie: »Heisenberg hat ein großes Quanten-Ei gelegt. In Göttingen glauben sie daran. Ich nicht«, schreibt er am 20. September 1925 an Paul Ehrenfest. Bei diesem Nichtglauben blieb er bis an sein Lebensende. Er, der die »alte« Quantentheorie bis in die ersten Monate des Jahres 1925 entscheidend vorangetrieben hat, leistet keinen konstruktiven Beitrag mehr zur »neuen«. Das Jahr 1925 ist das Ende der Ära Einstein und der Beginn der Ära Heisenberg. Die »Einheitliche Feldtheorie« wird niemals vollendet.

Im April 1947 stapelt die britische Marine die gesamte aus dem Krieg übrig gebliebene Munition, alle Granaten und Torpedos, in einem Betonkeller unter Helgoland: 7000 Tonnen Sprengstoff. Sie versucht, die Insel samt ihrer Bunker mit der bis dahin größten nichtnuklearen Explosion der Geschichte in die Luft zu sprengen. Die Sprengkraft ist halb so groß wie die der Bombe von Hiroshima, doch die Insel hält stand. Der Felsenturm, den Heisenberg mit der Quantenmechanik im Kopf erklettert hat, stürzt ein.

CAMBRIDGE 1925
DAS STILLE GENIE

Cambridge, im Sommer 1925. Die Kunde von Heisenbergs Quantenmechanik spricht sich unter Physikern herum. Viele staunen über die Theorie, nur wenige verstehen sie. Sie fürchten sich vor den Matrizen, diesen mathematischen Monstern. Ein junger, schweigsamer Physiker in Cambridge fürchtet sich nicht. Für Paul Dirac, 23, acht Monate jünger als Heisenberg, ist keine Form der Mathematik zu kompliziert.

Werner Heisenberg kommt im Juli 1925, kurz nach seiner Epiphanie auf Helgoland, zu Besuch nach Cambridge und hält dort einen Vortrag mit dem rätselhaften Titel »Termzoologie und Zeemanbotanik«. Er zögert noch, offen über seine Entdeckung zu sprechen, doch seinem Kollegen Ralph Fowler erzählt er davon. Zurück in Göttingen, schickt er Fowler sein erstes Forschungspapier über die Quantenmechanik, und Fowler gibt die Arbeit seinem hochbegabten Studenten Dirac, der Heisenberg bei dessen Besuch in Cambridge nicht begegnet ist. Dirac liest sie. Er ist einer der wenigen, die sie verstehen. Mehr noch, er hebt sie auf eine neue Ebene.

Dirac erkennt, was auch Max Born und Pascual Jordan gesehen haben: die Bedeutung der Nichtkommutativität der Matrizen in Heisenbergs Quantenmechanik. Ganz allein, ohne von der Arbeit der Göttinger zu wissen, erfindet Dirac die gesamte Theorie neu, entwickelt seine eigene mathematische Formulierung der Quantenmechanik, ähnlich der von Born und Jordan, aber auf anderer Grundlage. In einer obskuren Ecke der klassischen Mechanik stöbert er einen Differentialoperator auf, der wie die Matrizen Heisenbergs Multiplikationsregel genügt. Er bedient sich eines eleganten mathematischen Instrumentariums, das der Ire William Hamilton im 19. Jahrhundert entwickelt hatte. Keine Matrizen mehr! Oder immerhin fast keine mehr. Auch Elemente, die Matrizen gleichen, tauchen in seinem Kalkül auf, aber nur nebenbei.

Paul Dirac schickt das Papier, in dem er die Ergebnisse seiner Arbeit niedergeschrieben hat, nach Göttingen, und die Koryphäen der Quantenmechanik sind erstaunt. Dirac? Nie gehört, wer ist das? Solch eine schöne mathematische Struktur, solch eine elegante Verbindung von klassischer Physik und Quantenmechanik hat niemand zuvor gesehen. Max Born nennt die erste Lektüre des Papiers von Dirac später »eine der größten Überraschungen meines Lebens. Der Autor schien noch sehr jung zu sein, dennoch war alles auf seine Weise perfekt und bewundernswert«.

Auch Heisenberg ist von Diracs Abhandlung beeindruckt. Kurz nachdem er die Druckfahnen erhalten hat, schreibt er Dirac einen zweiseitigen Brief auf Deutsch: »Ihre außerordentlich schöne Arbeit über Quantenmechanik hab' ich mit größtem Interesse gelesen. Es kann wohl kein Zweifel sein, dass alle Ihre Resultate richtig sind, sofern man überhaupt an die neue versuchte Theorie glaubt.« Heisenberg gesteht Dirac sogar zu, dass seine Arbeit »auch wirklich eigentlich besser und konzentrierter geschrieben ist als unsere Versuche hier«. Dann allerdings folgt eine Enttäuschung für Dirac: »Hoffentlich sind Sie nicht betrübt darüber, dass allerdings ein Teil Ihrer Resultate auch hier vor einiger Zeit schon gefunden wurde.« Max Born in Göttingen und Wolfgang Pauli in Hamburg haben manches, was Dirac in seinem Papier beschreibt, bereits entdeckt. Doch Dirac verkraftet die Enttäuschung, und zwischen ihm und Heisenberg beginnt mit diesem Brief eine lange Freundschaft.

Alles fügt sich allmählich zusammen, so scheint es. Aber es bleibt verwirrend. Die Quantenmechanik lässt sich in zwei verschiedenen, aber offenbar verwandten mathematischen Systemen fassen. In Göttingen zieht man, kein Wunder, die Matrizen vor. Im Kopenhagener Zirkel um Niels Bohr hält man mehr von Diracs eleganter, und wie sich zeigt, wirkungsmächtigerer Fassung. Außerhalb dieser erlesenen Kreise blicken Physiker mit wachsender Verzweiflung auf die Matrizen und Operatoren und fragen sich, ob jemals eine Formulierung der Quantenmechanik zustande kommen wird, die auch sie verstehen.

Paul Dirac ist ein leiser Mann von unauffälligem Äußeren. Schmächtig, mittelgroß. Breite Stirn, scharfe, gerade Nase, gerades Kinn, schütterer Schnurrbart, kluge, träumerische Augen. Der genialste unter den Wissenschaftlern, die an der Quantenmechanik arbeiten, und der seltsamste. Er leidet, wie sich später zeigen wird, an einer Form von Autismus.

Paul Adrien Maurice Dirac wird im Jahr 1902 geboren und erlebt eine Kindheit, die er selbst als »unglücklich« bezeichnet. Der Grund liegt in einer schwierigen Vaterbeziehung.

Diracs Schweigsamkeit stammt aus seiner Kindheit. Paul hat einen Bruder und eine Schwester. Sein Vater, ein Schweizer, ist überaus streng, er verlangt unbedingte Disziplin von seinen Kindern. Seine Mutter kommt aus Cornwall. Der Vater besteht darauf, mit seinen Kindern ausschließlich Französisch zu sprechen, die Mutter beharrt auf dem Englischen. So ist es eine alltägliche Situation für den junge Paul, in eine Richtung Französisch mit seinem Vater und in die andere Richtung Englisch mit seiner Mutter und seinen Geschwistern sprechen zu müssen. Bei Tisch sitzt der Vater zu zweit mit Paul und spricht Französisch, während der Rest der Familie in der Küche isst. »Da ich herausfand, dass ich mich auf Französisch nicht ausdrücken konnte, war es besser für mich, stumm zu bleiben«, sagt Dirac später. Die Familie hat nur wenige Freunde, empfängt keinen Besuch und besucht auch selbst niemanden, daher hat der junge Paul auch wenig Gelegenheit, sein Englisch zu üben und zu verbessern. Beibt also nur die Schweigsamkeit, und sie wird ihm sein Leben lang bleiben.

Aus Diracs Geschwistern werden respektable Akademiker, aber Dirac übertrifft sie alle schon bald. Er lernt am schnellsten, wird Klassenbester in allen naturwissenschaftlich-technischen Fächern, lässt sogar die Lehrer in Mathematik und Physik hinter sich und muss sich seine Hausaufgaben selbst stellen.

Doch der Musterschüler weiß nicht recht, was er mit sich anfangen soll, also folgt er seinem Bruder Felix in das Fach, das ihr Vater für beide ausersehen hat: die Ingenieurwissenschaft. Als einer seiner Dozenten sieht, wie Dirac sich im Keller der Universität mit Experimenten plagt, rät er ihm: »Hören Sie auf, hier herumzupfuschen! Sie sind so ein begabter Mathematiker. Satteln Sie um, machen Sie den Abschluss in Mathematik! Das schaffen Sie in zwei Jahren.« Paul Dirac folgt dem Rat und wechselt zur Mathematik.

Dirac ist nun sowohl Ingenieur als auch Mathematiker: die Füße fest am Boden, den Kopf im Himmel. Er entwickelt eine Intuition für physikalische Zusammenhänge und gleichzeitig einen außergewöhnlichen Sinn für die reine Schönheit mathematischer Ideen. Ja, mathematische Schönheit, von ihr spricht Dirac viel. Er sieht Schönheit in mathematischen Strukturen und Argumenten wie andere Menschen in Gemälden oder Gedichten.

Paul Dirac hat sein Erleuchtungserlebnis im Jahr 1919, als Einsteins Relativitätstheorie durch die totale Sonnenfinsternis bestätigt wird. Jetzt weiß er, was er will: theoretischer Physiker werden. Die Ordnung des Universums in mathematische Gleichungen fassen. Er ist der festen Überzeugung, dass die Natur in ihrem Innersten eine mathematische Struktur hat. »Was sind die Gleichungen?«, ist sein Spruch, wenn ihm andere Physiker zu vage über die Welt schwadronieren.

Im Jahr 1921 kommt Dirac nach Cambridge ans Trinity College. Dort leitet Ernest Rutherford das Cavendish Laboratory. Er ist der genau entgegengesetzte Charakter zu Dirac, laut, direkt, hemdsärmlig und unduldsam gegen Theoretiker, aber er duldet Dirac.

Dirac kommt wöchentlich ins Labor zum Tee mit den Experimentatoren.

In Cambridge herrscht noch immer die Vorstellung von der Physik als ausgereifter Wissenschaft vor, ruhend auf den zwei Säulen der klassischen Mechanik Newtons und der Theorie der Elektrizität und des Magnetismus von Maxwell. Dazu gibt es noch diese neumodische Theorie aus Deutschland: Einsteins Relativitätstheorie. Mit diesen Theorien, so glauben immer noch viele in Cambridge, kann man alles beschreiben, alles berechnen.

Dirac »verliebt sich«, wie er sagt, in Einsteins spezielle Relativitätstheorie. Er spielt mit den Beziehungen zwischen Energie, Masse und Impuls eines Teilchens, will das Kleinste, das Atom, in Verbindung mit dem Schnellsten, dem Gegenstand der speziellen Relativitätstheorie, beschreiben.

Auch in Cambridge bleibt Dirac der scheue, zurückhaltende Mensch, der er immer war. Als jemand am High Table, dem traditionellen gemeinsamen Essen im Trinity College, versucht, mit ihm ins Gespräch zu kommen, und ihn fragt, wohin er in Urlaub zu fahren gedenke, schweigt er. Drei Gänge später fragt er zurück: »Warum wollen Sie das wissen?« Nicht aus Unhöflichkeit, er versteht schlicht nicht, wie jemand sich für solche Dinge interessieren kann. Der Sinn für Small Talk fehlt Dirac völlig. Er interessiert sich für Atome und die spezielle Relativitätstheorie. Seine große Zeit steht noch bevor.

LEIDEN 1925
DER PROPHET UND DIE SPINNENDEN ELEKTRONEN

Mitte Dezember 1925. Niels Bohr ist dafür, Albert Einstein dagegen. Der Dissens der Größten über die Quantenmechanik kann so nicht stehen bleiben. Paul Ehrenfest, Professor für Theoretische Physik in Leiden und mit beiden Wissenschaftlern befreundet, lädt Bohr und Einstein in sein Haus ein, um eine Einigung zu vermitteln.

Als Bohrs Zug auf dem Weg nach Leiden in Hamburg Station macht, wartet dort Wolfgang Pauli am Bahnsteig. Was Bohr von der Idee mit dem Elektronenspin halte, fragt Pauli. Um den Bau der Atome zu beschreiben, hat Pauli den Elektronen gerade eine seltsame Eigenschaft zugeschrieben, die nur zwei Werte annehmen kann: ½ und -½. Er kann sie nicht erklären, er kann nur mit ihr rechnen und ein Rätsel lösen, an dem die Theoretiker sich seit vielen Jahren abmühen: die feine Aufspaltung der Spektrallinien von Atomen in einem Magnetfeld, genannt »anomaler Zeeman-Effekt«.

Zwei niederländische Studenten an Ehrenfests Institut, Samuel Goudschmidt und George Uhlenbeck, haben eine Deutung von Paulis Fund gewagt: Es ist der Drall der Elektronen, ihre Eigendrehung, die zwei Richtungen haben kann, linksherum und rechtsherum. Goudschmidt und Uhlenbeck sprechen vom »Spin«. Eine gewagte Deutung. Physikalisch gesehen ist ein Elektron eine Punktmasse. Doch ein Punkt hat keine Ausdehnung, er kann sich nicht um die eigene Achse drehen. Außerdem bedeutet der Wert

½, dass das Elektron sozusagen nach einer halben Pirouette schon wieder mit dem Gesicht nach vorn zeigt. In mancher Hinsicht entspricht das »spinnende Elektron« (Heisenberg) einem Drall um die eigene Achse, in anderer Hinsicht widerspricht es jedem klassischen Konzept.

Selbst ihren Urhebern Goudschmidt und Uhlenbeck ist die Deutung so wenig geheuer, dass sie versuchen, sie wieder aus der Welt zu schaffen. Ihr Institutschef Paul Ehrenfest unterbindet den Versuch: »Sie sind beide jung genug, um sich eine Dummheit leisten zu können.« Das Bild bleibt in der Welt: Elektronen drehen sich auf seltsame Weise um sich selbst. Wie die meisten Bilder für Quantenphänomene ist es ein unzulänglicher Behelf. Der Spin ist eine Größe in den Formeln der Quantenmechanik, von der kein Mensch eine klare Anschauung hat.

»Sehr interessant«, sagt Bohr am Bahnhof zu Pauli. Sprich: abgelehnt. Pauli nickt. Auch er lehnt die Deutung Goudschmidts und Uhlenbecks ab.

Bohr setzt seine Reise fort. Am Bahnhof in Leiden empfangen ihn Albert Einstein und Paul Ehrenfest, die ebenfalls Bohrs Urteil über den Spin hören wollen. Bohr erklärt ihnen, was er dagegen hat. Wie soll ein Elektron, das sich im starken elektrischen Feld des Atomkerns bewegt, genug von einem außen angelegten Magnetfeld abbekommen, um die Feinstruktur der Spektrallinien zu erzeugen, die sich im anomalen Zeeman-Effekt zeigt? Einstein erklärt ihm, wie das möglich ist. Er hat Bohrs Einwand bereits erahnt und mit Hilfe seiner Relativitätstheorie ausgeräumt. Bohr ist bekehrt. Einsteins Erklärung ist eine »Offenbarung«, sagt er. Die Idee mit dem Spin wird sein Atommodell retten, glaubt er nun. Auch Planeten drehen sich um die eigene Achse, während sie um die Sonne laufen. Es ist ein letzter Augenblick der Eintracht zwischen Bohr und Einstein. Sie haben sich zwar nicht über die Quantenmechanik geeinigt, aber über die spinnenden Elektronen.

Auf der Rückfahrt nach Kopenhagen hält Bohrs Zug in Göttingen. Am Bahnsteig warten Werner Heisenberg und Pascual Jordan. Der Elektronenspin, verkündet Bohr ihnen, ist ein großer Fortschritt. Sie glauben ihm.

Bohr fährt weiter nach Berlin, zu einer Tagung der Deutschen Physikalischen Gesellschaft zum 25. Jahrestag der Quanten. Wolfgang Pauli kommt aus Hamburg. Er befragt Bohr noch einmal zum Spin – und ist nicht überrascht, dass dieser seine Meinung geändert und sich zum Spin-Propheten gewandelt hat. Pauli schüttelt den Kopf. Er hält das »neue Evangelium« vom Elektronenspin für eine »Irrlehre« und warnt Bohr davor, sie weiter zu verbreiten. »Die Sache gefällt mir nicht!«, sagt Pauli. Doch Bohr gefällt sie. Er ist der Prophet. Ketzer ist, wer ihm widerspricht.

AROSA 1925
EIN SPÄTER EROTISCHER AUSBRUCH

Dezember 1925. Erwin Schrödinger, Physiker aus Wien, wohnhaft in Zürich, fährt über die Weihnachtsferien in die Villa Herwig in Graubünden, ein prächtig am Hang oberhalb von Arosa gelegenes Kurhaus für Lungenkranke. Die Bergluft, 1850 Meter über dem Meeresspiegel, verschafft dem an Tuberkulose Leidenden Linderung. Hier war er schon in den beiden Jahren zuvor an Weihnachten gewesen, damals mit seiner Frau Annie. Diesmal begleitet ihn eine Frau, die nicht seine Ehefrau ist, eine frühere Freundin aus Wien. Annie kann damit leben. Auch sie hat ihre Liebhaber, unter ihnen der Mathematiker Hermann Weyl, dessen Frau die Geliebte des Physikers Paul Scherrer ist, einem Freund von Wolfgang Pauli.

Schrödinger ist 15 Jahre älter als die jugendlichen Abenteurer Heisenberg, Pauli und die anderen »Knabenphysiker«, die vor allem in Göttingen und Kopenhagen ihr Wesen treiben. Er wurde 1887 in Wien geboren, in eine wohlhabende, aber nicht konventionelle Familie mit englischen und österreichischen Vorfahren. Erwin wächst als Einzelkind in den letzten Jahren des österreichisch-ungarischen Kaiserreichs auf, in einer prächtigen Wohnung mitten in Wien, umsorgt von Frauen: seiner zart besaiteten Mutter und ihren zwei Schwestern, seiner Cousine und einer Reihe von Kindermädchen. Diese Zeit prägt Erwin Schrödingers Beziehungen zu Frauen für immer. Frauen sind Wesen für ihn, die sich um seine Bedürfnisse sorgen, während ihre Bedürfnisse ihn nur wenig kümmern.

Die Schrödingers haben wenig Sinn für Musik, aber eine große Leidenschaft für das wilde, erotische Theater im Wien des endenden 19. Jahrhunderts. Im Gymnasium ist Erwin bald für seine außergewöhnliche Begabung bekannt, für sein Selbstvertrauen, sein gutes Aussehen und seine charmanten, lässigen Manieren. Schrödinger ist ein Frauentyp. Sein Gesicht hat scharfe, schöne Züge. Wenn er nur nicht so kurzsichtig wäre. Aus den starken, kreisrunden Gläsern seiner Brille scheinen die Augen hervorzuschwimmen.

Im Herbst 1906, ein paar Wochen nach dem Suizid Ludwig Boltzmanns, immatrikuliert Schrödinger sich an der Universität Wien und promoviert im Jahr 1910 über »die Leitung der Elektrizität auf der Oberfläche von Isolatoren an feuchter Luft«. Die Promotionsurkunde nennt ihn »Ervino« (die lateinische Form von Erwin). Er bekommt einen ersten bezahlten Hilfsjob bei dem Experimentalphysiker Franz Exner. Ein Vortrag, den Albert Einstein im Jahr 1913 in Wien »Zum gegenwärtigen Stand des Gravitationsproblems« hält, weckt in Schrödinger das Interesse für die tiefen, grundsätzlichen Fragen der Physik: für das Rätsel der Schwerkraft, für die Eigenschaften des Kosmos und das Wesen der Materie.

Dann bricht der Krieg aus. Schrödingers wichtigster Lehrer Fritz Hasenöhrl, der Hoffnungsträger der Theoretischen Physik in Österreich, wird von einem Granatsplitter tödlich am Kopf getroffen. Auch Schrödinger nimmt am Krieg teil, zuerst als Offizier der Festungsartillerie, dann als Meteorologe. Er hört und sieht Schüsse, ein Orden wird ihm an die Brust geheftet. Im Jahr 1916 notiert er in sein Tagebuch: »Ich denke: es trottelt halt weiter, kannst nix machen. Scheußlich. Sonderbar: ich frage nicht mehr: *wann* wird der Krieg vorüber sein? sondern: *wird* er vorübergehen? Kindisch, nicht? Hoffentlich. Sind 14 Monate so schrecklich lang? Dass man schon an dem Ende überhaupt verzweifelt.«

Nach dem Krieg durchläuft Erwin Schrödinger eine ansehnliche, aber nicht außergewöhnliche Hochschulkarriere. Er geht als Assistent zu Max Wien nach Jena, als außerordentlicher Professor nach Stuttgart und Breslau. Im Jahr 1921 erhält er endlich eine Stelle, die ihm genug Geld einbringt, um seine Verlobte Annemarie »Annie« Bertel zu heiraten: eine ordentliche Professur für Theoretische Physik an der Universität Zürich. Er lässt sich von seiner Frau Annie verehren und umsorgen, aber nicht davon abhalten, seine stete Reihe von Liebschaften fortzusetzen, die er schon kurz nach seiner Hochzeit in den Flitterwochen mit Frauen von Freunden unterhält. Einige Jahre später hat er drei Kinder mit drei Frauen, keines mit seiner Ehefrau.

Doch er sorgt für seine Frau, und zu seinen wichtigsten Zielen gehört, sie fürs Alter finanziell abzusichern. Bei der Verhandlung um seine Stelle in Zürich legt er Wert auf Pensionsansprüche, die nach seinem Tod auf seine Frau übergehen.

In der neutralen Schweiz ist das Leben angenehmer als im Wien der Nachkriegsjahre. Schrödinger diskutiert mit dem Physiker Pieter Debye und dem Mathematiker Hermann Weyl, korrespondiert mit Albert Einstein, Arnold Sommerfeld und Wilhelm Wien, forscht über die Thermodynamik von Festkörpern, über statistische Mechanik, über die allgemeine Relativitätstheorie, Atome und Spektren, über Farbmessung und Farbwahrnehmung. Die Forschungsarbeiten, die er publiziert, sind solide, aber unspektakulär.

Schrödinger beschäftigt sich mit den gerade meistdiskutierten Fragen der Physik, bleibt aber seinem traditionellen Denken verhaftet. Der Gedanke, dass die Elektronen im Atom von Bohr und Sommerfeld abrupt von einer Umlaufbahn zur anderen springen, ist ihm suspekt. Solche Übergangslosigkeiten gehören nicht in die Physik, findet er, weil sie Unvorhersagbarkeiten mit sich bringen: Dinge, die ohne erkennbare Ursache geschehen. Es ist die Beschwerde, die auch Einstein gegen Bohr führt.

Als die ersten Gerüchte der Deutung der Elektronenbahnen als stehende Wellen durch den Prinzen de Broglie die Runde machen, kommt sie Schrödinger bekannt vor. Sie steckt, gut verborgen und von ihm selbst nicht erkannt, auch in einem seiner theoretischen Resultate, die er ein Jahr zuvor veröffentlicht hat.

De Broglie ist ein theoretischer Stümper mit einer genialen Idee. Schrödinger ist ein Meister der Mathematik. Er nimmt sich de Broglies Idee vor, um eine Theorie aus ihr zu machen.

Im Jahr 1925, als Heisenberg gerade auf Helgoland mit seinem fremdartigen Formalismus ringt, schreibt Schrödinger einen Bericht, in dem er de Broglies Elektronenwellen weiter ausarbeitet und nebenbei die Vermutung äußert, dass Teilchen eigentlich gar keine Teilchen sind, sondern »Schaumkronen auf einer den Weltgrund bildenden Wellenstrahlung«. Geleitet von seinem Sinn für Poesie, entwirft er sein Bild von der physikalischen Welt.

Gegenüber einem Zürcher Kollegen schwärmt er von den Teilchenwellen. Der fragt zurück: Wenn Elektronen Wellen sind, was ist ihre Wellengleichung? Was ist der Stoff, der diese Wellen schlägt? Wie sehen sie aus? Schrödinger hat keine Antworten auf all diese Fragen. De Broglie hat nur eine Wellenlänge ausgerechnet, nichts weiter. Seine Wellen sind bisher nichts als eine abstrakte Idee, ohne Wurzeln in der physikalischen Wirklichkeit. Schrödinger ist entschlossen, sie in eine Formel zu fassen, die ein für alle Mal aufräumt mit den Bohrschen Quantensprüngen und diesen sperrigen Matrizen von Heisenberg. Er bringt eine Wellengleichung zu Papier, die schön ist, aber falsch. Für den Papierkorb.

Als Schrödinger in den Weihnachtsferien 1925 nach Arosa fährt, ist er entschlossen, nicht ohne die richtige Gleichung zurückzukehren. Vielleicht ist es die Höhenluft, die sein Denkvermögen befeuert, vielleicht aber auch die rätselhafte Begleiterin. Die Mathematik ist schwierig, und dummerweise hat Schrödinger das Buch über Differentialgleichungen nicht eingepackt. »Wenn ich nur mehr Mathematik könnte!«, klagt er. Er setzt neu an, lässt Komplikationen wie die Relativitätstheorie einfach außer Acht und findet schließlich, was er gesucht hat: eine Wellengleichung, die de Broglies Idee formal fasst. Er entwickelt sie fast allein, bei ein paar mathematischen Details muss ihm nach seiner Rückkehr in Zürich noch Hermann Weyl helfen. Ob er das Skifahren genossen habe, fragt sein Chef ihn. »Einige Berechnungen« hätten ihn abgelenkt, antwortet Schrödinger.

Schrödingers Gleichung ist ein elegantes Konstrukt. Sie beschreibt ein Feld, das von einer Art Energiefunktion reguliert wird, repräsentiert von einem mathematischen Operator. Wenn Schrödinger sie auf ein Atom anwendet, liefert sie eine Anzahl von Lösungen, von denen jede ein statisches Muster des Felds beschreibt: die Energiezustände des Atoms. Mit einem gekonnten mathematischen Manöver hat Schrödinger die Quantenregeln herbeigezaubert, die Bohr so plump gesetzt hatte. Mit seiner Gleichung erscheinen die Energiezustände eines Atoms nicht mysteriöser als die Töne einer Geigensaite.

Schrödinger verwandelt die Quantensprünge, die manche Physiker so schrecklich finden, diese plötzlichen, unstetigen Zustandswechsel, in fließende Übergänge von einem stehenden Wellenmuster zum anderen. In seinen Händen ist die Physik der Atome kein Flickwerk mehr, sie ist ein Kunstwerk. Schrödinger hat seine Gleichung nicht mit schlichter Logik hergeleitet, er hat sie komponiert.

Noch im Januar verfasst er eine erste Abhandlung über seine Gleichung und reicht sie bei den *Annalen der Physik* ein. Eine außergewöhnlich schöpferische Zeit beginnt, und er schreibt bis Juni vier weitere Abhandlungen, fast im Monatsrhythmus, in denen er seine Wellenmechanik ausarbeitet.

Die alte Garde ist begeistert. Die Abhandlung habe ihn »wie ein Donnerschlag« getroffen, berichtet Arnold Sommerfeld. »Der Gedanke Ihrer Arbeit zeugt von ächter Genialität!«, schreibt Albert Einstein an Schrödinger, und wenig später: »Ich bin überzeugt, dass Sie mit Ihrer Formulierung der Quantenbedingung einen echten Fortschritt gefunden haben, ebenso wie ich überzeugt bin, dass der Heisenberg-Bornsche Weg abwegig ist.« J. Robert Oppenheimer, der hochbegabte amerikanische Physiker, der gerade bei Max Born in Göttingen Quantenphysik lernt, schwärmt: »Hier ist diese äußerst hübsche Theorie, möglicherweise eine der perfektesten, akkuratesten und schönsten, die der Mensch je entwickelt hat.«

Auch die Quantenmechaniker um Bohr und Heisenberg horchen auf. »Ich glaube, dass diese Arbeit mit zu dem Bedeutendsten zählt, was in letzter Zeit geschrieben wurde«, schreibt Wolfgang Pauli aus Hamburg an Pascual Jordan nach Göttingen. »Lesen Sie sie sorgfältig und mit Andacht.«

Die klassische Ordnung, so scheint es, ist wiederhergestellt. Die Schrödinger-Gleichung wird zum Kern der neuen Quantenphysik. Ihr Namensgeber, nunmehr fast 40 Jahre alt, schafft sein »großes Werk zur Zeit eines späten erotischen Ausbruchs in seinem Leben«, bemerkt sein guter Freund Hermann Weyl, der Mathematiker und Liebhaber seiner Frau. Es ist einer von vielen erotischen Ausbrüchen in Schrödingers Leben, und auch nicht der letzte. Doch es ist jener, der zu seiner wichtigsten Entdeckung führt. Über die Dark Lady, die mit Erwin nach Arosa fuhr, schweigen beide Schrödingers diskret. In der Physik ist Schrödinger Traditionalist. Im Leben nicht.

Noch im Jahr 1926 beginnt Schrödinger, den Mädchen Itha und Roswitha Junger, genannt Ithi und Withi, Nachhilfe in Mathematik zu geben. Sie sind die Töchter einer Bekannten seiner Frau Annie, 14 Jahre alt, zweieiige Zwillinge. In ihrer Klosterschule drohen sie durchzufallen. Schrödinger rettet sie davor, erklärt ihnen seine Forschung, spricht mit ihnen über Religion, schreibt ihnen schlechte Gedichte, dazu gibt es »eine ganze Menge Streicheln und Kuscheln«, wie Itha später erzählt. Die Mädchen fühlen sich geschmeichelt von seiner Aufmerksamkeit. Schrödinger verliebt sich in Itha. Er wartet, bis sie 16 ist. Dann, während eines Ski-Urlaubs, kommt er mitten in der Nacht in Ithas Zimmer und gesteht ihr seine Liebe. Kurz nach ihrem 17. Geburtstag beginnen sie eine Affäre.

KOPENHAGEN 1926
WELLEN UND TEILCHEN

Kopenhagen, 1926. Heisenberg bezieht eine gemütliche, kleine Dachwohnung im Bohr-Institut, mit schrägen Wänden und Blick auf den Fælledparken. Bohr wohnt mit seiner Familie in einer herrschaftlichen Villa neben dem Institut. Heisenberg besucht die Bohrs so häufig, dass er sich in der Villa »halb zuhause« fühlt.

Bohr ist erschöpft. Das Institut ist renoviert und erweitert worden, das hat ihn enorm viel Kraft gekostet. Eine schwere Grippe streckt ihn nieder, zwei Monate dauert es, bis er sich davon erholt. Heisenberg nutzt die Zeit und die Ruhe vor Bohr, um mit seiner Theorie das Linienspektrum des Heliums auszuarbeiten – ein wichtiger Test für die Theorie. Sie und ihr Schöpfer bestehen ihn souverän.

Kaum ist Bohr genesen, beginnt das alte Spiel von vorne. »Nach acht oder neun Uhr abends kam Bohr in mein Zimmer und sagte ›Heisenberg, was denken Sie über dieses Problem?‹. Dann redeten und redeten wir, oft machten wir bis zwölf oder ein Uhr nachts weiter.« Manchmal lud Bohr Heisenberg auch in die Villa zu einem anregenden Plausch ein, der bis in den späten Abend dauerte und bei dem so manches Glas Wein geleert wurde.

Daneben muss Heisenberg seinen Lehrverpflichtungen nachkommen. Er liest zweimal in der Woche an der Universität über theoretische Physik – auf Dänisch. Mit seinen 24 Jahren ist er kaum älter als seine Zuhörer. Nach der ersten Vorlesung sagt ein Student: »Kaum zu glauben, dass er so intelligent ist«, er sieht aus »wie ein aufgeweckter Tischlerlehrling«. Heisenberg gewöhnt sich sehr schnell an den Arbeitsrhythmus am Institut, freundet sich mit seinen Kollegen an, geht mit ihnen am Wochenende segeln, reiten und wandern. Nach Schrödingers Besuch im Oktober 1926 findet er jedoch immer weniger Zeit für solche Freizeitaktivitäten, die gerade ihm so wichtig sind. Bohr hält ihn an der kurzen Leine. Der Meister braucht Ansprache.

Aber Bohr und Heisenberg können sich nicht darüber einigen, wie sie die Quantenmechanik deuten sollen. Bohr will den Dingen auf den Grund gehen, er sucht nach Klarheit: Wo auf dem Weg in die Quantenwelt endet die Anschaulichkeit? Und warum endet sie? Bohr will das Doppelgesicht von Wellen und Teilchen mit der Theorie vereinbaren und so die Begriffe der alten Physik in die neue Ära hinüberretten.

Heisenberg versteht Bohrs Sorge nicht. Was ist das Problem? Wir haben eine Theorie. Wir können Vorhersagen machen, wir können sie in Experimenten testen. Was Ort und Geschwindigkeit nun bedeuten, sagt die Theorie. Welche Vorstellungen wir uns sonst von ihnen machen, ist nebensächlich.

Es sind beinah körperliche Schmerzen, die die Welle-Teilchen-Dualität den Physikern bereitet. Albert Einstein schreibt im August 1926 an Paul Ehrenfest: »Hie Wellen, Hie Quanten! beider Realität steht felsenfest. Aber der Teufel macht einen Vers daraus (der sich wirklich reimt).«

In der klassischen Physik war die Welt noch in Ordnung. Es gab Wellen, und es gab Teilchen – nichts war beides zugleich. In der Quantenphysik tun Teilchen manchmal so, als seien sie Wellen. Oder umgekehrt? Heisenberg ging bei seiner Quantenmechanik von Teilchen aus. Schrödinger dachte sich die Welt als großen Wellensalat. Dann erwiesen sich beide Ansätze als mathematisch gleichwertig. Wie ist das möglich? Zwei so grundverschiedene, scheinbar unvereinbare Ausgangspunkte, und dann das gleiche Ergebnis. Der Beweis der Äquivalenz von Matrizenmechanik und Wellenmechanik hat nicht geholfen, die Welle-Teilchen-Dualität zu lösen.

Es scheint beinah, als wollten die Elektronen ihre Erforscher mit Absicht narren: Solange niemand hinschaut, sind sie Wellen. Sobald jemand hinschaut, sind sie Teilchen. Was ist der Mechanismus dahinter, was die Ursache, was die Wirkung? Je mehr Bohr und Heisenberg darüber nachdenken, desto weniger verstehen sie es. Sie versuchen gemeinsam, den Kern der Paradoxie bloßzulegen – doch dabei legen sie auch die Spannungen bloß, die zwischen ihnen wachsen. Sie haben unvereinbare Ansätze, doch keiner kommt mit seinem Ansatz weiter. Beide verlieren die Geduld mit dem anderen, und sie treiben einander fast in den Wahnsinn.

Heisenberg will auf die Theorie selbst hören, auf seine Theorie: Was sagt sie uns über das Wesen der Wirklichkeit im atomaren Maßstab? Wenn es denn Quantensprünge und Diskontinuitäten sind, dann sei es eben so. Für ihn ist ausgemacht, dass in der Welle-Teilchen-Dualität die Teilchenseite überwiegt. Er weigert sich, irgendetwas Raum zu geben, das ihn an Schrödingers Wellen erinnert. Bohr ist offener. Im Gegensatz zu Heisenberg ist er nicht auf die Matrizenmechanik fixiert. Er will mit beiden Vorstellungen spielen: Teilchen und Welle. Mathematische Formalismen bezaubern Bohr nicht. Heisenberg denkt stets von der Mathematik aus. Bohr versucht, die Physik jenseits der Mathematik auszuloten. Er sucht nach der physikalischen Bedeutung der Welle-Teilchen-Dualität. Heisenberg sucht eine mathematische Beschreibung.

Bohr sucht also einen Weg, gleichzeitig Wellen und Teilchen in einer vollständigen Beschreibung atomarer Prozesse unterzubringen. Diese beiden einander widersprechenden Vorstellungen zu versöhnen: Darin sieht Bohr den Schlüssel, der die Tür öffnen würde zur Deutung der Quantenmechanik.

BERLIN 1926
BESUCH BEI DEN HALBGÖTTERN

Berlin, im April 1926. Vom Olymp der Physik aus beobachten Albert Einstein und Max Planck die Szenerie. Einstein geht auf die 50 zu, Planck auf die 70, beide genießen den Status von Halbgöttern. Wenn es ihnen gefällt, bitten sie die jungen Helden der Physik zu sich, um sich über deren Abenteuer berichten zu lassen. Nun hat Werner Heisenberg, 24, die Ehre, in der »Hochburg der Physik«, wie er Berlin nennt, über seine jüngsten Taten vortragen zu dürfen. Äußerlich ist Heisenberg noch immer der Jüngling, der vor vier Jahren mit Bohr über den Hainberg wanderte und zwischen Schüchternheit und Forschheit schwankte. Noch immer ringt er mit diesen seltsamen Quanten. Doch er schwankt weniger. Er war es, der die Quantenmechanik entdeckt hat. Nicht Planck, nicht Einstein. Die Theorie ist seine Schöpfung.

Um Einstein hat sich inzwischen ein Kult entwickelt. Mit seinem wirren, weißen Haar, den wachen Augen und den immer etwas zu kurzen Hosen wird er auf der Straße erkannt. Er ist eine Ikone geworden. Mit seinem Status verändert sich auch seine Art, wissenschaftlich zu denken und zu sprechen. Götter verkünden die Wahrheit, sie geben keine Gründe. »Die Quantenmechanik ist sehr achtung-gebietend«, schreibt Albert Einstein an Max Born. »Aber eine innere Stimme sagt mir, dass das doch nicht der wahre Jakob ist. Die Theorie liefert viel, aber dem Geheimnis des Alten bringt sie uns kaum näher. Jedenfalls bin ich überzeugt, dass der liebe Gott nicht würfelt.«

Als der 24-jährige Werner Heisenberg am 28. April 1926 in Berlin an der Tafel steht, seine Notizen auf dem Pult vor sich ausgebreitet, hat er allen Grund, nervös zu sein. Er soll seine Matrizenmechanik vor dem ehrwürdigen Physikkolloquium der Universität Berlin erklären. München und Göttingen, das waren Probevorstellungen, Berlin ist die eigentliche Premiere. Heisenbergs Blicke schweifen über das Publikum. In der ersten Reihe sitzen Max von Laue, Walter Nernst, Max Planck und Albert Einstein – vier Nobelpreisträger nebeneinander.

Heisenberg hat diese Namen oft gehört und ausgesprochen. Heute begegnet er ihren Trägern zum ersten Mal. Er weiß, sie sind nicht mehr die Jüngsten. Ihre Großtaten liegen schon eine Weile zurück. Er gibt sich, wie er später sagt, »große Mühe, die für die damalige Physik so ungewohnten Begriffe und mathematischen Grundlagen der neuen Theorie möglichst klar darzustellen«.

Einsteins Interesse ist ausreichend geweckt, um Heisenberg ein vertiefendes Gespräch zu gewähren. Als sich das Publikum nach dem Vortrag zerstreut, geht er auf Heisenberg zu und lädt ihn zu sich nach Hause ein. Gemeinsam gehen sie durch die Straßen der Stadt zu Einsteins Wohnung. Es ist dieser Spaziergang mit einem Halbgott, nicht sein Vortrag, der Heisenberg von seiner Reise nach Berlin in Erinnerung bleiben wird. Endlich begegnet er dem leibhaftigen Einstein. Schon vor vier Jahren hatte er gehofft, Einstein auf der Physikertagung in Leipzig zu treffen, doch dann war Einstein wegen der Ermordung des Außenministers Walther Rathenau lieber zuhause geblieben und er selbst konnte nicht kommen, weil er kurz zuvor ausgeraubt worden war.

Als sie nun an diesem Frühlingstag durch Berlin spazieren, bestimmt Einstein das Gespräch. Er erkundigt sich nach Heisenbergs Familie, nach seiner Ausbildung und bisherigen Forschung. Über Heisenbergs neue Theorie verliert er noch kein Wort.

Erst als sie in der Wohnung in der Haberlandstraße 5, im 4. Stock, angekommen sind, wechselt Einstein zu den ernsthaften Themen. Es missfällt ihm, dass Heisenberg in seiner Matrizenmechanik Ort und Geschwindigkeit aus dem Zentrum der Physik verbannt und durch abstruse mathematische Konstrukte ersetzt: »Was Sie uns da erzählt haben, klingt ja sehr ungewöhnlich«, geht er Heisenberg an, »Sie nehmen an, dass es Elektronen im Atom gibt, und darin werden Sie sicher recht haben. Aber die Bahnen der Elektronen im Atom, die wollen Sie ganz abschaffen, obwohl man doch die Bahnen der Elektronen in einer Nebelkammer unmittelbar sehen kann. Können Sie mir die Gründe für diese merkwürdigen Annahmen etwas genauer erklären?«

Das ist die Gelegenheit, die Heisenberg erhofft hat. Die Gelegenheit, den 47-jährigen Altmeister der Quantenphysik auf seine Seite zu ziehen. Er hat doch nur getan, was die Wirklichkeit ihm aufgezwungen hat. Er will seine Theorie nicht auf unbekannte und womöglich unerkennbare Größen bauen, sondern auf das, was Physiker tatsächlich an Atomen beobachten können. »Die Bahnen der Elektronen im Atom kann man nicht beobachten«, erklärt er, »aber aus der Strahlung, die von einem Atom bei einem Entladungsvorgang ausgesandt wird, kann man doch unmittelbar auf die Schwingungsfrequenzen und die zugehörigen Amplituden der Elektronen im Atom schließen. Die Kenntnis der Gesamtheit der Schwingungszahlen und der Amplituden ist doch auch in der bisherigen Physik so etwas wie ein Ersatz für die Kenntnis der Elektronenbahnen. Da es aber doch vernünftig ist, in eine Theorie nur die Größen aufzunehmen, die beobachtet werden können, schien es mir naturgemäß, nur diese Gesamtheiten, sozusagen als Repräsentanten der Elektronenbahnen, einzuführen.«

Nein, das findet Einstein ganz und gar nicht vernünftig. »Aber Sie glauben doch nicht im Ernst«, entgegnet er, »dass man in eine physikalische Theorie nur beobachtbare Größen aufnehmen kann.«

Doch, genau das glaubt Heisenberg. Er versucht, Einstein gegen sich selbst auszuspielen. »Ich dachte«, gibt er zurück, »dass gerade Sie diesen Gedanken zur Grundlage Ihrer Relativitätstheorie gemacht hätten? Sie hatten doch betont, dass man nicht von absoluter Zeit reden dürfe, da man diese absolute Zeit nicht beobachten kann. Nur die Angaben der Uhren, sei es im bewegten oder im ruhenden Bezugssystem, sind für die Bestimmung der Zeit maßgebend.«

Das trifft. »Vielleicht habe ich diese Art von Philosophie benützt«, murmelt er, »aber sie ist trotzdem Unsinn. Oder ich kann vorsichtiger sagen, es mag heuristisch von Wert sein, sich daran zu erinnern, was man wirklich beobachtet. Aber vom prinzipiellen Standpunkt aus ist es ganz falsch, eine Theorie nur auf beobachtbare Größen gründen zu wollen. Denn es ist ja in Wirklichkeit genau umgekehrt. Erst die Theorie entscheidet darüber, was man beobachten kann. Sehen Sie, die Beobachtung ist ja im Allgemeinen ein sehr komplizierter Prozess. Der Vorgang, der beobachtet werden soll, ruft irgendwelche Geschehnisse in unserem Messapparat hervor. Als Folge davon laufen dann in diesem Apparat weitere Vorgänge ab, die schließlich auf Umwegen den sinnlichen Eindruck und die Fixierung des Ergebnisses in unserem Bewusstsein bewirken. Auf diesem ganzen langen Weg vom Vorgang bis zur Fixierung in unserem Bewusstsein müssen wir wissen, wie die Natur funktioniert, müssen wir die Naturgesetze wenigstens praktisch kennen, wenn wir behaupten wollen, dass wir etwas beobachtet haben. Nur die Theorie, das heißt die Kenntnis der Naturgesetze, erlaubt uns also, aus dem sinnlichen Eindruck auf den zugrunde liegenden Vorgang zu schließen. Wenn man behauptet, dass man etwas beobachten kann, so müsste man also eigentlich genauer so sagen: Obwohl wir uns anschicken, neue Naturgesetze zu formulieren, die nicht mit den bisherigen übereinstimmen, vermuten wir doch, dass die bisherigen Naturgesetze auf dem Weg vom zu beobachtenden Vorgang bis zu unserem Bewusstsein so genau funktionieren, dass wir uns auf sie verlassen und daher von Beobachtungen reden dürfen. In der Relativitätstheorie wird zum Beispiel vorausgesetzt, dass auch im bewegten Bezugssystem die

Lichtstrahlen, die von der Uhr zum Auge des Beobachters gehen, hinreichend genau so funktionieren, wie man das auch früher erwartet hätte. Und Sie nehmen mit Ihrer Theorie offenbar an, dass der ganze Mechanismus der Lichtstrahlung vom schwingenden Atom bis zum Spektralapparat oder bis zum Auge genauso funktioniert, wie man das immer schon vorausgesetzt hat, nämlich im Wesentlichen nach den Gesetzen von Maxwell. Wenn das nicht mehr der Fall wäre, so könnten Sie die Größen, die Sie als beobachtbar bezeichnen, gar nicht mehr beobachten. Ihre Behauptung, dass Sie nur beobachtbare Größen einführen, ist also in Wirklichkeit eine Vermutung über eine Eigenschaft der Theorie, um deren Formulierung Sie sich bemühen. Sie vermuten, dass Ihre Theorie die bisherige Beschreibung der Strahlungsvorgänge in den Punkten, auf die es Ihnen hier ankommt, unangetastet lässt. Damit können Sie recht haben, aber das ist keineswegs sicher.«

Damit hat Heisenberg nicht gerechnet. Er glaubte, Einstein in Sachen Beobachtbarkeit auf seiner Seite zu haben. Wie Einstein jetzt argumentiert, leuchtet Heisenberg ein. Aber stechen diese Argumente nicht ebenso gegen Einsteins eigene Relativitätstheorie? Ist Einstein so angriffslustig gegen die Quantenmechanik, dass er bereit ist, sein eigenes Prunkstück mit umzustürzen? Heisenberg zieht als Verstärkung einen alten Verbündeten Einsteins heran, den Philosophen Ernst Mach: »Der Gedanke, dass eine Theorie eigentlich nur die Zusammenfassung der Beobachtungen unter dem Prinzip der Denkökonomie sei, soll doch von dem Physiker und Philosophen Mach stammen. Und es wird immer wieder behauptet, dass Sie in der Relativitätstheorie eben von diesem Gedanken Machs entscheidend Gebrauch gemacht hätten. Was Sie jetzt eben gesagt haben, scheint mir aber genau in die entgegengesetzte Richtung zu gehen. Was soll ich nun eigentlich glauben, oder richtiger, was glauben denn Sie selbst in diesem Punkt?«

Tatsächlich hat Einstein, als er noch Patentbeamter in Bern war, die Werke des österreichischen Philosophen Ernst Mach studiert.

Mach hatte als neues Ziel der Wissenschaft ausgegeben, nicht das Wesen der Natur zu enträtseln, sondern die Fakten, sprich: die experimentellen Daten, so einfach wie möglich zu beschreiben. Jeder wissenschaftliche Begriff ist definiert durch die Anweisung, wie er zu messen ist. Unter dem Einfluss von Machs Philosophie hat Einstein seinen Angriff auf die alten Begriffe einer absoluten Zeit und eines absoluten Raums begonnen. Was aber Heisenberg offenbar nicht weiß: Später hat Einstein Machs Philosophie verworfen, denn sie vernachlässigt die Tatsache, dass es die Welt wirklich gibt: »Das ist eine sehr lange Geschichte, aber wir können ja ausführlich darüber reden. Dieser Begriff der Denkökonomie bei Mach enthält wahrscheinlich schon einen Teil Wahrheit, aber er ist mir etwas zu banal. Ich will zunächst ein paar Argumente für Mach anführen. Unser Umgang mit der Welt vollzieht sich doch offenbar über unsere Sinne. Schon wenn wir als kleine Kinder sprechen und denken lernen, so geschieht das, indem wir die Möglichkeit erkennen, sehr komplizierte, aber irgendwie zusammengehörige Sinneseindrücke durch ein Wort zu bezeichnen, etwa durch das Wort ›Ball‹. Wir lernen es von den Erwachsenen und empfinden dabei die Befriedigung, uns verständigen zu können. Man kann also sagen, dass die Bildung des Wortes und damit des Begriffes ›Ball‹ ein Akt der Denkökonomie sei, indem sie uns erlaubt, recht komplizierte Sinneseindrücke einfach zusammenzufassen. Mach geht dabei gar nicht auf die Frage ein, welche geistigen und körperlichen Voraussetzungen beim Menschen – hier beim kleinen Kinde – gegeben sein müssen, damit der Prozess der Verständigung eingeleitet werden kann. Bei den Tieren funktioniert er bekanntlich sehr viel schlechter. Aber davon brauchen wir nicht zu sprechen. Mach meint nun weiter, dass die Bildung naturwissenschaftlicher Theorien – eventuell sehr komplizierter Theorien – sich grundsätzlich in ähnlicher Weise vollzieht. Wir versuchen, die Phänomene einheitlich zu ordnen, sie in irgendeiner Weise auf Einfaches zurückzuführen, bis wir mit Hilfe einiger weniger Begriffe eine vielleicht sehr reichhaltige Gruppe von Erscheinungen verstehen können; und ›verstehen‹ heißt dann wohl nichts anderes, als sie eben mit diesen einfachen Begriffen in ihrer Vielfalt ergreifen zu können. Das klingt nun alles recht plausibel, aber man muss doch fragen, wie dieses Prinzip der Denkökonomie hier eigentlich gemeint ist. Handelt es sich um eine psychologische oder um eine logische Ökonomie, oder anders gefragt, handelt es sich um die subjektive oder um die objektive Seite der Erscheinung. Wenn das Kind den Begriff ›Ball‹ bildet, wird damit nur psychologisch eine Vereinfachung erreicht, indem die komplizierten Sinneseindrücke durch diesen Begriff zusammengefasst werden, oder gibt es den Ball wirklich? Mach würde wahrscheinlich antworten, ›der Satz, es gibt den Ball wirklich, beinhaltet ja gar nicht mehr als die Behauptung der einfach zusammenfassbaren Sinneseindrücke‹, aber da hat Mach unrecht. Denn erstens enthält der Satz ›es gibt den Ball wirklich‹ ja auch eine Menge von Aussagen über mögliche Sinneseindrücke, die vielleicht in der Zukunft eintreten werden. Das Mögliche, das zu Erwartende, ist ein wichtiger Bestandteil unserer Wirklichkeit, der nicht neben dem Faktischen einfach vergessen werden darf. Und zweitens muss man bedenken, dass der Schluss von den Sinneseindrücken auf die Vorstellungen und Dinge zu den Grundvoraussetzungen unseres Denkens gehört; dass wir also dann, wenn wir nur von den Sinneseindrücken reden wollten, uns unserer Sprache und unseres Denkens berauben müssten. In anderen Worten, die Tatsache, dass es die Welt wirklich gibt, dass unseren Sinneseindrücken etwas Objektives zugrunde liegt, kommt bei Mach etwas zu kurz. Ich will damit nicht einem naiven Realismus das Wort reden; ich weiß schon, dass es sich hier um sehr schwierige Fragen handelt, aber ich empfinde den Machschen Begriff der Beobachtung eben auch als etwas zu naiv. Mach tut so, als wisse man schon, was das Wort ›beobachten‹ bedeutet; und da er glaubt, sich an dieser Stelle um die Entscheidung ›objektiv oder subjektiv‹ drücken zu können, erhält sein Begriff der Einfachheit einen so verdächtig kommerziellen Charakter: Denkökonomie. Dieser Begriff hat eine viel zu subjektive Färbung. In Wirklichkeit ist die Einfachheit der Naturgesetze auch ein objektives Faktum, und es käme darauf an, in einer richtigen Begriffsbildung die subjektive und die objektive Seite der Einfachheit ins richtige Gleichgewicht zu setzen. Das ist halt sehr schwer. Aber kehren wir lieber wieder zum Gegenstand Ihres Vortrages zurück. Ich habe den Verdacht, dass Sie gerade an der Stelle, von der wir eben gesprochen haben, in Ihrer Theorie später noch Schwierigkeiten bekommen werden. Ich will das genauer begründen. Sie tun so, als könnten Sie auf der Seite der Beobachtung alles so lassen wie bisher, das heißt, als könnten Sie einfach in der bisherigen Sprache über das reden, was die Physiker beobachten. Dann müssen Sie aber auch sagen: In der Nebelkammer beobachten wir die Bahn des Elektrons durch die Kammer. Im Atom aber soll es nach Ihrer Ansicht keine Bahnen des Elektrons mehr geben. Das ist doch offenbar Unsinn. Einfach durch Verkleinerung des Raumes, in dem das Elektron sich bewegt, kann doch der Bahnbegriff nicht außer Kraft gesetzt werden.«

Nun ist es an Heisenberg, seine Theorie zu verteidigen. Er versucht es, indem er Einstein ein Stück weit entgegenkommt: »Einstweilen wissen wir noch gar nicht, in welcher Sprache wir über das Geschehen im Atom reden können. Wir haben zwar eine mathematische Sprache, das heißt ein mathematisches Schema, mit Hilfe dessen wir die stationären Zustände des Atoms oder die Übergangswahrscheinlichkeiten von einem Zustand zu einem anderen ausrechnen können. Aber wir wissen noch nicht – wenigstens noch nicht allgemein –, wie diese Sprache mit der gewöhnlichen Sprache zusammenhängt. Natürlich braucht man diesen Zusammenhang, um die Theorie überhaupt auf Experimente anwenden zu können. Denn über die Experimente reden wir ja immer in der gewöhnlichen Sprache, das heißt in der bisherigen Sprache der klassischen Physik. Ich kann also nicht behaupten, dass wir die Quantenmechanik schon verstanden hätten. Ich vermute, dass das mathematische Schema schon in Ordnung ist, aber der Zusammenhang mit der gewöhnlichen Sprache ist noch nicht hergestellt. Erst wenn das einmal gelungen ist, wird man hoffen können, auch über die Bahn des Elektrons in der Nebelkammer so zu sprechen, dass keine inneren Widersprüche auftreten. Für eine Auflösung Ihrer Schwierigkeit ist es wohl einfach noch zu früh.«

»Gut, das will ich gelten lassen«, lenkt Einstein ein, »wir werden uns ja in einigen Jahren noch einmal darüber unterhalten können. Aber vielleicht sollte ich im Zusammenhang mit Ihrem Vortrag noch eine andere Frage stellen. Die Quantentheorie hat ja zwei sehr verschiedene Seiten. Einerseits sorgt sie, wie besonders Bohr immer mit Recht betont, für die Stabilität der Atome; sie lässt die gleichen Formen immer wieder neu entstehen. Andererseits beschreibt sie ein merkwürdiges Element von Diskontinuität, von Unstetigkeit in der Natur, das wir zum Beispiel sehr augenfällig erkennen, wenn wir im Dunkeln auf einem Leuchtschirm die Lichtblitze beobachten, die von einem radioaktiven Präparat ausgehen. Diese beiden Seiten hängen natürlich zusammen. In Ihrer Quantenmechanik werden Sie von diesen beiden Seiten reden müssen, wenn Sie zum Beispiel über die Aussendung von Licht durch die Atome sprechen. Sie können die diskreten Energiewerte der stationären Zustände berechnen. Ihre Theorie kann also, so scheint es, Rechenschaft geben von der Stabilität gewisser Formen, die nicht stetig ineinander übergehen können, sondern die eben um endliche Beträge verschieden sind und die offenbar immer wieder gebildet werden können. Was geschieht aber bei der Aussendung von Licht? Sie wissen, dass ich die Vorstellung versucht habe, dass das Atom von einem stationären Energiewert zum anderen gewissermaßen plötzlich herunterfällt, indem es die Energiedifferenz als ein Energiepaket, ein sogenanntes Lichtquant, ausstrahlt. Das wäre ein besonders krasses Beispiel für jenes Element von Unstetigkeit. Glauben Sie, dass diese Vorstellung richtig ist? Können Sie den Übergang von einem stationären Zustand zu einem anderen irgendwie genauer beschreiben?«

Da muss Heisenberg sich hinter Niels Bohr verstecken: »Ich glaube, von Bohr gelernt zu haben, dass man über einen solchen Übergang in den bisherigen Begriffen überhaupt nicht reden, dass man ihn jedenfalls nicht als einen Vorgang in Raum und Zeit beschreiben kann. Damit ist natürlich sehr wenig gesagt. Eigentlich nur dies, dass man eben nichts weiß. Ob ich die Lichtquanten glauben soll oder nicht, kann ich nicht entscheiden. Die Strahlung enthält ja offenbar dieses Element von Unstetigkeit, das Sie mit Ihren Lichtquanten darstellen. Andererseits aber auch ein deutliches Element von Kontinuität, das in den Interferenzerscheinungen zutage tritt und das man am einfachsten mit der Wellentheorie des Lichtes beschreibt. Aber Sie fragen natürlich mit Recht, ob man aus der neuen Quantenmechanik, die man ja auch noch nicht wirklich verstanden hat, etwas über diese schrecklich schwierigen Fragen lernen kann. Ich glaube, dass man es zum mindesten hoffen sollte. Ich könnte mir vorstellen, dass man zum Beispiel eine interessante Auskunft bekommen würde, wenn man ein Atom betrachtet, das im Energieaustausch mit anderen Atomen in der Umgebung oder mit dem Strahlungsfeld steht. Man könnte dann nach der Schwankung der Energie im Atom fragen. Wenn sich die Energie unstetig ändert, so wie Sie es nach der Lichtquantenvorstellung erwarten, so wird die Schwankung, oder, mathematisch genauer ausgedrückt, das mittlere Schwankungsquadrat größer sein, als wenn sich die Energie stetig ändert. Ich möchte glauben, dass aus der Quantenmechanik der größere Wert herauskommen wird, dass man das Element von Unstetigkeit also unmittelbar sieht. Andererseits müsste doch auch das Element von Stetigkeit zu erkennen sein, das im Interferenzversuch sichtbar wird. Vielleicht muss man sich den Übergang von einem stationären Zustand zu einem anderen so ähnlich vorstellen, wie in manchen Filmen den Übergang von einem Bild zum nächsten. Der Übergang vollzieht sich nicht plötzlich, sondern das eine Bild wird allmählich schwächer, das andere taucht langsam auf und wird stärker, so dass eine Zeitlang beide Bilder durcheinander gehen und man nicht weiß, was eigentlich gemeint ist. Vielleicht gibt es also einen Zwischenzustand, in dem man nicht weiß, ob das Atom im oberen oder im unteren Zustand ist.«

»Jetzt bewegen sich Ihre Gedanken aber in einer sehr gefährlichen Richtung«, warnt Einstein. »Sie sprechen nämlich auf einmal von dem, was man über die Natur weiß, und nicht mehr von dem, was die Natur wirklich tut. In der Naturwissenschaft kann es sich aber nur darum handeln, herauszubringen, was die Natur wirklich tut. Es könnte doch sehr wohl sein, dass Sie und ich über die Natur etwas Verschiedenes wissen. Aber wen soll das schon interessieren? Sie und mich vielleicht. Aber den anderen kann das doch völlig gleichgültig sein. Also, wenn Ihre Theorie richtig sein soll, so werden Sie mir eines Tages sagen müssen, was das Atom tut, wenn es von einem stationären Zustand durch Lichtaussendung zum anderen übergeht.«

Heisenberg hofft, das eines Tages sagen zu können, und er hofft, dass Einstein sich damit einstweilen zufriedengibt: »Vielleicht«, antwortet er. »Aber es kommt mir so vor, als ob Sie die Sprache etwas zu hart verwendeten. Doch gebe ich zu, dass alles, was ich jetzt antworten könnte, den Charakter einer faulen Ausrede hat. Warten wir also ab, wie sich die Atomtheorie weiter entwickelt.«

Aber Einstein gibt sich damit nicht zufrieden. Er bohrt weiter: »Warum glauben Sie eigentlich so fest an Ihre Theorie, wenn doch so viele und zentrale Fragen noch völlig ungeklärt sind?«

Die Antwort fällt Heisenberg nicht leicht. Warum-Fragen sind nicht seine Stärke. Er zögert, denkt nach, erwidert dann: »Ich glaube ebenso wie Sie, dass die Einfachheit der Naturgesetze einen objektiven Charakter hat, dass es sich nicht nur um Denkökonomie handelt. Wenn man durch die Natur auf mathematische Formen von großer Einfachheit und Schönheit geführt wird – mit

Formen meine ich hier: geschlossene Systeme von grundlegenden Annahmen, Axiomen und dergleichen –, auf Formen, die bis dahin noch von niemandem ausgedacht worden sind, so kann man eben nicht umhin zu glauben, dass sie ›wahr‹ sind, das heißt dass sie einen echten Zug der Natur darstellen. Es mag sein, dass diese Formen auch von unserer Beziehung zur Natur handeln, dass es in ihnen auch ein Element von Denkökonomie gibt. Aber da man ja von selbst nie auf diese Formen gekommen wäre, da sie uns durch die Natur erst vorgeführt worden sind, gehören sie auch zur Wirklichkeit selbst, nicht nur zu unseren Gedanken über die Wirklichkeit. Sie können mir vorwerfen, dass ich hier ein ästhetisches Wahrheitskriterium verwende, indem ich von Einfachheit und Schönheit spreche. Aber ich muss zugeben, dass für mich von der Einfachheit und Schönheit des mathematischen Schemas, das uns hier von der Natur suggeriert worden ist, eine ganz große Überzeugungskraft ausgeht. Sie müssen das doch auch erlebt haben, dass man fast erschrickt vor der Einfachheit und Geschlossenheit der Zusammenhänge, die die Natur auf einmal vor einem ausbreitet und auf die man so gar nicht vorbereitet war. Das Gefühl, das einen bei einem solchen Anblick überkommt, ist doch völlig verschieden etwa von der Freude, die man empfindet, wenn man glaubt, ein Stück (physikalischer oder nichtphysikalischer) Handwerksarbeit besonders gut geleistet zu haben. Darum hoffe ich natürlich auch, dass sich die vorher besprochenen Schwierigkeiten noch irgendwie lösen werden. Die Einfachheit des mathematischen Schemas hat außerdem hier zur Folge, dass es möglich sein muss, sich viele Experimente auszudenken, bei denen man das Ergebnis mit großer Genauigkeit nach der Theorie vorausberechnen kann. Wenn die Experimente dann durchgeführt werden und das vorausgesagte Ergebnis liefern, so kann man doch kaum mehr daran zweifeln, dass die Theorie in diesem Gebiet die Natur richtig darstellt.«

Das klingt eher nach Flehen als nach Argument. Aber es stimmt Einstein versöhnlicher. »Die Kontrolle durch das Experiment«, antwortet er, »ist natürlich die triviale Voraussetzung für die Richtigkeit einer Theorie. Aber man kann ja nie alles nachprüfen. Daher interessiert mich das, was Sie über die Einfachheit gesagt haben, noch mehr. Aber ich würde nie behaupten wollen, dass ich wirklich verstanden hätte, was es mit der Einfachheit der Naturgesetze auf sich hat.«

Einstein ist überzeugt, dass es die Welt da draußen wirklich gibt und dass die menschliche Vorstellungskraft in der Lage ist, sie bis auf den Grund auszuloten. Heisenberg traut der Vorstellung jenseits unserer Alltagswelt nicht. Die Zahlen müssen stimmen, die Formeln müssen stimmen. Erst dann können wir über Vorstellungen reden.

Nun sind sie bei den tiefen philosophischen Fragen angelangt: Was ist wissenschaftliche Wahrheit? Ist Schönheit ein Kriterium für sie? Noch eine Weile diskutieren die beiden weiter, dann wechselt Heisenberg das Thema. Er steht an einem wichtigen Scheideweg. In drei Tagen soll er wieder seinen Dienst in Kopenhagen antreten, seinen Doppeldienst als Bohrs Assistent und als Universitätsdozent. Bohr hätte ihn gern in Kopenhagen. Doch gerade hat die Universität Leipzig ihm einen Lehrstuhl angeboten, eine dauerhafte und prestigeträchtige Position – eine außergewöhnliche Ehre für einen so jungen Wissenschaftler. Wohin also soll es gehen, nach Kopenhagen oder nach Leipzig? Heisenberg fragt Einstein um Rat. Gehen Sie wieder zu Bohr, sagt Einstein.

Dann verabschiedet Heisenberg sich. Er ist enttäuscht, Einstein nicht überzeugt zu haben. Erst anderthalb Jahre später werden die beiden sich wiedersehen und erneut über die Quantenmechanik und die Wirklichkeit streiten – dann jedoch mit härteren Bandagen.

Am nächsten Tag teilt Heisenberg seinen Eltern in München mit, dass er das Leipziger Angebot ausschlagen wird. Es werden weitere Rufe kommen, sagt er sich. Und wenn nicht, dann habe ich es nicht verdient.

Einstein schreibt kurz nach der Begegnung mit Heisenberg an Arnold Sommerfeld: »Von den jüngsten Versuchen einer tieferen Formulierung der Quantengesetze gefällt mir Schrödingers am besten. Ich komme nicht umhin, die Heisenberg-Diracschen Theorien zu bewundern, aber für mich haben sie nicht den Ruch der Wirklichkeit.«

BERLIN 1926
PARTY BEI PLANCKS

Berlin, Sommer 1926. Werner Heisenbergs Besuch bei Einstein und Planck, den Halbgöttern der Physik, war eine Enttäuschung für beide Seiten. Ihre Gunst gehört dem anderen Helden, Erwin Schrödinger, der gerade publiziert wie am Fließband. »Mit berechtigter Begeisterung« weist Einstein Planck auf Schrödingers Werke hin. »Keine solche Höllenmaschine«, findet Einstein mit einem Seitenblick auf Heisenbergs Matrizenalgebra, »sondern ein klarer Gedanke – und zwangsläufig in der Anwendung.«

Die Vorstellung eines Elektrons im Atom als stehende Welle hat etwas Greifbares, das Heisenbergs Matrizen fehlt. Wie kann es sein, dass zwei völlig verschiedene Theorien dieselben Phänomene beschreiben? Die Verwirrung wurde überraschend schnell gelöst – von Schrödinger selbst. Im Frühjahr 1926 fand er heraus, dass die Wellenmechanik und die Matrizenmechanik gar nicht so unterschiedlich sind. Hinter ihren scheinbar gegensätzlichen Fassaden steckt dieselbe Theorie, nur eben gekleidet in unterschiedliche Mathematik. Mit Schrödingers Wellen lassen sich Zahlen berechnen, die der Matrizenalgebra gehorchen. Die Matrizenalgebra, etwas zurechtgezupft, ergibt die Schrödinger-Gleichung. Schrödinger war nicht der Einzige, der auf diese erstaunliche Gleichwertigkeit der Theorien kam, auch Wolfgang Pauli entdeckte sie, veröffentlichte sie aber nicht, sondern skizzierte den Beweis nur in einem Brief an Pascual Jordan.

Jetzt haben die Quantenphysiker also die Wahl: Schrödingers Wellen oder Heisenberg Matrizen. Viele Physiker neigen den

Wellen zu, die kennen sie von früher. Die Matrizen bleiben ihnen fremd und undurchschaubar. Gibt es nur die eine »richtige« Art, über die kleinsten Weltbausteine zu sprechen, oder ist es eine Frage des Geschmacks und der Bequemlichkeit?

Es wird Zeit, Schrödinger nach Berlin zu bitten, der ohnehin gerade auf Deutschland-Tour ist, um seine Gleichung bekannt zu machen. Im Juli kommt Schrödinger auf Einladung Plancks in die deutsche Hauptstadt. Er ist vorher ein paar Tage in Stuttgart und reist von Berlin weiter nach Jena, wo er vor fünf Jahren als Assistent gearbeitet hat.

Die Plancks empfangen Schrödinger am Bahnhof und laden den Gast in ihr nüchtern und streng eingerichtetes Haus in der Wangenheimstraße 21 im Grunewald ein. Er hat ein volles Programm. Am 16. Juli spricht er vor der *Deutschen Physikalischen Gesellschaft* über »Die Grundlagen des Atomismus in Anlehnung an die Wellentheorie«. Tags darauf hält er einen weiteren, spezielleren Vortrag in kleinerem Kreis im Physikkolloquium an der Universität. Alle Doyens der Berliner Physik sind anwesend – Einstein, Planck, von Laue und Nernst –, und sie folgen den Worten Schrödingers mit Wohlwollen. Endlich wieder einer, der die Quantenphysik auf die gute alte Art voranbringt, mit klassischen Konzepten und bewährter Mathematik. Nach dem Vortrag geben Plancks eine Party für Schrödinger. Max Planck, begeistert vom Vortrag und berauscht vom Alkohol, erwägt, Erwin Schrödinger im nächsten Jahr, wenn er selbst in Ruhestand geht, zu seinem Nachfolger zu machen.

Einstein und Schrödinger kommen zum ersten Mal tiefer ins Gespräch miteinander. Endlich – denn Schrödinger fühlt sich Einstein schon seit langem verbunden, seit jenem Vortrag im Jahr 1913 in Wien, mit dem Einstein das Denken des jungen Schrödingers für die großen Rätsel der Physik öffnete. Seitdem schreiben die beiden einander, schicken sich gegenseitig ihre Arbeiten, einmal sind sie sich auch schon flüchtig begegnet, im Jahr 1924 auf der Naturforscherversammlung in Innsbruck. Schrödinger betont bei jeder Gelegenheit, welch großes Vorbild Einstein für ihn sei.

Einstein, das schwierige Gespräch mit Heisenberg noch deutlich in Erinnerung, freut sich, dass er mit Schrödinger besser zurechtkommt. Er mag ihn. Der hat nicht diese nordische Steifheit und Reserviertheit, die Einstein an Heisenberg stört, der zwar gebürtiger Bayer, aber immer noch das ist, was man dort einen »Zuagroasten« oder »Preißn« nennt: in Sprache und Umgang geprägt von der westfälischen Herkunft seines Vaters. Schrödinger ist gebildet, kultiviert, zugewandt, von feinen Umgangsformen, er spricht einen warmen Wiener Dialekt – der richtige Partner für ein Partygespräch.

In Sachen Quantenmechanik sind Einstein und Schrödinger sich einig. Die Wellenmechanik ist die schönere, die richtige, die wahre Theorie. Doch die Gemeinsamkeiten gehen über die Wissenschaft hinaus. Beide Männer sind verheiratet, weil sie familiäre Fürsorge schätzen, aber ihr Vergnügen finden sie woanders.

Die Seelenverwandtschaft hindert Einstein nicht daran, die Schwachstellen in Schrödingers Physik aufzudecken. In seinem Vortrag vor der *Deutschen Physikalischen Vereinigung* bekräftigt Schrödinger seine Hoffnung, dass die Wellen, die seine Gleichung beschreibt, sich als getreue Bilder von Elektronen und anderen Dingen erweisen – eben keine Teilchen, wie andere sie sich vorstellen, sondern wellige Ballungen von Masse und Ladung. Das gefällt Einstein, aber er bleibt zurückhaltend. Schrödinger hat eine Hoffnung, aber eben kein schlagendes Argument. Es könnte bloßes Wunschdenken sein.

Werner Heisenberg gefällt Schrödingers Theorie gar nicht, und er hält sich auch nicht mit seiner Meinung zurück: »Je mehr ich über den physikalischen Teil der Schrödingerschen Theorie nachdenke, desto abscheulicher finde ich ihn«, schreibt Heisenberg an Wolfgang Pauli. »Aber entschuldigen Sie die Ketzerei und sagen Sie's nicht weiter.«

So unverblümt würde Einstein es Schrödinger nicht ins Gesicht sagen, er hofft, dass Schrödinger recht hat und dass Heisenberg sich irrt. Aber ihm schwant, dass die Sache nicht so einfach zu erledigen ist, wie Schrödinger es sich vorstellt.

GÖTTINGEN 1926

DIE ABSCHAFFUNG DER WIRKLICHKEIT

Frühjahr 1926. Max Born war fünf Monate in den USA. Er hat die donnernde Gewalt der Niagarafälle erlebt und den Grand Canyon: »plötzlich dieser Riss, dieser tolle Absturz, zerklüftet und zerrissen, wie keine Phantasie es ausmalen kann«. Er war Eissegeln auf dem Lake George, hat die tristen Arbeiterquartiere in der Stahlstadt Chicago besucht, mehr als 10 000 Kilometer mit der Eisenbahn zurückgelegt, Vorträge an hervorragenden Universitäten gehalten und harte Dollars verdient. Mehrere Universitäten bieten ihm feste Stellen an, doch Born lehnt ab, er fühlt sich der Heimat verpflichtet, und die Universität Göttingen erleichtert ihm die Entscheidung mit dem Angebot einer Gehaltserhöhung. Im April ist Born zurück in Deutschland – und in einer schwierigen Situation. Jemand hat »Jude!« an den Rand des Empfehlungsschreibens geschrieben, mit dem sein Chef sich für ihn eingesetzt hat. Sein Assistent Heisenberg ist nach Kopenhagen gegangen. Die Jahre der fruchtbaren Zusammenarbeit sind vorbei.

Doch da ist etwas, das Borns Aufmerksamkeit bannt: die außergewöhnliche Serie von Abhandlungen zur Wellenmechanik, die Erwin Schrödinger gerade in die Welt schickt. Born liest sie und ist »völlig überrascht«. Er, der mathematische Überflieger, erkennt mit wenigen Blicken die »faszinierende Kraft und Eleganz« der Theorie, die Schrödinger geschaffen hat, die »Überlegenheit der Wellenmechanik als mathematisches Werkzeug«. Um mit der Matrizenmechanik auch nur das Wasserstoffatom zu beschreiben, das einfachste aller Atome, benötigte Heisenberg, ihr Urheber, die Hilfe des Mathematikgenies Wolfgang Pauli. Mit der Wellenmechanik ist alles ein Kinderspiel.

Born ist überrascht – und ein bisschen verärgert. Darauf hätte er auch selbst kommen können. Albert Einstein hat ihn schon im Jahr 1924 auf Louis de Broglies steile These von den Materiewellen aufmerksam gemacht. Gute Idee, fand Born damals. »Könnte von sehr großer Bedeutung sein«, schrieb er an Einstein. Er spekulierte etwas über de Broglies Wellen, spielte mit den Formeln. Dann, als Borns mathematische Fähigkeiten gefordert waren, um Heisenbergs monströse Matrizen zu bändigen, legte er de Broglies Arbeit zur Seite. Max Born ist langjähriger Göttinger, und in Göttingen rechnet man mit Matrizen.

Born ist zwar langjähriger Göttinger, aber kein gebürtiger. Er ist in Breslau aufgewachsen, der Hauptstadt der preußischen Provinz Schlesien. Zuerst war es die Mathematik, nicht die Physik, die ihn anzog. Als er sich an der Universität Breslau einschreibt, rät ihm sein Vater Gustav Born, Professor der Embryologie, sich nicht zu früh zu spezialisieren. Der Sohn gehorcht, besucht Vorlesungen in Chemie, Zoologie, Rechtswissenschaft, Philosophie und Logik, bevor er sich auf Mathematik, Physik und Astronomie verlegt. Es folgen Studienaufenthalte in Heidelberg und Zürich, bis er schließlich 1906 in Göttingen in Mathematik promoviert.

Gleich danach beginnt sein Wehrdienstjahr, das er wegen seines Asthmas nicht vollenden muss. Er verbringt ein halbes Jahr als Postdoktorand in Cambridge, wo er bei J. J. Thomson hört, kehrt heim nach Breslau, um im Labor zu experimentieren. Doch die Arbeit im Labor ist nicht seine Berufung, es fehlen ihm das Geschick und die nötige Geduld. Er ist kein guter Experimentator, nicht einmal ein kompetenter.

Also wendet Born sich wieder der Theorie zu und wird Privatdozent an der weltberühmten Mathematischen Fakultät in Göttingen, wo David Hilbert das Sagen hat. »Die Physik ist für die

Physiker eigentlich viel zu schwer«, findet Hilbert. Die Mathematiker sollten sie übernehmen. Born wird Professor für Theoretische Physik in Berlin. Kurz darauf bricht der Erste Weltkrieg aus, und Born wird zum Militärdienst eingezogen, zuerst als Funker bei der Luftwaffe, dann als Entwickler bei der Artillerie. Er ist in der Nähe von Berlin stationiert, nahe genug, um Seminare an der Universität zu besuchen und mit Albert Einstein zu musizieren.

Nach dem Krieg, im Frühjahr 1919, schlägt Max von Laue Born vor, die Stellen zu tauschen. Von Laue ist Ordinarius in Frankfurt am Main, er hat 1914 den Nobelpreis für die Theorie der Beugung von Röntgenstrahlen an Kristallen bekommen – für den Beweis, dass Röntgenstrahlen sich wie Wellen verhalten. Er hat den »alten und sehnlichen Wunsch«, mit Max Planck in Berlin zusammenzuarbeiten, seinem Lehrer und Idol. »Unbedingt annehmen«, rät Albert Einstein Born, und Born folgt dem Rat. Knapp zwei Jahre später tut er den nächsten Schritt nach Göttingen, um dort die Leitung des Instituts für theoretische Physik zu übernehmen. Es besteht nur aus einem kleinen Raum, einem Assistenten und einer Teilzeitsekretärin. Born ist entschlossen, es auszubauen, bis es sich mit Sommerfelds Institut in München messen kann. Nach langem Werben kann er Wolfgang Pauli und Werner Heisenberg nach Göttingen holen, mit denen er die Matrizenmechanik aus der Taufe hebt: die erste Theorie der nachklassischen Physik.

Nun, mit Schrödingers Arbeiten auf dem Tisch, kehrt Born zu den Wellen zurück. Er sieht die Wucht dieses Konzepts, aber er sieht es nicht so dogmatisch wie Schrödinger. Dessen Ablehnung von Teilchen und Quantensprüngen geht Born zu weit. Bei seiner Arbeit in der Göttinger Gruppe hat er immer wieder erlebt, wie fruchtbar das Teilchenkonzept für das Verständnis von Stößen zwischen Atomen ist. Da stoßen Teilchen aufeinander, keine Wellen. Sie haben einen bestimmten Ort, sind nicht verteilt über den Raum wie die Wellen auf einem Teich. Schrödingers Wellenglauben passt einfach nicht für die Welt, wie sie sich in den Experimenten der Atomphysiker zeigt.

Born nutzt die Wellenmechanik, um zu berechnen, was geschieht, wenn zwei Teilchen gegeneinanderstoßen, und findet etwas Erstaunliches heraus: Die Wellen der zurückprallenden Teilchen breiten sich im Raum aus wie Wasserwellen auf einem Teich. Nach Schrödingers Deutung heißt das, dass die Teilchen selbst in alle Richtungen verschmiert sind. Was hat das zu bedeuten? Kollidierende Teilchen, auch wenn sie auf einer Wellenbewegung beruhen, sind immer noch Teilchen, keine Nebelschlieren, davon ist auch Schrödinger überzeugt. Sie müssen irgendwo, an einem bestimmten Ort, sein, können sich nicht auf mysteriöse Weise im Raum ausbreiten.

Schrödinger stützt seine Deutung durch ein zweifelhaftes Argument: Er zeigt, dass das Wellenpaket, mit dem er ein durch den leeren Raum fliegendes Teilchen beschreibt, dauerhaft zusammenhält. Diese Stabilität rechtfertigt es aus seiner Sicht, die herkömmlichen Teilchen durch Wellenpakete zu ersetzen.

Doch diese Stabilität ist eine Ausnahme, nicht die Regel. Max Born, der überlegene Rechner, spielt ein komplizierteres Szenario mit Schrödingers Theorie durch: Zwei Teilchen stoßen zusammen. Dabei kommt etwas ganz anderes heraus. Nach dem Zusammenstoß lösen die Wellenpakete sich auf. Sie breiten sich in alle Richtungen über den Raum aus, wie Wellen auf einem Teich, in den ein Stein fällt. Hätte Schrödinger recht, würden die Teilchen selbst nach der Kollision zerfließen. Das passt nicht zur Welt, wie wir sie jeden Tag beobachten. Teilchen kollidieren, ohne zu zerfließen.

Wenn Teilchen wirklich Wellenballungen sein sollen, müssen sie letztlich dem entsprechen, was Physiker und andere Menschen sehen und messen. Das ist gerade, was Niels Bohr mit seinem Korrespondenzprinzip meint: Die quantenphysikalische Beschreibung einer Kollision muss in eine klassische Beschreibung übergehen, sie muss sich letztlich in die alltägliche Intuition fügen, mit der Menschen durch die Welt gehen. Teilchen können sich nicht über den Raum verbreiten. Sie haben einen Ort. Nachdem zwei Teilchen kollidieren, fliegen sie auseinander, nicht irgendwohin, sondern in wohlbestimmte Richtungen. So wie es beim Compton-Effekt zu beobachten ist. Da sind Teilchen am Werk, keine Wellen, auch wenn man sie noch so lange mit Blicken fixiert.

Born denkt nach. Was hat er da ausgerechnet? Er findet eine elegante Erklärung. Die Wellen, die sich vom Ort der Kollision ausbreiten, sind nicht die eigentlichen Teilchen, sondern ihre Wahrscheinlichkeiten. Wo die Welle eines zurückprallenden Teilchens hoch schlägt, wird es mit größerer Wahrscheinlichkeit auftauchen. Wo die Welle flau ist, ist es weniger wahrscheinlich, das Teilchen zu finden.

Born schwenkt also von Heisenbergs zu Schrödingers Formeln um, nicht aber zu Schrödingers Deutung. Er bleibt überzeugt davon, dass sich die Teilchen nicht einfach abschaffen lassen. »Allerdings ist es notwendig«, schreibt er in seiner Arbeit *Zur Wellenmechanik der Stoßvorgänge,* »die physikalischen Vorstellungen Schrödingers, die auf eine Wiederbelebung der klassischen Kontinuumstheorie abzielen, völlig fallen zu lassen, nur den Formalismus zu übernehmen und diesen mit neuem physikalischem Inhalt zu füllen.«

Wie passt das zusammen? Max Born gelingt das Kunststück, beides zu behalten: die Teilchen und Schrödingers Gleichung. Der Trick liegt in der Umdeutung der Wellenfunktion. Born deutet die Wellen um, versteht sie nicht mehr als die Teilchen selbst, sondern als deren Wahrscheinlichkeiten. Wo die Welle höher schwappt, ist die Wahrscheinlichkeit größer, das Teilchen anzutreffen. Wo sie schwach ist, ist es weniger wahrscheinlich, das Teilchen zu finden.

Wenn Born recht hat, beschreibt die Schrödinger-Gleichung etwas ganz Neues: zum Beispiel für ein Elektron nicht dessen Massenverteilung oder Ladungsverteilung, wie Schrödinger es sich vorstellt, sondern die Wahrscheinlichkeit, es hier oder dort zu finden.

Doch die Umdeutung der Wellenfunktion hat ihren Preis. Born entwirklicht die Wellen. Für ihn sind sie nur noch Wahrscheinlichkeitsverteilungen, mathematische Konstrukte.

Der nüchterne Rechner Born trauert den Wellen nicht nach. Hauptsache, die Theorie passt zu den Experimenten. Während seiner Zeit in den USA mühte er sich, atomare Stöße mit der schwerfälligen Matrizenmechanik zu beschreiben. Zurück in Deutschland produziert er innerhalb kurzer Zeit mit Hilfe der Wellenmechanik zwei bahnbrechende Artikel zu diesem Thema. Der erste, nur vier Seiten lang, mit dem Titel »Zur Quantenmechanik der Stoßvorgänge«, erreicht am 25. Juni 1926 die Redaktion der *Zeitschrift für Physik*. »Ich selber neige dazu, die Determiniertheit in der atomaren Welt aufzugeben«, schreibt Born darin. Zehn Tage später gibt er den zweiten, ausführlicheren und gründlicheren Beitrag in die Post an die *Zeitschrift für Physik*.

Erwin Schrödinger ist entsetzt. Er lehnt die Existenz von Teilchen ab. Und nun nutzt Born seine Theorie, um die Teilchen zu retten – und erschüttert dabei auch noch den ewigen Grundsatz der Physik, den Determinismus. Schrödinger will mit seiner Wellenfunktion etwas Stoffliches beschreiben, etwas, das man beobachten kann. Etwas, das so wirklich ist wie die Bäume, Stühle, Bücher und Menschen um uns herum. Es geht nicht um Wahrscheinlichkeitsverteilung.

Das Universum, wie Isaac Newton es sich vorstellte, war ein Paradies des Determinismus. Es gibt keinen Zufall darin, nur Unwissen über Ursache und Wirkung. Jedes Teilchen hat zu jedem Zeitpunkt einen bestimmten Ort und eine bestimmte Geschwindigkeit. Die Kräfte, die auf das Teilchen wirken, bestimmen, wie der Ort und die Geschwindigkeit sich verändern. Das gilt auch in Gasen und Flüssigkeiten, die sehr viele Teilchen enthalten – im Prinzip. In der Praxis sind solche Großversammlungen an Teilchen nicht zu überblicken. Deshalb blieb Physikern wie James Clerk Maxwell und Ludwig Boltzmann nur, die Eigenschaften von Gasen mit Wahrscheinlichkeit und Statistik zu erklären. Wahrscheinlichkeit war eine bedauerliche Folge des menschlichen Unwissens in einem deterministischen Universum, das sich strikt nach den Naturgesetzen entwickelte. Wäre der menschliche Geist groß genug, um den Zustand des Universums samt wirkender Kräfte zu einem Zeitpunkt zu kennen, dann könnte er auch jeden künftigen Zustand berechnen. In der klassischen Physik sind Determinismus und Kausalität – das Prinzip, dass jede Wirkung eine Ursache hat – wie mit einer Nabelschnur verbunden. Kausalität gebiert Determinismus.

»Hier erhebt sich die ganze Problematik des Determinismus«, schreibt Born in seinem Papier, das als Grundlegung der Wahrscheinlichkeitsdeutung in die Geschichte eingeht. »Vom Standpunkt unserer Quantenmechanik gibt es keine Größe, die im Einzelfalle den Effekt eines Stoßes kausal festlegt; aber auch in der Erfahrung haben wir bisher keinen Anhaltspunkt dafür, dass es innere Eigenschaften der Atome gibt, die einen bestimmten Stoßerfolg bedingen. Sollen wir hoffen, später solche Eigenschaften (etwa Phasen der inneren Atombewegung) zu entdecken und im Einzelfalle zu bestimmen? Oder sollen wir glauben, dass die Übereinstimmung von Theorie und Erfahrung in der Unfähigkeit, Bedingungen für den kausalen Ablauf anzugeben, eine prästabilierte Harmonie ist, die auf der Nichtexistenz solcher Bedingungen beruht? Ich selber neige dazu, die Determiniertheit in der atomaren Welt aufzugeben.«

Das ist unerhört. Ohne Umstände stellt Max Born drei Jahrhunderte der Wissenschaft in Frage. Der Determinismus ist der Angelpunkt der klassischen Physik. Welchen Sinn soll das Prinzip von Ursache und Wirkung haben, wenn kein unverzweigter Weg mehr von der Ursache zur Wirkung führt? Wie soll vernünftige Physik überhaupt noch möglich sein, wenn alles nur noch Wahrscheinlichkeit ist?

Wenn zwei Billardkugeln zusammenstoßen, können sie in fast jede Richtung zurückprallen. Auch ein Elektron, das mit einem Atom zusammenstößt, kann in fast jede Richtung zurückprallen. Doch es gibt einen Unterschied, argumentiert Born. Die Bewegungen der Billardkugeln liegen bereits vor ihrer Kollision fest. Sie sind berechenbar. Bei atomaren Kollisionen verhält es sich anders. Die physikalische Theorie kann die Frage »Wie bewegen die Teilchen sich nach der Kollision?« nicht beantworten – sondern nur die Frage »Wie wahrscheinlich ist ein bestimmter Bewegungszustand nach der Kollision?«. Es ist unmöglich vorherzusagen, wohin das Elektron nach der Kollision fliegt. Es ist nur möglich, die Wahrscheinlichkeit dafür zu berechnen, dass seine Bewegungsrichtung in einem bestimmten Winkelbereich liegt. Das meint Born, wenn er schreibt, es gehe darum, Schrödingers Formel »mit neuem physikalischem Inhalt zu füllen«.

Der »neue physikalische Inhalt« bedeutet, dass die Wellenfunktion keine physikalische Wirklichkeit hat, sondern nur in der Zwischenwelt des Möglichen existiert und abstrakte Möglichkeiten beschreibt, wie die möglichen Winkel, in die ein Elektron nach einer Kollision mit einem Atom gestreut werden kann. Die Werte der Wellenfunktion sind komplexe Zahlen, ihre Quadrate sind reelle Zahlen. Born behauptet, dass diese reellen Zahlen den Raum des Möglichen bewohnen.

Max Borns Umdeutung der Wellenfunktion bereitet das vor, was als »Kopenhagener Deutung« der Quantenmechanik bezeichnet werden wird. Wenig später postuliert Niels Bohr, dass ein Mikroobjekt wie ein Elektron nirgends existiert, solange es nicht beobachtet oder gemessen wird. Zwischen zwei Messungen existiert es nur in jener geisterhaften Zwischenwelt des Möglichen, die die Wellenfunktion beschreibt. Nur bei einer Messung oder Beobachtung »kollabiert die Wellenfunktion«, einer der »möglichen« Zustände des Elektrons wird sein »tatsächlicher« Zustand und die Wahrscheinlichkeiten aller anderen Zustände fallen auf null.

Born deutet also Schrödingers Wellenfunktion in eine Wahrscheinlichkeitswelle um: Aus einer wirklichen Welle wird eine abstrakte. »Vom Standpunkt unserer Quantenmechanik gibt es keine Größe, die im Einzelfalle den Effekt eines Stoßes kausal festlegt«, schreibt er in seinem ersten Aufsatz. Damit gibt er den alten Determinismus auf, schränkt jedoch ein: »Die Bewegung der Partikeln folgt Wahrscheinlichkeitsgesetzen, die Wahrscheinlichkeit selbst aber breitet sich im Einklang mit dem Kausalgesetz aus.«

In der Zeit zwischen dem ersten und dem zweiten Aufsatz wird Born das Ausmaß der Revolution klar, die er da anzettelt. Er »verwahrscheinlicht« die Physik nicht nur, er deutet auch die Wahrscheinlichkeit um. Die Wahrscheinlichkeit, mit der Maxwell und Boltzmann rechneten, ist eine Wahrscheinlichkeit des Unwissens. »50/50, dass ich die Klausur bestanden habe«, bedeutet nicht, dass die Note noch vom Zufall abhängt. Sie liegt bereits fest, man kennt sie nur noch nicht. Die »Quantenwahrscheinlichkeit«, die Born konzipierte, kann nicht so einfach durch mehr Wissen aus der Welt geschafft werden. Sie gehört zur atomaren Wirklichkeit. Die Tatsache, dass es unmöglich ist, vorherzusagen, ob ein bestimmtes Atom in einer radioaktiven Probe gleich zerfallen wird, obwohl sicher ist, dass eines der Atome zerfallen wird, beruht nicht auf mangelndem Wissen, sie ergibt sich aus dem Wesen der Quantengesetze, denen die Radioaktivität folgt.

Früher gab es die Wirklichkeit, dann berechneten Physiker die Wahrscheinlichkeit. Nun kommt zuerst die Wahrscheinlichkeit. Die Wirklichkeit ergibt sich dann. Es wirkt wie ein kleiner Trick, aber es ist ein gewaltiger Schritt für die Physik.

Und kaum jemanden kümmert es. Borns Deutung schleicht sich ohne großes Aufsehen in die Quantenphysik. »Wir waren so gewohnt an statistische Betrachtungen, dass es uns nicht sehr bedeutend erschien, eine Ebene tiefer zu gehen«, wird Born später bemerken. Ja klar, sagen andere Quantenphysiker, Schrödinger hat sich über das Wesen seiner Wellen geirrt, es geht um Wahrscheinlichkeit, das wussten wir immer schon. Heisenberg beteuert, von Anfang an gewusst zu haben, dass er mit Wahrscheinlichkeiten rechnet. Doch er hat es nirgends aufgeschrieben. Lehrbücher der Quantenmechanik erklären die Wahrscheinlichkeitsdeutung oft, ohne sie Born zuzuschreiben, worüber Born sich sein Leben lang ärgert.

Auf der anderen Seite ärgern sich Erwin Schrödinger und Albert Einstein. Schrödinger lehnt vehement ab, was Born aus seiner Gleichung gemacht hat. Er verneint, »dass solch ein einzelnes Ereignis absolut zufällig, d.h. vollkommen undeterminiert ist« (an Wilhelm Wien am 25. August 1926). Auch Bohrs Auffassung, eine räumlich-zeitliche Beschreibung atomarer Vorgänge sei unmöglich, lehnt Schrödinger »a limine« ab, also ohne weitere Prüfung. Seine Begründung: »Die Physik besteht nicht nur aus Atomforschung, die Wissenschaft nicht nur aus Physik und das Leben nicht nur aus Wissenschaft. Der Zweck der Atomforschung ist, unsere diesbezüglichen Erfahrungen unserem übrigen Denken einzufügen. Dieses ganze übrige Denken bewegt sich, soweit es die Außenwelt betrifft, in Raum und Zeit.«

Schrödinger ist überzeugt: Hätte Born recht, dann wäre unvermeidlich wieder die Quantenspringerei zurück und die Kausalität bedroht. »Über die Schönheit und Klarheit Ihrer mathematischen Entwicklung des Störungsproblems brauche ich Ihnen keine Elogen zu machen«, schreibt er im November 1926 an Born, »ich habe aber doch den Eindruck, dass Sie und andere, die im Wesentlichen Ihre Ansicht teilen, zu tief im Banne derjenigen Begriffe stehen (wie stationäre Zustände, Quantensprünge usw.), die sich in den letzten zwölf Jahren Bürgerrechte in unserem Denken erworben haben, um dem Versuch, aus diesem Denkschema wieder herauszukommen, volle Gerechtigkeit widerfahren zu lassen.«

Das ist der Punkt, an dem Erwin Schrödinger zum Dissidenten wird. Die Theorie, zu der er die wichtigste Gleichung beigesteuert hat, ist nicht mehr seine Theorie. Schrödinger behält seine Deutung der Wellenmechanik und sein Streben, die atomaren Phänomene anschaulich zu machen, lebenslang bei. »Ich kann mir nicht vorstellen, dass ein Elektron herumhüpft wie ein Floh«, sagt er.

MÜNCHEN 1926
EIN REVIERKAMPF

Deutschland, im Jahr 1926. Das Land lebt auf. Die Hyperinflation ist gebremst. In den Häfen werden wieder mehr Waren umgeschlagen. Neue Schiffskanäle, Kraftwerke und Häfen werden gebaut. Nicht mehr die gesamte geförderte Kohle fließt in die Reparationen, die Züge der deutschen Reichsbahn fahren wieder, ohne stundenlang auf offener Strecke stehenzubleiben. Reiche Deutsche kaufen Pelze in Paris, trinken Champagner in Arosa, fahren mit Automobilen über die oberbayerischen Moränenhügel. Auch Berlin lebt auf. Aus der grauen, staubigen Hauptstadt der Kriegsverlierer ist eine wilde, lebendige Weltstadt geworden. Sogar Touristen reisen wieder an. Amerikaner wollen sehen, was aus dem Land ihrer Vorfahren geworden ist. Engländer suchen Vergnügen ohne soziale Schranken. Tagsüber herrscht altpreußische Prüderie, abends tanzt Josephine Baker am Kurfürstendamm. Die Berliner Nachtclubs bedienen jede sexuelle Orientierung – während der Paragraph 175 des Strafgesetzbuchs sexuelle Handlungen zwischen Männern unter Strafe stellt. »Geboren am 17. Mai« ist der Code für einen schwulen Mann. So klingt die Sprache der Doppelmoral.

Die politische Lage befindet sich in prekärem Gleichgewicht. Der Hitler-Putsch ist gescheitert. In Sachsen meutern die Kommunisten, im Rheinland die Separatisten. Die Regierung kann sich der Loyalität der Armee nicht sicher sein. Manche fürchten, das Land könnte zerbrechen, manche hoffen es.

Die Belebung ist vor allem einem Mann zu verdanken: Gustav

Stresemann, dem Außenminister mit dem feisten Nacken und den lässig geschnittenen Anzügen. Er hat eine neue, inflationsfeste Währung eingeführt, gesichert durch Land und Industrieanleihen: die Rentenmark. Er hat seine Regierungskollegen überredet, den Plan des amerikanischen Finanzexperten Charles Dawes zu akzeptieren, der es Deutschland erlaubt, die Reparationen zu zahlen, ohne die Wirtschaft weiter zu ruinieren.

Nicht einmal ein Jahrzehnt nach dem Ende des Ersten Weltkriegs ist Deutschland auf dem Weg, die zweitstärkste Industrienation der Welt zu werden. Die Verträge von Locarno, unterzeichnet am 1. Dezember 1925 in London, ebnen den Weg für die Rehabilitation Deutschlands, sie erlauben dem Reich auch wieder den Bau von Flugzeugen und Luftschiffen, den ihm der Versailler Vertrag verboten hatte: Das Zeppelin-Zeitalter beginnt. Im Jahr 1926 nimmt der Völkerbund Deutschland auf. Deutsche Wissenschaftler sind nicht länger Geächtete, ihre Kollegen aus anderen Ländern reden wieder mit ihnen. Deutsch ist wieder die wichtigste Wissenschaftssprache der Welt.

Am Nachmittag des 23. Juli 1926, einem sonnigen Tag in einem verregneten Sommer, wird in München die Zukunft der Physik verhandelt. Der österreichische Physiker Erwin Schrödinger, angereist aus Zürich via Stuttgart, Berlin, Jena und Bamberg, spricht im Auditorium Max der Ludwig-Maximilians-Universität über »Grundgedanken der Wellenmechanik«.

Bis vor wenigen Monaten war Schrödinger noch ein wissenschaftlicher Außenseiter. Zürich liegt weit weg von den großen Bühnen der Quantenphysik, Berlin, Göttingen und München. Doch als die Wellenmechanik sich im Frühjahr und Sommer 1926 wie ein Buschfeuer unter Physikern verbreitet, wird Schrödinger zum gefragten Mann und alle wollen seine Theorie persönlich mit ihm diskutieren.

So nimmt Erwin Schrödinger umgehend an, als ihn eine Einladung Arnold Sommerfelds und Wilhelm Wiens erreicht, zwei Vorträge in München zu halten. Der erste Vortrag findet am 21. Juli 1926 in Sommerfelds »Mittwochskolloquium« statt, Schrödinger spult ihn routiniert ab und erhält freundlichen Applaus. Der zweite Vortrag mit dem Titel »Grundgedanken der Wellenmechanik«, zwei Tage später im Gauverein der Physikalischen Gesellschaft, läuft weniger glatt, und der Grund dafür heißt Werner Heisenberg.

Der Hörsaal summt vom Stimmengemurmel. Männer und einige wenige Frauen zwängen sich durch die Stuhlreihen, schauen sich suchend um, begrüßen einander, nicken, winken, schütteln Hände. Sonnenlicht flutet durch die hohen Fenster den Raum.

In den ersten Reihen nehmen die Eminenzen der Wissenschaft Platz, mit gestärkten Kragen, langen Röcken und gewachstem Haar: Wilhelm Wien, der Direktor des Physikalisch-Metronomischen Instituts und amtierender Rector Magnificus der Universität, und Arnold Sommerfeld, der Vorstand des Instituts für theoretische Physik, klein und drahtig, von der Ausstrahlung eines Husarenoffiziers. In den hinteren Reihen sitzen die Studenten, unter ihnen ein junger amerikanischer Chemiker namens Linus Pauling, der im April mit einem Guggenheim-Stipendium nach Europa gekommen ist. Pauling ist zehn Monate älter als Heisenberg, aber noch nicht so weit auf dem Weg zu einer ruhmvollen wissenschaftlichen Karriere.

Spät betritt Werner Heisenberg den Saal, mit wirrem blondem Bürstenhaar, Lausbuben-Gesicht und klaren, leuchtenden Augen. Er ist 24 und bereits der Revierherr der Quantenmechanik. Er fand seine Theorie, die er schlicht und unbescheiden »die« Quantenmechanik nennt, ein paar Monate bevor Schrödinger seine entwickelte. Eigentlich sollte er da vorne stehen, nicht Schrödinger. Auch um seine Reviergrenzen zu verteidigen, ist Heisenberg aus dem Wanderurlaub in Norwegen quer durch Europa herbeigeeilt. Er war in den Norden gefahren, um dem Heufieber zu entfliehen, auf Berge zu steigen und »Dampfwalze zu fahren«, wie er sagt: es den anderen Quantenphysikern richtig zu zeigen. In den Wochen zuvor zeltete er am Mjøsasee, dachte in den hellen Nächten über Quantenmechanik nach, rechnete mit ihrer Hilfe das lange rätselhafte Spektrum des Heliumatoms nach, wanderte vom Gudbrandsdal an den Sognefjord und kam voller Selbstbewusstsein nach München. Die Bräune von den langen skandinavischen Sonnentagen steht ihm im Gesicht.

Was man nicht sieht, sind die Konflikte zwischen den Anwesenden. Wien und Sommerfeld ist daran gelegen, die Physik wieder in die alte Ordnung zu bringen, in einen Zustand, der auch Isaac Newton und James Clerk Maxwell gefallen hätte. Physik, die die Welt nicht nur berechenbar macht, sondern auch anschaulich. Die nicht nur Formeln liefert, sondern auch ein Weltbild.

Das ist die Hoffnung, die die Altmeister der Physik in Erwin Schrödinger setzen. Ihretwegen haben Wien und Sommerfeld ihn nach München eingeladen. Die Physik, die sie betreiben, ist bedroht, und zwar durch Werner Heisenberg. Dessen Matrizenmechanik ist ein formales Monster, ein Affront gegen die physikalische Intuition. Nicht einmal Ort und Bewegung behalten ihre Bedeutung in ihr. Er leitete sie her, indem er alle Anschaulichkeit aus seinen Gedanken verbannte, in langem, einsamem Ringen. Er hat einen Formalismus entwickelt, der viele philosophische Fragen aufwirft und so schwerfällig und so fremdartig ist, dass sich die meisten Physiker, um ihn zu verstehen, in ein neues Teilgebiet der Mathematik einarbeiten mussten. Wie Schuljungen lässt er sie dastehen, und nur einer Handvoll von ihnen gelingt es, Heisenbergs Formelwerk geistig zu durchdringen.

Ein paar Monate nach Heisenberg entwickelte Schrödinger seine Wellenmechanik, im Winterurlaub in Arosa. Er entdeckte einen einfachen Weg, die Vorgänge im Innern der Atome zu beschreiben, mit gleicher Erklärungskraft wie Heisenberg und mit dem Versprechen, diese Vorgänge so anschaulich zu machen wie die Wellen auf einem Teich, mit Formeln, wie Physiker sie seit Jahrhunderten kannten und anwendeten.

Es ist, als hätte Schrödinger in der Dunkelheit der Quantenwelt ein Licht angeknipst, als könnten die Physiker nun sehen, mit was sie es zu tun haben. Die kleinsten Bausteine der Welt sind gar nicht die Mysterien, für die Bohr, Heisenberg & Co. sie hielten, verspricht Schrödingers Wellenmechanik. Sie gehorchen vielmehr altbekannten, verständlichen Gesetzen, wie sie bereits in Anfängervorlesungen gelehrt werden.

Der Konflikt zwischen Schrödinger und Heisenberg liegt nicht in der Mathematik. Ihre Theorien sind formal gleichwertig, sie lassen sich ineinander umrechnen, das hat Erwin Schrödinger selbst gezeigt, das hat Wolfgang Pauli in Hamburg gezeigt, das hat Carl Eckart in Kalifornien gezeigt. Es geht nicht um die Formeln. Es geht um die Deutung. Schrödinger versteht ein Atom als schwingendes System. Ja, er versteht es. Er zeichnet ein anschauliches Bild der physikalischen Vorgänge: gerade das, was Heisenberg für unmöglich hält. Heisenberg versteht nicht, er rechnet. Sein Schlüsselschritt zur Matrizenmechanik war gerade der Abschied vom Verstehen. Und nun macht Schrödinger ihm mit dieser unverschämt verständlichen Wellenmechanik Konkurrenz.

Es geht um »die Seele« der Physik, wie Schrödinger sie nennt. Physik soll uns die Welt näherbringen und nicht verfremden, wie es Heisenbergs Matrizen tun. Schrödinger freut sich über das »menschliche Näherrücken all dieser Dinge« dank seiner sanft dahingleitenden Wellen. Seine eigene Theorie nennt er »physikalisch«, womit er, ohne es auszusprechen, Heisenbergs Theorie unphysikalisch nennt. Dieses Springen von einem Zustand zum nächsten, wie es Heisenbergs Matrizen beschreiben, ist ihm zuwider.

Wie zuwider es ihm ist, drückt er in seinem Artikel »Über das Verhältnis der Heisenberg-Born-Jordanschen Quantenmechanik zu der meinen« aus, erschienen im Mai 1926 in den *Annalen der Physik*. Darin schreibt er mit unerhörter Offenheit, er fühle sich »durch die Algebra und den Mangel an Anschaulichkeit« in Heisenbergs Theorie »abgeschreckt, um nicht zu sagen abgestoßen«.

Die Ablehnung ist ganz beiderseits. »Was Schrödinger über die Anschaulichkeit seiner Theorie schreibt ... ich finde es Mist«, schreibt Heisenberg an Wolfgang Pauli. Schrödingers Interpretation nennt Pauli »Züricher Lokalaberglauben« – ein Ausdruck, der sich rasch herumspricht. Als er Schrödinger zu Ohren kommt, ist dieser beleidigt. Pauli entschuldigt sich beim »lieben Schrödinger« und bittet ihn, es »nicht als persönliche Unfreundlichkeit Dir gegenüber, sondern als Ausdruck der sachlichen Überzeugung anzusehen, dass die Quantenphänomene in der Natur solche Seiten zeigen, die nicht mit den Begriffen der Kontinuumsphysik (Feldphysik) allein erfasst werden können«. »Lieber Schrödinger, eine hübsche Theorie hast du, aber nimm's mir nicht übel, sie passt nicht zu unserer Welt.«

Nein, wirklich, nichts davon ist persönlich gemeint. Aber was heißt das schon zwischen Menschen, die zu einem großen Teil ihrer Persönlichkeit Wissenschaftler sind? Persönlich haben auch Heisenberg und Schrödinger nichts gegeneinander. Wissenschaftlich aber alles. Der Theorie des anderen sind beide längst begegnet. Nun, an jenem Julitag im Hörsaal an der prächtigen Münchner Ludwigstraße, begegnen sie einander zum ersten Mal persönlich.

Robert Emden, der Schweizer Astrophysiker, erledigt die Formalitäten. Er begrüßt die Anwesenden, dankt Schrödinger für sein Kommen. Schrödinger schreitet zum Pult, klein und schmal gebaut, in leinenem Anzug, mit gebundener Fliege. Seine Haut hat einen Bronzeton von vielen Aufenthalten im Gebirge. Sie lindern seine Tuberkulose, an der er sein Leben lang leidet und einst sterben wird.

Schrödinger hebt an, mit seiner melodischen, wienerisch gefärbten Sprache. Er stellt die Gleichung vor, mit der er seinen Namen verewigt hat. Eine der schönsten und sonderbarsten Gleichungen, die je ein menschlicher Geist ersann. Mit ihr beschreibt er die Bewegungen der Elektronen im Kraftfeld des Atomkerns so elegant, dass manche seiner Kollegen sie »transzendental« nennen.

Es wirkt wie Magie. Schrödinger hat die formale Kraft der Quantenmechanik bewahrt und gleichzeitig eine Welt beschrieben, wie die Physiker der alten Schule sie sich wünschen: eine Welt, die sanft, stetig und anschaulich von einem Zustand in einen anderen gleitet, ohne Sprünge und Diskontinuitäten.

Er ist überzeugt, dass seine Wellengleichung kein abstraktes Konstrukt ist. Sie beschreibt eine konkrete, wirkliche Welle. Was aber ist es, das da schwingt? Was ist das Wasser dieser Welle? Da zögert Schrödinger. Vielleicht so etwas wie die Verteilung der Ladung eines Elektrons über den Raum. Ein Elektron, glaubt er, ist eigentlich gar kein Teilchen, sondern eine teilchenhaft erscheinende Welle.

Erwin Schrödinger ist ein beeindruckender Redner und gewinnt den Saal schnell für sich. Wilhelm Wien, der Experimentator und Rektor – und der Erste, dem Schrödinger seine Entdeckung angekündigt hatte, mit einer Postkarte aus Arosa im Dezember 1925 – hört, was er sich erhofft hat: Schrödinger hat das Atom enträtselt, findet Wien, »und zwar in erfreulicher Weise in engstem Anschluss an die klassische Theorie«. Wien ist erleichtert, »der bisherige Zustand der Theorie« sei ihm »unerträglich geworden«. Beruhigt stellt er fest, dass nun die »Quantentheorie doch wieder in die klassische einmünden« würde und die jungen Physiker »nicht mehr in dem Sumpf von ganzen und halben Quantendiskontinuitäten herumplätschern konnten«. Das Bohrsche Atommodell, in dem die Elektronen von Bahn zu Bahn springen: »Atommystik«. Die Matrizenmechanik Heisenbergs: ein formales Monster, fernab der experimentellen Wirklichkeit, in der Wien sich zuhause fühlte. Beides Fehlentwicklungen der Forschung, findet Wien und hoffte, sie mögen mit Schrödingers Schwingungen verschwinden.

Den amerikanischen Studenten Linus Pauling beeindruckt Erwin Schrödinger so tief mit seiner Art, Klarheit in die Quantenwelt zu bringen, dass er all seine bisherigen Forschungsinteressen ruhen lässt und beschließt, es Schrödinger nachzutun. Er taucht nächtelang in die Wellenmechanik ein. Ein paar Monate später wird er nach Zürich gehen, um bei Schrödinger zu studieren.

Doch nicht alle Zuhörer kann Schrödinger für sich einnehmen. »Ich glaube Schrödinger nicht«, bekennt Sommerfeld ein paar Tage später in einem Brief an Pauli. Er preist Schrödingers Wellenmechanik als »eine bewundernswürdige Mikromechanik«, die aber »die fundamentalen Quantenrätsel nicht im Entferntesten löst«. Im Hörsaal behält Sommerfeld seine Bedenken für sich. Er will den Gast, den er eingeladen hat, nicht brüskieren.

Auch Heisenberg kann sich zurückhalten – bis zum letzten Moment, bis zum Schluss von Schrödingers zweitem Vortrag. Dann, während der anschließenden Diskussion, platzt die Erregung aus ihm heraus. Die Quantenmechanik ist seine Erfindung, und nun steht Schrödinger als der Mann da, der die Welt vor ihr rettet? Das kann er nicht stehenlassen. Es ist seine Stadt, seine Theorie, sein Revier. Hier ist er zur Schule gegangen, hat studiert und promoviert.

Heisenberg erhebt sich und seine Stimme. Alle Augen sind auf ihn gerichtet. Mit Vehemenz spricht er gegen Schrödinger. Wie sollten die Atome sanft dahinschwingen, wenn so viele experimentelle Befunde zeigen, dass sie es nicht tun? Dass sich in ihnen abrupte Stöße ereignen? Was ist mit dem lichtelektrischen Effekt, mit den Franckschen Stößen, mit der Compton-Streuung? Nichts davon kann Schrödingers Theorie erklären. Nicht einmal Plancks Strahlungsgesetz fügt sich in sie, ruft Heisenberg. Natürlich kann sie das nicht, nichts davon kann erklärt werden ohne Teilchen, ohne Diskontinuitäten, ohne Quantensprünge – eben ohne die Dinge, die Schrödinger abschaffen möchte.

Ein erboster Wilhelm Wien springt auf und weist Heisenberg zurecht. Er verstehe Heisenbergs Erregung darüber, dass Schrödinger die Matrizenmechanik erledigt habe, dass es nun vorbei sei mit den Quantensprüngen und all dem Unsinn. »Professor Schrödinger« werde alle verbleibenden Fragen sicherlich bald beantworten. Beide, Wien und Heisenberg, erinnern sich noch gut daran, dass Wien Heisenberg vor drei Jahren durch die mündliche Promotionsprüfung fallen lassen wollte. Nur durch ein gutes Wort seines Mentors Sommerfeld bekam Heisenberg schließlich doch den Doktortitel. Jetzt sieht Wien die Gelegenheit, Heisenberg doch noch durchfallen zu lassen. »Junger Mann, Sie müssen erst noch Physik lernen«, bescheidet er Heisenberg und weist ihn mit einer Geste an, sich wieder zu setzen. »Er warf mich beinahe aus dem Hörsaal«, wird Heisenberg später sagen.

Schrödinger spricht vorsichtiger, sobald Wien ihm das Wort überlässt. Heisenbergs Einwände gegen die Wellenmechanik seien berechtigt, gesteht er zu, aber er sei zuversichtlich, sie bald auszuräumen. Doch Heisenberg lässt nicht locker. Er sieht ein noch tieferes Problem. Wie können diese Wellen »wirklich« sein, wenn man sie nicht beobachten kann? Warum sollte unser gesunder Menschenverstand, geschult am Umgang mit Stühlen, Bäumen und anderen Menschen, uns in der subatomaren Welt weiterhelfen? Diese Welt ist mit nichts vergleichbar, was wir kennen könnten, dessen war Heisenberg sich sicher und legte seine ganze Gewissheit in seine Worte. Der dunkle Kern in der Tiefe der physikalischen Welt lässt sich nicht mit einer simplen Wellengleichung erleuchten. Ausgeschlossen. Sonst wäre all sein Ringen mit diesen Rätseln vergebens gewesen.

Es ist nicht das erhoffte Heimspiel für Heisenberg. Sommerfeld schweigt weiter höflich. Andere Zuhörer werden umso misstrauischer, je energischer Heisenberg Schrödinger widerspricht: Warum sollte man den gesunden Menschenverstand, die seit Jahrhunderten bewährte und verfeinerte Intuition fahren lassen, um in den kleinsten Maßstab der Materie vorzudringen? Bestimmt nur neidisch, dieser Heisenberg, kein Wunder, wenn ein Konkurrent droht, ihn von seinem Platz in der Geschichte zu verdrängen.

Getroffen schleicht Heisenberg zurück zum Haus seiner Eltern in der Hohenzollernstraße. Er fühlt sich vom Schlachtfeld vertrieben, bevor der Kampf überhaupt richtig begonnen hat, und ist besorgt darüber, »zu sehen, dass viele Physiker gerade diese Deutung Schrödingers als Befreiung empfanden«. Selbst Sommerfeld, klagt Heisenberg, kann sich »der Überzeugungskraft der Schrödingerschen Mathematik nicht entziehen«. Nichts gegen Schrödinger, aber so kommt man den Quanten nicht bei. »So nett Schrödinger persönlich ist, so merkwürdig find' ich seine Physik«, schreibt er an Wolfgang Pauli, »man kommt sich, wenn man sie hört, um 20 Jahre jünger vor.«

Heisenberg braucht ein paar Tage, um sich wieder zu fassen. Er schreibt sich die Frustration in Briefen von der Seele. »Vor ein paar Tagen hab ich hier zwei Vorträge von Schrödinger gehört und bin seitdem von der Unrichtigkeit der von Schrödinger vertretenen physikalischen Interpretation der Qu. M. felsenfest überzeugt«, berichtet er seinem Göttinger Kollegen Pascual Jordan. Aber Überzeugung allein wird nicht reichen, das weiß er. Schrödinger, der Mann und seine Mathematik, sind so viel eleganter in ihrer Ausstrahlung.

Auch Niels Bohr ist besorgt, als er vom Eklat seines Assistenten mit Erwin Schrödinger erfährt. Er entschließt sich, die Kontrahenten noch einmal zusammenzubringen, und bittet Schrödinger nach Kopenhagen, um im »engeren Kreis derer, die hier im Institut arbeiten, tiefer auf die offenen Fragen der Atomtheorie eingehen zu können« – »zu denen, wie Sie wissen, z. Z. Heisenberg zählt«. Schrödinger nimmt die Einladung dankend an. Er freut sich darauf, mit Bohr über »die schweren und brennenden Fragen sprechen zu können«, doch erst einmal geht es mit seiner Frau Annie in die Sommerfrische nach Südtirol. Es ist ratsam, gut erholt zu Bohr zu fahren. Die Szene in München ist erst der Anfang des Dramas.

KOPENHAGEN 1926
KUNSTVOLL GEMEISSELTE MARMORSTATUEN, DIE VOM HIMMEL FALLEN

Cambridge, September 1926. Paul Dirac macht sich auf die Reise. Die Quantenmechanik ist das neue, auf dem Kontinent heiß diskutierte Forschungsthema, da möchte auch Dirac gerne mitreden. Er will erklären, wie Atome funktionieren, und begibt sich auf Europa-Tournee, um von den Koryphäen der Quantenphysik zu lernen: Niels Bohr in Kopenhagen, Max Born in Göttingen, Paul Ehrenfest in Leiden.

Die Fahrt über die Nordsee dauert 16 Stunden. Die Herbststürme haben begonnen, Dirac wird seekrank und verbringt einen großen Teil der Überfahrt mit Erbrechen. Nie wieder? Nein, Dirac denkt anders. Er beschließt, weiter über stürmische Meere zu fahren, um sich von der Schwäche der Seekrankheit zu heilen. »Dirac ist so, wie man sich Gandhi vorstellt«, sagt ein Kollege über ihn, »er schert sich nicht um Kälte, Unbequemlichkeit, Ernährung, etc.« Dirac raucht nicht, rührt keinen Alkohol an. Sein Lieblingsgetränk ist Wasser. Zum Abendessen genügt ihm Porridge. »Von allen Physikern hat Dirac die reinste Seele«, sagt Niels Bohr.

Diese Reinheit macht die wissenschaftliche Stärke Diracs aus, aber im sozialen Umgang ist sie eine Schwäche. Als einmal einige Physiker gemeinsam Tee trinken, nimmt Wolfgang Pauli so viele Zuckerstücke in seine Tasse, dass die um ihn herumsitzenden

Kollegen sich darüber lustig machen. Nur nicht Dirac, er bleibt still und ernst. Die Kollegen fragen ihn nach seiner Position in der Zuckerproblematik. Dirac überlegt und sagt: »Ich denke, ein Stück Zucker reicht für Professor Pauli.« Man wechselt das Thema. Doch nach zwei Minuten sagt Dirac: »Ich denke, ein Stück Zucker für jeden ist genug.« Das Gespräch fließt weiter. Dirac beendet seinen Gedankengang und bemerkt: »Ich denke, die Zuckerstücke sind so gemacht, dass eines genug ist.«

Nun ist Dirac für vier Monate bei Bohr. Es gäbe viel zu besprechen, doch Dirac ist wortkarg. »Dieser Dirac scheint eine Menge von Physik zu verstehen, aber sagt kein Wort«, stellt Bohr fest. Dirac denkt viel nach in Kopenhagen, aber lieber allein. Dirac sei »der seltsamste Mensch«, der je sein Institut in Kopenhagen besucht habe, sagt Bohr.

Umgekehrt wundert auch Dirac sich über Bohr. Er bewundert ihn und wundert sich, über seine Geselligkeit, seine raunende Art, Vorlesungen zu halten. »Die Leute lauschten gebannt«, berichtet Dirac und beklagt sich, dass »Bohrs Argumente überwiegend qualitativer Natur waren und ich die Fakten hinter ihnen nicht wirklich ausmachen konnte. Was ich wollte, waren Aussagen, die in Gleichungen ausgedrückt werden konnten, und solche Aussagen lieferte Bohrs Werk sehr selten.« Bohr wäre »ein guter Dichter« geworden, vermutet Dirac, »weil es in der Dichtung nützlich ist, die Worte ungenau zu gebrauchen«.

Dirac wundert sich über Bohr und bewundert ihn, doch er bringt ihm nicht die kultische Verehrung entgegen, die der Däne sonst gewohnt ist. Gerade damit gewinnt der groß gewachsene Einzelgänger aus England den Respekt Bohrs. Bohr ringt damit, seine philosophischen Eingebungen in Worte zu fassen. Dirac sucht Klarheit in logischer Präzision. Er äußert sich erst, wenn er sich seiner Äußerung in jedem Detail sicher ist. Seine Stärke besteht darin, mit eleganter Mathematik das Wesen der Natur zu erfassen. Auf solche Leute ist Bohr angewiesen. Und Dirac braucht jemanden wie Bohr. Er weiß, dass es allein mit Formeln nicht getan ist. Man muss sie auch interpretieren. Die Deutungsfragen überlässt Dirac lieber anderen: Bohr, Heisenberg, Schrödinger.

Einen großen Teil seiner Gespräche in Kopenhagen bestreitet Dirac mit einem Repertoire aus drei Äußerungen: »Ja«, »Nein«, »Ich weiß es nicht«. Er führt ein äußerst regelmäßiges Leben, fast wie Immanuel Kant, arbeitet fünf Tage in der Woche an seinen Theorien, samstags an technischen Projekten. Am Sonntag geht er wandern – Woche für Woche derselbe Rhythmus.

In seinem kleinen Arbeitszimmer verändert Paul Dirac die Welt der Quantenmechanik durch zwei bahnbrechende Arbeiten, die er binnen zwölf Wochen verfasst.

Die erste Arbeit wird er später seinen »Liebling« nennen. Seit Schrödinger mit seiner Wellenmechanik herauskam, besteht weithin Einvernehmen: Es gibt eine Quantentheorie zu viel. Es kann nur eine geben. Dirac weist in seiner Lieblingsarbeit nach, dass Heisenbergs und Schrödingers Formulierungen der Quantenmechanik, die auf den ersten Blick zutiefst verschieden wirken, gleichwertig und ineinander überführbar sind. Das haben zuvor schon andere gezeigt: Schrödinger selbst, Pauli, Eckart. Doch Dirac geht noch einen Schritt weiter. Er entdeckt eine mathematische Struktur, die beiden Theorien zugrunde liegt und die niemand zuvor gefunden hat. Diese Struktur nennt er »Transformationstheorie«. Sie ist noch weiter abgelegen von der physikalischen Anschauung als Heisenbergs Matrizen. Dirac hat keine Schwierigkeiten mit mathematischer Abstraktion. Mit seiner Theorie kann er die Schrödinger-Gleichung, die Schrödinger geradezu künstlerisch schuf, mathematisch begründen und aus Dichtung Wahrheit machen.

Ein paar Wochen später eröffnet er in der zweiten Arbeit ein neues Gebiet, das auch ein Jahrhundert später noch zu den Grundlagen der Physik zählen wird: die »Quantenfeldtheorie«.

Nach seinem Aufenthalt in Kopenhagen zieht Dirac weiter nach

Göttingen zu Max Born, Werner Heisenberg und Pascual Jordan. Er wohnt zusammen mit Robert Oppenheimer, dem begabten Amerikaner, Vielredner, Selbstdarsteller und Doktoranden von Max Born, zur Untermiete in der Villa einer Göttinger Familie. Obwohl beide sehr verschieden sind, schließt Dirac Freundschaft mit Oppenheimer. Dirac steht morgens früh auf, Oppenheimer geht erst früh am Morgen ins Bett. Dirac mag Formeln, Oppenheimer Gedichte. Er schreibt auch selbst welche. »Ich kann mir nicht vorstellen, wie du gleichzeitig in der Physik arbeiten und Gedichte schreiben kannst«, sagt Dirac zu Oppenheimer. »In der Wissenschaft möchte man doch etwas sagen, was niemand zuvor wusste, und dies in Worten, die jeder verstehen kann. In einem Gedicht ist man gezwungen, etwas mit Worten zu sagen, die jeder schon kennt, aber niemand verstehen kann.« Was sie teilen, ist ihre Begeisterung für die Physik. »Die aufregendste Zeit meines Lebens war vielleicht die, als Dirac ankam und mir die Druckfahnen seiner Arbeit über die Quantentheorie der Strahlung zeigte«, wird Oppenheimer später sagen. Kaum ein Physiker hat bisher Diracs Quantenfeldtheorie verstanden, Oppenheimer findet sie »außerordentlich schön«.

Die deutschen Physiker tun sich schwer mit Dirac. Er gilt als Sonderling. Tüchtige Mathematiker sind sie alle in Göttingen, doch Diracs Anwendung entlegener Mathematik ist sogar nach ihren Maßstäben außergewöhnlich, noch dazu, wenn sie kombiniert wird mit einem Ingenieursgeist, für den sich hier manche Theoretiker zu fein sind. Das ist nicht die deutsche Art, Physik zu betreiben.

Die wenigen Wissenschaftler, die Diracs Arbeiten verstehen, haben tiefen Respekt vor ihm. Kein Geringerer als Werner Heisenberg, 26 und Urheber der Quantenmechanik, bemerkt nur halb im Scherz: »Ich glaub, ich muss mit der Physik aufhören. Da ist so ein junger Engländer gekommen, Dirac heißt er, der ist so gescheit – mit dem um die Wette zu arbeiten, ist aussichtslos.«

Da hat die große Schaffenszeit des Paul Dirac gerade erst begonnen. In den nächsten acht Jahren sollte er eine Entdeckung nach der anderen machen – eine eleganter als die andere. Sein Kollege Freeman Dyson vergleicht sie mit »kunstvoll gemeißelten Marmorstatuen, die vom Himmel fielen, eine nach der anderen. Er schien fähig zu sein, Naturgesetze durch reines Denken hervorzuzaubern – es war diese Reinheit, die ihn einzigartig machte«. Gegen Dirac wirken die anderen Quantenphysiker wie Anfänger. Sie irren sich in ihren Theorien, machen Fehler, müssen sich korrigieren. Dirac gelingen seine Werke auf Anhieb.

Im Jahr 1928 entwickelt er eine Gleichung von makelloser Schönheit, die nach ihm benannt werden wird: die Dirac-Gleichung. Sie lautet: $(i\partial\!\!\!/-m)\psi=0$. Kurz, perfekt, ein angemessenes Denkmal ihres schweigsamen Schöpfers, vielleicht die schönste Gleichung der Physik.

Als Dirac sie zu Papier bringt, ruht die Physik auf zwei Pfeilern: die spezielle Relativitätstheorie Albert Einsteins und die Quantenmechanik Erwin Schrödingers. Doch die Physiker konnten diese alles verändernden Entdeckungen nicht miteinander vereinbaren. Schrödinger selbst scheiterte daran. Paul Dirac gelingt es. In seiner Gleichung versöhnt er die Theorien Einsteins und Schrödingers miteinander.

Wenn es je eine Weltgleichung gab, dann ist es diese. Mit ihr beschreibt Dirac das Elektron: das Teilchen, dessen Verhalten die gesamte Chemie ausmacht und bestimmt, wie Menschen die Welt wahrnehmen. Wenn Licht auf ein menschliches Auge fällt, regt es Elektronen in den Sehnerven an. Die Dirac-Gleichung regelt diesen Prozess. Mehr noch, sie gilt auch für die Bausteine der Materie, die seither entdeckt wurden – bis hin zu den Quarks und Myonen.

Dirac erklärt mit seiner Gleichung auch den Elektronenspin, den Wolfgang Pauli ein Jahr zuvor postuliert hat, ohne ihn theoretisch erklären zu können. Hierzu verwendet er ein abstraktes

Gebilde aus einem fernen Winkel der Mathematik, das zuvor nur ein paar weltabgewandte Algebraiker kannten. Es wird später »Spinor« genannt.

Als Dirac das Elektron mit seiner Gleichung beschreibt, findet er nicht nur eine Lösung, sondern gleich zwei: eine mit positiver Energie, eine mit negativer, dafür mit positiver Ladung. Was soll das sein, negative Energie? Dirac rechnet weiter, doch er wird die negative Lösung nicht los. Hat er zufällig eine Beschreibung des Protons gefunden? Es passt nicht. Es ist, als hätte das Elektron ein bisher übersehenes Spiegelbild, als gäbe es »Löcher« in der Welt, die sich ähnlich verhalten wie die bisher bekannten Teilchen, nur mit umgekehrten Vorzeichen. Dirac ist auf die Antimaterie gestoßen, den Stoff, aus dem kurz nach dem Urknall das halbe Universum bestand. Mit einem mathematischen Argument entdeckt er die halbe Welt.

Zunächst will ihm niemand glauben. Enrico Fermi »verurteilt« Dirac für die Absurdität der Antimaterie in einem Seminar »zur Bastonade«: zu Stockhieben auf die nackten Fußsohlen. Doch schon wenige Jahre später wird das Positron auch experimentell nachgewiesen, exakt mit den von Dirac vorhergesagten Eigenschaften, und Werner Heisenberg nennt die Entdeckung der Antimaterie »den wohl größten aller Sprünge, die die Physik in unserem Jahrhundert gemacht hat«.

Paul Dirac geht jedoch noch weiter. Mit einem topologischen Argument sagt er die Existenz magnetischer Monopole vorher. Bisher gilt fest die Regel, dass es magnetische Pole nur in Paaren gibt. Wo ein Nordpol, da ein Südpol. Wie bei einem Blatt Papier: keine Vorderseite ohne Rückseite. Doch in der Topologie gibt es abstrakte Papierstreifen, die aus der Nähe betrachtet wie ein zweiseitiges Blatt aussehen, tatsächlich aber nur eine Seite haben: das Möbius-Band. Ein magnetischer Monopol ist wie ein magnetisches Möbius-Band.

Es gibt brillante Mathematiker. Es gibt hervorragende Physiker.

Und es gibt Paul Dirac, der beides zugleich ist, weltabgewandter Mathematiker und weltzugewandter Ingenieur, der kühn den Bogen schlägt von der Quadratwurzel eines Vektors zur Vorhersage einer ganzen Spiegelwelt.

Im Jahr 1932 bezieht Paul Dirac den angesehensten Lehrstuhl der Wissenschaft: den Lucasischen Lehrstuhl für Mathematik an der Universität Cambridge. Auf ihm saß einst Isaac Newton.

KOPENHAGEN 1926
EIN SPIEL MIT GESCHÄRFTEN MESSERN

Am 1. Oktober 1926 fährt Erwin Schrödinger mit dem Zug in Kopenhagen ein, mit gestärktem Selbstbewusstsein nach seinen Besuchen bei Arnold Sommerfeld in München und Albert Einstein in Berlin. Niels Bohr, 41 und bereits der große alte Mann der Quantenphysik, erwartet Schrödinger am Bahnsteig. Die beiden begegnen sich zum ersten Mal. Zu spät vielleicht. Vor ein paar Monaten noch wären sie Verbündete gewesen im Kampf für eine Wellentheorie der atomaren Phänomene. Nun nicht mehr. Bohr ist vom Glauben abgefallen. Schrödinger bleibt den Wellen treu. Seit Max Born seine Wellengleichung umgedeutet hat, ist Schrödinger vom Verfechter der Quantenmechanik zu ihrem Kritiker geworden. Bohr möchte von Schrödinger selbst hören, was er zu kritisieren hat.

Bohr hält den Austausch von Höflichkeiten kurz und beginnt noch am Bahnhof ein unerbittliches Verhör Schrödingers. Es wird acht Tage dauern, bis Bohr seinem Gast am 4. Oktober eine kurze Pause gönnt. Schrödinger hält an diesem Tag in seinem Institut vor dem »Physikalischen Verein« einen Vortrag über seine Wellenmechanik. Danach nimmt Bohr ihn sich wieder vor.

Margrethe und Niels Bohr sind aufmerksame, freundliche Gastgeber. Sie quartieren Schrödinger in ihrem Gästezimmer ein, damit Erwin und Niels möglichst viel Zeit miteinander verbringen können. Doch es ist kein friedliches Beisammensein, eher so etwas wie ein wissenschaftliches Duell. Schrödinger verficht seinen

»Standpunkt der anschaulichen Bilder«, Bohr bestreitet gerade diese Anschaulichkeit. Immer wieder versucht er, die Grundlagen von Schrödingers Standpunkt zu erschüttern, ihm Denkfehler nachzuweisen. Schrödinger weicht aus, kontert. Keiner gibt nach. »Die Wissenschaft ist ein Spiel«, sagt Schrödinger, »aber ein Spiel mit der Wirklichkeit, ein Spiel mit geschärften Messern.«

Auch Werner Heisenberg, der gerade eine Assistentenstelle bei Bohr angetreten hat, ist zugegen. Heisenberg ist vier Jahre jünger als Schrödinger, ihm aber stets einen Schritt voraus. So war es bei ihren Theorien, so war es bei Planck und Einstein in Berlin, so ist es bei Bohr in Kopenhagen. Schrödinger ist der Hase, Heisenberg der Igel.

Heisenberg beteiligt sich nicht am Disput der beiden. Er ist vor zwei Monaten in München mit Schrödinger aneinandergeraten, und das ging nicht gut für ihn aus, daher beschränkt er sich aufs Beobachten und Zuhören. Er hört die Vermutung Schrödingers, es sei noch immer denkbar, dass jemand Plancks Strahlungsformel aus dem Jahr 1900 herleitet, ohne von Quanten Gebrauch zu machen. Aussichtslos, erwidert Bohr. Die Quanten bleiben.

Heisenberg erkennt seinen Chef kaum wieder. Der sonst stets so rücksichtsvolle und liebenswürdige Bohr kommt Heisenberg nun »beinahe wie ein unerbittlicher Fanatiker vor, der nicht bereit war, seinem Gesprächspartner auch nur einen Schritt entgegenzukommen oder auch nur die geringste Unklarheit zuzulassen«.

Zwei der bedeutendsten Physiker der Welt stehen einander gegenüber, doch keiner gibt nach und weicht auch nur einen Millimeter. Hinter den Sätzen, die sie einander unerbittlich entgegenschleudern, spürt Heisenberg eine tiefe Überzeugung.

Schrödinger ist der festen Überzeugung, dass es Gesetze geben muss, nach denen die Elektronen sich bewegen. Alles andere wäre keine Physik, es wäre eine Kapitulation der Physik. »Sie müssen doch verstehen, Bohr, dass die ganze Vorstellung der Quantensprünge notwendig zu Unsinn führt. Da wird behauptet, dass das

Elektron im stationären Zustand eines Atoms zunächst in irgendeiner Bahn periodisch umläuft ohne zu strahlen. Es gibt keine Erklärung dafür, warum es nicht strahlen soll; nach der Maxwellschen Theorie müsste es doch strahlen. Dann soll das Elektron aus dieser Bahn in eine andere springen und dabei strahlen. Soll dieser Übergang allmählich erfolgen oder plötzlich? Wenn er allmählich erfolgt, so muss das Elektron doch allmählich seine Umlaufsfrequenz und seine Energie ändern. Es ist nicht zu verstehen, wie es dabei noch scharfe Frequenzen der Spektrallinien geben soll. Geschieht der Übergang aber plötzlich, sozusagen in einem Sprung, so kann man zwar unter Anwendung der Einsteinschen Vorstellungen von den Lichtquanten zur richtigen Schwingungszahl des Lichtes kommen, aber man muss dann fragen, wie sich das Elektron beim Sprung bewegt. Warum strahlt es dabei nicht ein kontinuierliches Spektrum aus, so wie die Theorie der elektromagnetischen Erscheinungen das fordern würde? Und durch welche Gesetze wird seine Bewegung beim Sprung bestimmt? Also die ganze Vorstellung von den Quantensprüngen muss einfach Unsinn sein.«

Bohr täuscht ein Zugeständnis an, gibt aber in der Sache überhaupt nicht nach: »Ja, mit dem, was Sie sagen, haben Sie durchaus recht. Aber das beweist doch nicht, dass es keine Quantensprünge gibt. Es beweist nur, dass wir sie uns nicht vorstellen können, das heißt, dass die anschaulichen Begriffe, mit denen wir die Ereignisse des täglichen Lebens und die Experimente der bisherigen Physik beschreiben, nicht ausreichen, um auch die Vorgänge beim Quantensprung darzustellen. Das ist doch gar nicht so merkwürdig, wenn man bedenkt, dass die Vorgänge, um die es sich hier handelt, nicht Gegenstand der unmittelbaren Erfahrung sein können, dass wir sie nicht direkt erleben, also auch unsere Begriffe nicht danach ausrichten.«

Schrödinger spürt, dass Bohr ihn in die tiefen Gewässer der Philosophie locken möchte, und rudert zurück: »Ich möchte mich nicht mit Ihnen in eine philosophische Diskussion über Begriffsbildung einlassen, das soll hinterher Sache der Philosophen sein; sondern ich möchte einfach wissen, was im Atom geschieht. Dabei ist es mir völlig gleichgültig, in welcher Sprache man darüber redet. Wenn es Elektronen im Atom gibt, die Teilchen sind, so wie wir uns das bisher vorgestellt haben, so müssen sie sich auch irgendwie bewegen. Es kommt mir im Augenblick nicht darauf an, diese Bewegung genau zu beschreiben; aber schließlich muss es doch einmal möglich sein herauszubringen, wie sie sich im stationären Zustand oder auch beim Übergang von einem Zustand zum anderen verhalten. Aber man sieht doch dem mathematischen Formalismus der Wellen- oder Quantenmechanik schon an, dass es auf diese Fragen keine vernünftige Antwort gibt. In dem Moment jedoch, in dem wir bereit sind, das Bild zu wechseln, also zu sagen, dass es keine Elektronen als Teilchen, wohl aber Elektronenwellen oder Materiewellen gibt, so sieht alles anders aus. Wir wundern uns dann nicht mehr über die scharfen Frequenzen der Schwingungen. Die Ausstrahlung von Licht wird genauso einfach verständlich wie die Aussendung von Radiowellen durch die Antenne des Senders, und die vorher unlösbar scheinenden Widersprüche verschwinden.«

Bohr widerspricht ruhig und bestimmt: »Nein, das ist leider nicht richtig. Die Widersprüche verschwinden nicht, sondern sie werden nur an eine andere Stelle geschoben. Sie sprechen zum Beispiel von der Aussendung von Strahlung durch das Atom, oder allgemeiner, von der Wechselwirkung des Atoms mit dem umgebenden Strahlungsfeld, und Sie meinen, dass durch die Annahme, es gäbe Materiewellen, aber keine Quantensprünge, die Schwierigkeiten beseitigt würden. Aber denken Sie nur an das thermodynamische Gleichgewicht zwischen Atom und Strahlungsfeld, etwa an Einsteins Ableitung des Planckschen Strahlungsgesetzes. Für die Ableitung dieses Gesetzes ist es entscheidend, dass die Energie des Atoms diskrete Werte annimmt und sich gelegentlich unstetig ändert; diskrete Werte der Frequenzen von Eigenschwingungen helfen gar nichts. Sie können doch nicht im Ernst die ganzen Grundlagen der Quantentheorie in Frage stellen wollen.«

Doch, ebendies will Schrödinger: »Ich behaupte natürlich nicht, dass diese Zusammenhänge schon voll verstanden wären. Aber Sie haben ja auch noch keine befriedigende physikalische Deutung der Quantenmechanik. Ich sehe nicht ein, warum man nicht hoffen darf, dass die Anwendung der Wärmelehre auf die Theorie der Materiewellen schließlich auch zu einer guten Erklärung der Planckschen Formel führen wird – die allerdings dann etwas anders aussehen wird als die bisherigen Erklärungen.«

Bohr widerspricht beharrlich: »Nein, das darf man nicht hoffen. Denn man weiß ja schon seit 25 Jahren, was die Plancksche Formel bedeutet. Und außerdem sehen wir doch die Unstetigkeiten, das Sprunghafte in den atomaren Erscheinungen ganz unmittelbar, etwa auf dem Szintillationsschirm oder in einer Nebelkammer. Wir sehen, dass plötzlich ein Lichtblitz auf dem Schirm erscheint oder dass plötzlich ein Elektron durch die Nebelkammer läuft. Sie können diese sprunghaften Ereignisse doch nicht einfach wegschieben und so tun, als ob es sie nicht gäbe.«

In einer Geste der Ungeduld hebt Schrödinger die Hände: »Wenn es doch bei dieser verdammten Quantenspringerei bleiben soll, so bedaure ich, mich überhaupt jemals mit der Quantentheorie abgegeben zu haben.«

Bohr weiß, dass er gewonnen hat. Er zeigt es Schrödinger, indem er einen versöhnlicheren Ton anschlägt: »Aber wir anderen sind Ihnen so dankbar dafür, dass Sie es getan haben, denn Ihre Wellenmechanik stellt doch in ihrer mathematischen Klarheit und Einfachheit einen riesigen Fortschritt gegenüber der bisherigen Form der Quantenmechanik dar.«

So geht es tagelang weiter, von morgens früh bis spät in die Nacht. Für Bohr ist es seine gewohnte Art, Wissenschaft zu betreiben, Schrödinger fühlt sich eher wie in einer kafkaesken, ausweglosen Verhörsituation. Nach ein paar Tagen versagen ihm, dessen Konstitution ohnehin nicht die beste ist, die Kräfte. Ein grippaler Infekt streckt ihn nieder, er muss in seinem Bett im Gästezimmer der Bohrs bleiben. Frau Bohr versorgt Schrödinger mit Tee und Kuchen, während ihr Mann an der Bettkante sitzt und weiter auf ihn eindringt: »Aber Sie müssen doch einsehen, dass ...« Schrödinger starrt ihn aus fiebrig glänzenden Augen an. Keiner kann den anderen überzeugen. Keiner hat viel mehr zu bieten als die eigene Gewissheit, recht zu haben.

Es geht nicht um Fakten, die sich durch Experimente oder mathematische Argumente klären ließen. Die Fakten liegen offen zutage. Es geht um die Deutung der Fakten. Beide Physiker haben eine tief verwurzelte Überzeugung, keiner gibt kampflos auch nur ein Stückchen davon auf. Keiner der beiden lässt eine Schwäche in der Position des anderen ungenutzt. Doch keiner hat eine in sich schlüssige Deutung der Quantenmechanik.

Ein Konsens ist daher nicht in Sicht. Zu verschieden sind die Perspektiven. Schrödinger betrachtet die Quantenphysik als nahtlose Fortsetzung der klassischen Physik. Bohr hält gerade den Bruch mit der klassischen Wirklichkeit für unausweichlich. Es gibt kein Zurück zu den alten Vorstellungen, zu stetigen Bewegungen und bruchlosen Umlaufbahnen. Die Quantensprünge werden nicht verschwinden, ob sie Schrödinger gefallen oder nicht. Er wird immer ärgerlicher, ungeduldiger, findet keine Antwort auf Bohrs leise, unablässige Attacken.

Erschöpft steigt Schrödinger in den Zug zurück nach Zürich und ist erleichtert, der Fragerei endlich zu entkommen. Bohr hat ihn zermürbt, aber nicht überzeugt. Nein, Bohr hat seinen »Standpunkt der anschaulichen Bilder« nicht widerlegt, aber ja doch, mag sein, in einigen Details wird er ihn überdenken müssen. »Es ist geradezu wahrscheinlich«, gibt er zu, »dass da und dort ein Irrweg betreten worden ist, der verlassen werden muss.«

Schrödinger schreibt einen langen Brief an Wilhelm Wien, um

von seinem Kopenhagener Abenteuer zu berichten. Zunächst von den guten Seiten: »Es war doch sehr schön, Bohr, den ich noch nie gesehen hatte, in seinem eigenen Milieu gründlich kennen zu lernen und stundenlang über Dinge sprechen zu können, die uns allen jetzt so nah am Herzen liegen.« Seinen Gastgeber fand er »tief sympathisch«. »Es wird wohl kaum so bald wieder einen Menschen geben, der so ungeheure äußere und innere Erfolge erringt, dem in seiner Arbeitssphäre auf der ganzen Welt fast wie einem Halbgott gehuldigt wird und der dabei geradezu scheu und schüchtern bleibt wie ein Theologiekandidat.« Dann aber kommt Schrödinger auf Bohrs »augenblickliche Einstellung zu den Atomproblemen« zu sprechen. »Wirklich sehr merkwürdig« erscheint sie ihm: »Er ist wirklich vollkommen überzeugt, dass ein Verständnis im gewöhnlichen Sinne des Wortes unmöglich ist. Dabei treibt das Gespräch fast immer sofort philosophischen Fragen zu, und man weiß bald nicht mehr, ob man den Standpunkt wirklich einnimmt, den er bekämpft, und ob man wirklich den Standpunkt, den *er* einnimmt, bekämpfen muss.« Schrödinger gibt zu, dass auch sein eigener Standpunkt noch nicht richtig ausgereift sei, bestreitet aber Bohrs Behauptung, dass es »mit den anschaulichen Wellenbildern so wenig geht wie mit den anschaulichen Teilchenbildern«. Er fasst seinen Standpunkt so zusammen: »Mir ist die Begreifbarkeit der äußeren Naturvorgänge ein Axiom. Die Erfahrungen können sich nicht gegenseitig widersprechen. Wenn es so scheint, dann sind eben irgendwelche gedanklichen Verbindungsglieder unhaltbar. Diese unhaltbarsten Stücke gerade in den bisher haltbarsten Vorstellungen zu suchen, erscheint mir voreilig, ich meine in den ganz allgemeinen Vorstellungen von Raum, Zeit und Wechselwirkungszusammenhang benachbarter Raumzeitstellen – alles Dinge, die z. B. auch von der allgemeinen Relativitätstheorie doch nicht wirklich wesentlich verschoben worden sind.«

Dabei ist es »nicht ganz leicht, ganz sicher zu sein, wie Bohr es eigentlich meint«, schränkt Schrödinger ein, »teils deshalb weil er oft minutenlang fast traumhaft visionär und wirklich sehr unklar spricht, teils weil er so rücksichtsvoll ist«. Bohr erkennt höflich die Leistungen des Diskussionsgegners an, sagt dann aber unumwunden, »ihm könne die ganze Wellenspielerei gestohlen bleiben, wenn sie nichts weiter sein soll, als ein bequemer Rechenbehelf zur Ausrechnung von Matrizenelementen«. Der wissenschaftliche Streit hinderte die Kontrahenten nicht daran, einander zu mögen: »Trotz aller dieser Streitpunkte«, schließt Schrödinger seinen Brief an Wien, »war aber das Verhältnis zu Bohr und besonders auch zu Heisenberg, die rührend lieb, nett, fürsorglich und aufmerksam gegen mich waren, ein völlig ungestörtes, freundliches und herzliches.« Räumlicher Abstand, ein paar Wochen Rekonvaleszenz – und die Erinnerung an die Tortur ist milder geworden.

In Kopenhagen stärkt der gemeinsame Gegner den Zusammenhalt. »Wir Kopenhagener« nennt Heisenberg sich selbst, Bohr und ihre Gleichgesinnten. Niels Bohr und Werner Heisenberg sind nach ihren Wortgefechten mit Schrödinger »doch sehr sicher«, mit ihrer Kampagne gegen den Wirklichkeitsglauben in der Quantenphysik »auf dem richtigen Weg« zu sein: Was in Atomen geschieht, lässt sich nicht mit den hergebrachten Begriffen von Ort und Bewegung beschreiben. Doch sie haben auch einen Vorgeschmack auf die Kämpfe bekommen, die ihnen noch bevorstehen.

KOPENHAGEN 1927
DIE WELT WIRD UNSCHARF

Kopenhagen, Herbst 1926. Das Hochgefühl, das Heisenberg nach Schrödingers Besuch genossen hat, ist verflogen. Nun ist er es, der die Fragerei Bohrs ständig abbekommt. Ihm fehlt der Rückzugsraum. Nur eine Treppe trennt Heisenbergs von Bohrs Büro. Jederzeit kann Bohr bei Heisenberg in der Tür erscheinen, dessen Büro mit seiner Tabakpfeife räuchern und zu einem seiner gefürchteten Monologe anheben.

Niels Bohr und Werner Heisenberg ringen um eine gemeinsame, eine »Kopenhagener« Deutung der Quantenmechanik. Sie ringen miteinander und gegeneinander. Die Formeln stehen da, fest und mathematisch schlüssig. Aber was bedeuten sie, wenn die alten Begriffe wie Ort und Geschwindigkeit nicht mehr gelten? Bohr und Heisenberg merken bald, dass sie nicht so einer Meinung sind, wie sie selbst glaubten.

Heisenberg würde solche Deutungsfragen am liebsten ruhen lassen. Die Theorie spricht für sich selbst. Aber er möchte die Deutungsfragen auch nicht Bohr überlassen. Es ist seine Theorie, er hat sie erfunden, er hat ein Recht, bei ihrer Deutung mitzureden.

Bohr andererseits hält Heisenberg für einen unreifen Denker, zwar scharfsinnig und einfallsreich, aber philosophisch flachgründig. Die Theorie ist formuliert. Nun ist Weisheit gefragt. Dafür ist er, Bohr, der richtige Mann.

Die zwei Männer verbringen täglich Stunden miteinander, Bohr auf seine unerbittliche Art dozierend, während ein zunehmend erregter Heisenberg versucht, dazwischenzureden. An vielen Abenden setzen sie die Wortgefechte bei einem Spaziergang durch den Fælledparken neben dem Institut fort. Auch in seiner hübsch eingerichteten Wohnung unter der Dachschräge des Bohr-Instituts mit Blick auf die Bäume des Parks kommt Heisenberg nicht zur Ruhe. Vor der Tür steht manchmal noch spät abends Niels Bohr, in der Hand eine Flasche Sherry, um ein Gedankenexperiment zu erörtern, um etwas zuvor Gesagtes klarzustellen oder zu ergänzen. Bohr kennt keine Freizeit. Was gesagt werden muss, das muss sofort gesagt werden.

Einig sind die beiden sich, wenn es gegen Erwin Schrödinger geht. Schrödinger beschreibt Quantensysteme als sanft dahinrollende Wellen. Teilchen und ihre Sprünge hält er für Trugbilder. Da hat Schrödinger sich auf eine falsche Fährte begeben, glauben sie, verlockt von einer nostalgischen Wunschvorstellung aus längst vergangenen Zeiten der Physik. Aber Heisenberg will, nun, da die alten Wege ungangbar geworden sind, radikal die Richtung ändern und von Grund auf neu denken. Um die Quantenphänomene zu verstehen, müssen die Physiker eine ganz neue Sprache erlernen, glaubt er.

Bohr hält Heisenbergs Anspruch, die physikalische Welt neu zu erfinden, für übertrieben und anmaßend. Die bewährten Größen der klassischen Mechanik – Ort, Geschwindigkeit, Energie – lassen sich nicht einfach abschaffen. Wir leben nicht in einer Welt der Matrizen und Wahrscheinlichkeiten, wir leben in unserer Welt der Menschen, Stühle und Seen, in der die Dinge ihren festen Ort haben, in der Wellen Wellen sind und Teilchen Teilchen, und durch diese Welt führen uns jene Konzepte auch weiterhin gut. Irgendwo muss es eine Verbindung geben. Irgendwie müssen sich die Sprünge der Quantenwelt mit der Kontinuität der klassischen Welt zusammenfügen lassen.

Irgendwo, irgendwie: Ist Bohr von skandinavischer Schwermut befallen, fragt sich Heisenberg. Als sei Frustration ein erstrebenswerter Zustand. Bohr scheint zu glauben, man könne die Quantenmechanik mit den Mitteln der klassischen Physik nicht verstehen, und sie gleichzeitig auf klassische Konzepte gründen zu wollen. Wie soll das ohne Widerspruch gelingen? Doch Bohr scheint den Widerspruch geradezu zu genießen.

Wo liegt überhaupt das Problem, wundert sich Heisenberg. Die Quantenmechanik funktioniert doch. Ihre Vorhersagen stimmen immer, auf wie viele Stellen hinter dem Komma die Experimentatoren sie auch prüfen. Und doch gelingt es Bohr immer wieder, dunkle Stellen aufzudecken, den Finger auf logische Unklarheiten zu legen. »Manchmal«, wird Heisenberg sich später erinnern, »hatte ich den Eindruck, dass Bohr wirklich versuchte, mich aufs Glatteis zu führen. Ich erinnere mich, dass ich mich manchmal ein bisschen darüber ärgerte.« Wenn Bohr ihn derart leicht aufs Glatteis führen kann, bewegen sie sich vielleicht tatsächlich auf unsicherem Terrain.

Bohr sucht Halt, indem er Wellenbild und Teilchenbild gleichberechtigt lässt – ja, sie widersprechen sich, aber sie ergänzen sich auch und ergeben gemeinsam ein vollständiges Bild des Geschehens in Atomen.

Heisenberg widerstrebt diese Herumdeuterei. Dass Bohr es nicht lassen kann, von Wellen zu reden, ist ihm zu viel Zugeständnis an Schrödinger. In seiner Quantenmechanik ist keine Rede von Wellen. Heisenberg will »auf die Mathematik hören«, wie Paul Dirac sagt. Seine Theorie deutet sich selbst, glaubt Heisenberg, ohne dass man noch etwas hinzuphilosophieren muss. Für einige ihrer Größen gibt die Matrizenmechanik die Interpretation bereits vor: zum Beispiel für die Zeitmittelwerte von Energie, elektrischem Moment und Impuls. Heisenberg hofft, dass es für den Rest so weitergeht: dass sich die richtige Deutung »durch sauberes logisches Schließen« aus den Formeln ergibt, ohne Raum für Diskussion.

Als Max Born im Sommer 1926 mit seiner Wahrscheinlichkeitsdeutung an die Öffentlichkeit tritt, ist Heisenberg nicht erfreut. Born hat atomare Stöße mit Hilfe der Schrödingerschen Wellenmechanik untersucht und die Vermutung aufgestellt, dass die Wellenfunktion eines Elektrons ein Maß für die Wahrscheinlichkeit sei, das Elektron an einem bestimmten Ort anzutreffen. »Deutung«, »Vermutung«, das ist Heisenberg nicht geheuer. Gibt es da etwa doch Spielraum für Interpretation?

Die Monate vergehen, der Dissens bleibt. In der Adventszeit 1926 ist es besonders ein Rätsel, das Bohr und Heisenberg an den langen Abenden daran hindert, zu Bett zu gehen: das Rätsel der Nebelkammer-Spuren.

Die Nebelkammer ist ein Gerät aus der Frühzeit der Atomphysik, als die Experimente noch Handwerk waren. Niels Bohr hörte von ihr im Jahr 1911, als Ernest Rutherford ihm von einer Erfindung des schottischen Physikers und Meteorologen C. T. R. Wilson vorschwärmte: eine Kiste mit Fenster, abgedichtet und gefüllt mit Luft, die mit Wasserdampf gesättigt ist. Wilson wollte künstliche Wolken herstellen, um die Lichtphänomene in sonnendurchschienenen Wolken, genannt Coronen und Glorien, im Labor zu erzeugen. Er ließ die Luft in der Kiste expandieren, worauf sie abkühlte und der Wasserdampf an Staubteilchen zu winzigen Tröpfchen kondensierte. Als Wilson allen Staub aus der Kammer entfernte, entstanden immer noch Wolken darin. Wodurch? Wilson fiel nur eine Erklärung ein: Das Wasser kondensiert an Ionen in der Luft. Es zeigte sich, dass Strahlung, die die Kammer durchquert, Elektronen aus Luftmolekülen reißt, sie also ionisiert, und auf diese Weise eine Spur von Tröpfchen hinterlässt – ähnlich dem Kondensstreifen eines Flugzeugs am Himmel. Wilson verschaffte den Physikern ein Werkzeug, mit dem sie die sonst unsichtbaren Bahnen von Strahlungsteilchen, die von radioaktiven Stoffen emittiert werden, beobachten können. Nebelkammern sind die Urahnen der hausgroßen Detektoren späterer Teilchenbeschleuniger.

In den 1920er Jahren ist die Messtechnik noch weit davon entfernt, einzelne Elektronen zu erkennen. Doch deren Spuren zeigen sich in den Nebelkammern, sind mit bloßem Auge sichtbar – und sie sehen tatsächlich aus wie die Kondensstreifen winziger Flugzeuge. Wie es klassische Physiker erwarten würden.

Nicht aber die Quantenphysiker der 1920er Jahre, nicht Werner Heisenberg und Erwin Schrödinger. Mit seiner Matrizenmechanik will Heisenberg die klassischen Teilchenbahnen in Atomen abschaffen. In Schrödingers Wellenmechanik verteilen Elektronen sich mit der Zeit über den Raum. Doch in der Nebelkammer scheinen sie scharfe Bahnen zu ziehen. Wie passt das zusammen?

Kann die Natur sich wirklich so absurd verhalten, fragt sich Heisenberg, wie sie in den atomaren Experimenten den Anschein erweckt? Während er selbst noch zögert, antwortet Bohr mit einem beherzten Ja. Die Schlüsselrolle, die Beobachtungen und Messungen in der Deutung der Quantenmechanik spielen, macht alle Versuche zunichte, regelmäßige Muster oder kausale Zusammenhänge in der Natur zu finden.

Heisenberg passt das alles nicht. Die Diskussionen mit Bohr, der sich immer wieder im philosophischen Nebel verirrt, zermürben ihn. Oft enden sie in Verzweiflung. »Wissenschaft entsteht im Gespräch«, sagt Heisenberg gern. Aber doch nicht so!

Auch die ersten Wochen des Jahres 1927 verbringen Bohr und Heisenberg im fruchtlosen Dauerzank, bis sie, wie Heisenberg später schreibt, »in einen Zustand der Erschöpfung« geraten, der »in Anbetracht der verschiedenen Denkrichtungen auch manchmal Spannungen hervorrief«. Sie haben einander so oft die Meinung gesagt, dass sie nur noch aneinander vorbeireden, voller Frustration darüber, dass der andere es einfach nicht verstehen will.

Im Februar ist auch Bohr mit seiner Beharrlichkeit am Ende und reist ab zu einem vierwöchigen Skiurlaub ins Guldbrandsdalen in

Norwegen. Es war geplant, dass Heisenberg mitkommen sollte, doch davon will nun keiner der beiden mehr etwas wissen. Sie brauchen Ruhe und Abstand voneinander.

Vier Wochen Ruhe vor Bohr. Heisenberg fühlt sich befreit. Er kann ungestört seine Runden im Park drehen, ohne von Bohr in ein Gespräch verwickelt zu werden. Er schläft besser und ist froh darüber, »allein über diese hoffnungslos schwierigen Probleme nachdenken zu können«.

Doch im Geiste hörte er weiterhin Bohrs Einwände. Also gut, angenommen, Bohr hätte recht, Ort und Geschwindigkeit hätten weiterhin eine Bedeutung, wenn auch nicht mehr die klassische. Welche Bedeutung könnten sie haben, wenn Teilchen auch Wellen sind? Wie könnte man diese Bedeutung in Formeln fassen, statt in Bohrs Wortgewölk?

Eines Abends sitzt Heisenberg in seiner Dachwohnung und grübelt ungestört über Matrizen und Teilchenbahnen. Da sind einerseits die Nebelkammer-Spuren, sichtbar für jeden. Da ist andererseits die Quantenmechanik, in der klassische Teilchenbahnen keinen Platz haben. Ist etwa die Theorie falsch? Nein, beharrt Heisenberg. Sie ist »viel zu überzeugend, um noch Änderungen zuzulassen«. Die Kluft zwischen Theorie und Wirklichkeit scheint unüberbrückbar.

Heisenberg lässt nicht locker an diesem Abend. Es muss doch eine Verbindung zwischen beiden Seiten zu finden sein. Gegen Mitternacht fällt ihm eine Bemerkung Albert Einsteins ein. Schon im vorigen Sommer, nachdem sie gemeinsam durch Berlin spaziert waren, brachte Einstein das Argument der Nebelkammer-Spuren gegen Heisenbergs Theorie in Anschlag. »Es mag heuristisch von Wert sein, sich daran zu erinnern, was man wirklich beobachtet«, sagte Einstein damals, »aber vom prinzipiellen Standpunkt aus ist es ganz falsch, eine Theorie nur auf beobachtbare Größen gründen zu wollen. Denn es ist ja in Wirklichkeit genau umgekehrt. Erst die Theorie entscheidet darüber, was man beobachten kann.« Damals bei Einstein wunderte Heisenberg sich über die Frage: Was kommt zuerst, die Theorie oder die Beobachtung? Doch wohl die Beobachtung, hielt Heisenberg damals für selbstverständlich. Man muss sehen können, worüber man nachdenkt. Ist das nicht der Witz an empirischer Forschung?

Nun aber, beim nächtlichen Nachdenken über Teilchenbahnen, erhalten Einsteins Worte für Heisenberg plötzlich eine andere Bedeutung: Die Theorie bestimmt, was man beobachten kann. »Es war mir sofort klar, dass der Schlüssel zu der so lange verschlossenen Pforte an dieser Stelle gesucht werden müsse«, wird Heisenberg später sagen.

Heisenberg gerät in Aufregung. Doch diesmal ist sie produktiv. Es hält ihn nicht mehr an seinem Schreibtisch, er geht hinunter, hinaus in den Fælledparken. In der klaren Nachtluft, auf den von Platanen, Linden und Gingkos gesäumten Wegen, durchdenkt Heisenberg die Sache nochmal von vorn: Was genau sieht man, wenn ein Elektron durch eine Nebelkammer fliegt? Man sieht es nicht fliegen. Man sieht gar keine stetige Flugbahn – die konstruiert man sich nur im Kopf. Man sieht eine Reihe einzelner Wassertröpfchen, deren Kondensation das Elektron ausgelöst hat. Jeder Tropfen ist viel größer als das Elektron. Er liegt auch nur ungefähr dort, wo das Elektron vorbeiflog. Was man also wirklich beobachtet, ist gar keine stetige Flugbahn, sondern »eine diskrete Folge von ungenau bestimmten Orten des Elektrons«. Wie es von einem dieser Orte zum nächsten kommt, wissen wir nicht. Wie wir auch nicht wissen, was ein Elektron tut, wenn es in einem Atom von einem Energieniveau zum anderen springt.

Was also kommt heraus, wenn man Einstein beim Wort nimmt? Wenn man die Theorie fragt, was man beobachten kann? In der Dunkelheit des Fælledparken kommt Werner Heisenberg auf die Schlüsselfrage: »Kann man in der Quantenmechanik eine Situation darstellen, in der sich ein Elektron ungefähr – das heißt mit einer gewissen Ungenauigkeit – an einem gegebenen Ort befindet und dabei ungefähr – das heißt wieder mit einer gewissen Ungenauigkeit – eine vorgegebene Geschwindigkeit besitzt, und kann man diese Ungenauigkeiten so gering machen, dass man nicht in Schwierigkeiten mit dem Experiment gerät?«

Heisenberg eilt zurück ins Institut, die Treppen hinauf zum Schreibtisch, greift Stift und Papier, kritzelt Gleichungen, findet die Antwort: Man kann! Offenbar setzt die Quantenmechanik Grenzen dafür, was man messen und wissen kann. Aber wie setzt sie diese Grenzen – und wo?

Die Quantenmechanik verbietet, gleichzeitig den Ort und die Geschwindigkeit eines Teilchens präzise festzustellen. Man kann den Ort genau messen oder die Geschwindigkeit exakt messen, aber nicht beides zum selben Zeitpunkt. Wer also eine dieser Größen genau kennen will, muss mit der Natur einen Handel eingehen und auf die Kenntnis der anderen Größe verzichten. Man kann nur mit einem von zwei Augen in die Atome schauen: mit dem Ortsauge oder mit dem Geschwindigkeitsauge. Wenn man aber beide Augen gleichzeitig öffnet, sieht man unscharf.

So stößt Werner Heisenberg auf jene Beziehung zwischen den Ungenauigkeiten von Ort und Bewegung, die seither als der Kern der Quantenmechanik gilt: die »Unschärferelation«. In Worten: Das Produkt der Unbestimmtheiten für Ort und Impuls kann nicht kleiner als das Plancksche Wirkungsquantum sein. Wenn Heisenberg recht hat, dann kann kein Experiment im atomaren Bereich die von der Unschärferelation gesetzten Grenzen überwinden. Er kann es natürlich nicht strikt »beweisen«, aber er ist sich seiner Sache sicher, »da ja die Vorgänge beim Experiment, bei der Beobachtung, selbst den Gesetzen der Quantenmechanik genügen müssen«.

Heisenberg hat geschafft, woran er und Bohr monatelang gescheitert waren. Er hat die Brücke geschlagen zwischen der Mathematik der Quantenmechanik und der Beobachtung in der Nebelkammer. Und ausgerechnet Albert Einstein, sein größter

Kritiker, hatte ihm den entscheidenden Fingerzeig gegeben: »Erst die Theorie entscheidet, was man beobachten kann.«

In den nächsten Tagen prüft Heisenberg, ob die Brücke trägt. Er testet die Unschärferelation im Labor seiner Gedanken, spielt ein Experiment nach dem anderen durch und achtet darauf, ob sich die Unschärferelation irgendwie austricksen lässt. Vielleicht mit einem starken Mikroskop, mit dem man ein fliegendes Elektron beobachtet, gleichzeitig dessen Position und Geschwindigkeit? Aber so ein Mikroskop müsste mit energiereichen Gammastrahlen betrieben werden, um auflösungsstark genug zu sein, und diese Gammastrahlen würden das Elektron aus der Bahn werfen. Die Formel für das Auflösungsvermögen von Mikroskopen: An ihr wäre vor vier Jahren beinahe die Karriere des Doktoranden Werner Heisenberg gescheitert. Jetzt stützt er mit ihr seine wichtigste Entdeckung.

All das tüftelt Heisenberg aus, während Bohr in Norwegen Ski läuft. Er schreibt einen 14 Seiten langen Brief an Wolfgang Pauli, in dem er seine Entdeckung genau erklärt. Da er den Zorn Bohrs fürchtet, sucht er die Unterstützung Paulis. An Bohr schickt Heisenberg nur eine kurze Notiz, in der er einen »Fortschritt« ankündigt.

»Es wird Tag in der Quantenmechanik«, antwortet Pauli. Heisenberg, ermutigt, wagt die Revolte, arbeitet den Brief an Pauli zu einem Artikel aus, um ihn bei der *Zeitschrift für Physik* zur Veröffentlichung einzureichen, bevor Bohr aus Norwegen zurückkommt.

Bohr liest das Manuskript nach seiner Rückkehr, liest es noch einmal gründlicher, verfällt zuerst in Staunen, dann in Sorge. Als die beiden sich treffen, um es zu besprechen, eröffnet Bohr dem entsetzten Heisenberg, dass da etwas nicht stimmen könne. Just bei dem Gedankenexperiment mit dem Gammastrahlen-Mikroskop soll Heisenberg sich vertan haben, behauptet Bohr. Heisenberg betrachtet die Gammastrahlen als Strom von Teilchen.

Falsch, sagt Bohr, es sind Wellen. Teilchen, widerspricht Heisenberg. Wellen, beharrt Bohr. Das alte, leidige Spiel.

Bohr hat inzwischen seine eigene Idee ausgearbeitet, um die Paradoxien der Quantenmechanik zu überwinden. Er nennt sie »Komplementaritätsprinzip«. Es gibt Situationen, behauptet er, in denen wir ein und dasselbe Geschehen mit zwei verschiedenen Betrachtungsweisen erfassen können – zum Beispiel Welle und Teilchen. Die Perspektiven schließen sich gegenseitig aus, ergänzen einander aber auch, und nur gemeinsam beschreiben sie das Geschehen vollständig. Sie sind »komplementär«.

Bohr hält seine Idee für die bessere und Heisenbergs Unschärferelation nur für einen Sonderfall. Heisenberg hat keine Lust mehr, zu widersprechen. Ein paar Tage lang gelingt es ihm, weitere Diskussionen mit Bohr zu vermeiden. Bohr hofft, dass Heisenberg von selbst einsieht, sich verirrt zu haben. Doch Heisenberg bleibt standhaft. Bohr dringt auf ihn ein, er solle seinen Artikel zurückziehen. Heisenberg bricht in Tränen aus. Es schmerzt, wenn ein Sohn sich vom Vater löst.

Auch Bohr spürt, dass es nun genug ist, und die beiden kommen überein, ungefähr dasselbe zu meinen. Bohr begnügt sich damit, dass Heisenberg seine Einwände in einem »Nachtrag bei der Korrektur« seines Artikels erwähnt. Auf Heisenbergs Bitte schickt Bohr den Aufsatz über die Unschärferelation im April 1927 an Albert Einstein, mit einem lobenden Anschreiben. Einstein antwortet nicht. So kommt die Deutung der Quantenmechanik in die Welt, die später die »Kopenhagener Deutung« genannt werden wird, zum Ärger des Göttingers Max Born: Matrizen, Wahrscheinlichkeiten, Unschärferelation, Wellen, Teilchen, Komplementarität, alles drin.

In seinem Beitrag rüttelt Werner Heisenberg an jenem Grundsatz, den Albert Einstein und Erwin Schrödinger für das Fundament der Physik schlechthin halten: an der Kausalität. »An der scharfen Formulierung des Kausalgesetzes: ›Wenn wir die Gegenwart genau kennen, können wir die Zukunft berechnen‹ ist nicht der Nachsatz, sondern die Voraussetzung falsch«, schreibt er. Wir können den gegenwärtigen Zustand nicht kennen. Wir können nicht einmal gleichzeitig den Ort und die Geschwindigkeit eines Elektrons genau kennen, daher können wir nur die Wahrscheinlichkeiten einer Fülle von Möglichkeiten für die künftigen Orte und Geschwindigkeiten des Elektrons berechnen. »So wird durch die Quantenmechanik die Ungültigkeit des Kausalgesetzes definitiv festgestellt«, lautet der letzte Satz des Papiers. So weit wagte Einstein bei seiner Revolution von Raum und Zeit durch die Relativitätstheorie nicht zu gehen. Das Uhrwerksuniversum, das einst Newton konzipierte, ist nicht mehr. Der Satz Immanuel Kants »Alle Veränderungen geschehen nach dem Gesetze der Verknüpfung der Ursache und Wirkung« gilt nicht mehr.

Die Hoffnung, »dass sich hinter der wahrgenommenen statistischen Welt noch eine ›wirkliche‹ Welt verberge, in der das Kausalgesetz gilt«, ist »unfruchtbar und sinnlos«, schreibt Heisenberg. »Die Physik soll nur den Zusammenhang der Wahrnehmungen formal beschreiben.«

Es ist Zeit für Heisenberg, aufzubrechen, er hat genug gelernt in Kopenhagen. Er bezieht den Lehrstuhl, den ihm die Universität Leipzig schon im Jahr zuvor angeboten hat und wird mit 25 Jahren der jüngste ordentliche Professor in Deutschland. Doch nachdem er Kopenhagen verlassen hat, ereilt ihn die Reue, und er schreibt im Juni 1927 einen Brief an Bohr, in dem er seine Scham darüber bekennt, ihm »gegenüber so undankbar ausgesehen« zu haben. »Ich denke noch fast jeden Tag darüber nach, wie das alles gekommen ist«, schreibt er ihm, »und schäme mich, dass es nicht anders hat gehen können.« Später im Jahr reist Heisenberg noch einmal nach Kopenhagen, um sich mit Bohr zu versöhnen.

Andere Physiker brauchen eine Weile, um die Bedeutung der Unschärferelation zu ermessen. Die Kausalität wurde ja schon vor einem Jahr von Max Born abgeschafft, sagen manche Theoretiker. Manche Experimentatoren nehmen die Unschärferelation als Herausforderung, mit ausgeklügelten Apparaturen doch ein schärferes Bild von Quantenphänomenen zu gewinnen. Das ist ein Missverständnis. Die Welt sieht nicht nur unscharf aus. Sie ist unscharf. »Wir müssen einsehen«, sagt Werner Heisenberg, »dass unsere Worte nicht passen.«

COMO 1927
DIE GENERALPROBE

Sommer 1927 am Comer See, ganz im Norden Italiens an der Grenze zur Schweiz. Hier pflegt der Theologe Romano Guardini seine Sommerferien zu verbringen. Der rasante Aufschwung der Naturwissenschaft macht ihm Sorgen. Guardini beschreibt die Neuzeit als eine Epoche, in der »jede Zunahme an wissensmäßig-technischer Macht einfachhin als Gewinn empfunden« wurde. Aber, sagt er, »die Sicherheit dieser Überzeugung ist erschüttert«. Nun geht es nicht mehr darum, die Macht durch mehr Wissen zu steigern, sondern darum, sie zu bändigen. Sonst droht die »globale Katastrophe«, warnt Guardini.

Nebenan, in Como, tagen in diesem Sommer die Physiker mit ihrem unbändigen Wissensdrang, unter ihnen manche, die schon kurze Zeit später die Atombombe entwickeln werden: Werner Heisenberg und Enrico Fermi, das große Talent der italienischen Physik, beide 25 Jahre alt. Niels Bohr reist an, er ringt noch immer mit der Deutung der Quantenmechanik. Wolfgang Pauli ist da, Max Born, Hendrik Lorentz, Arnold Sommerfeld, Louis de Broglie, Max Planck, Arthur Compton und John von Neumann. Die *Physikalische Zeitung* meldet, dass Physiker aus 14 Staaten in Como zusammenkommen werden: aus der Schweiz, aus Schweden, den Vereinigten Staaten von Amerika, aus Spanien, Russland, Niederlande, Italien, England, Indien, Deutschland, Frankreich, Dänemark, Kanada und Österreich.

Sie treffen sich aus Anlass des 100. Todestags von Alessandro Volta, dem in Como geborenen Erfinder der Batterie und Namensgeber der Einheit Volt. Es ist das Rahmenprogramm zur »Volta-Jahrhundert-Ausstellung«, in der die Regierung des *Duce del Fascismo* Benito Mussolini den Naturforscher zum Nationalhelden stilisiert.

Albert Einstein fehlt, er weigert sich, einen Fuß ins faschistische Italien zu setzen. Auch Erwin Schrödinger hat abgesagt. Er hat ein paar Wochen zuvor die Nachfolge Max Plancks angetreten und ist damit beschäftigt, sich in Berlin einzurichten. Bohr wird noch einen Monat abwarten müssen, bis er die beiden in Brüssel treffen kann.

Es ist ein halbes Jahr her, dass Werner Heisenberg seinen bahnbrechenden Beitrag über die Unschärferelation geschrieben hat. Seitdem arbeitet Niels Bohr an seinem eigenen Artikel. Er schreibt und lässt schreiben. Nachdem Heisenberg, erschöpft von den Diskussionen mit ihm, aus Kopenhagen nach Leipzig geflohen ist, muss nun Bohrs neuer Assistent Oskar Klein Bohrs tägliches Raunen aushalten. Bohr denkt laut über die Unschärferelation nach, langsam und mühsam, ringt um Formulierungen, probiert Sätze aus. Am Abend schreibt Klein ins Reine, was er von Bohr erhascht hat. Am nächsten Tag verwirft Bohr Kleins Mitschrift und beginnt von Neuem. Als die Bohrs zu ihrem Landhaus an der Küste nördlich von Kopenhagen aufbrechen, um dort den Sommer zu verbringen, muss Klein sie begleiten. Die Mühsal geht weiter. Selbst Margrethe Bohr, sonst die verkörperte Ruhe und Freude, gerät an die Grenzen ihrer nervlichen Belastbarkeit, bricht manchmal sogar in Tränen aus, nicht wie Heisenberg aus Widerspruch zur wissenschaftlichen Position ihres Mannes, sondern wegen dessen geistiger Abwesenheit. Es sollte eigentlich ein Familienurlaub sein, und jetzt lässt Niels Margrethe mit den fünf Kindern allein.

Niels Bohr spricht am 16. September 1927 im prächtigen, holzgetäfelten Saal des *Istituto Carducci*. Er hat sein Manuskript wieder und wieder korrigiert und unfertig nach Como mitgebracht. Bis zuletzt tüftelt und feilt er daran herum, tritt mit seinen Notizen voller Streichungen, Ergänzungen, Randbemerkungen und Pfeilen ans Pult, blickt kurz auf, sammelt sich, hebt an, auf Englisch mit dänischer Phonetik, so leise, dass viele Zuhörer sich unwillkürlich nach vorne lehnen. In den hinteren Reihen ist es nahezu unmöglich, jedes Wort zu verstehen. Erstmals spricht Bohr öffentlich über sein Konzept der Komplementarität. Dann erklärt er Heisenbergs Unschärferelation, und schließlich erläutert er, welche Rolle Messungen in der Deutung der Quantenmechanik spielen. Jedes dieser Themen hätte leichthin einen eigenen Vortrag gefüllt. Jedes ist eine Zumutung, sogar für das sachkundige Publikum. Und es liegt keineswegs auf der Hand, wie sie zusammengehören. Bohr verknüpft sie kunstvoll, webt Schrödingers Wellenfunktion hinein und Borns Wahrscheinlichkeitsdeutung. Er versucht den großen Wurf: ein neues physikalisches Verständnis der Quantenmechanik. Das Publikum ist zugleich verwirrt und beeindruckt. »Die Kopenhagener Deutung«, dieses möglichst elegant geordnete Sammelsurium von Ideen und Formalismen, findet an diesem Tag ihren festen Platz im Vokabular der Physiker.

Bohrs Vortrag ist die Quintessenz des monatelangen gemeinsamen Ringens mit Heisenberg um die Interpretation der Quantenmechanik. Er geht aus von dem Gedanken, dass jede Messung das gemessene System stört. Klar. Er geht weiter zu dem Gedanken, dass in der Quantenmechanik eine Messung die gemessene Größe erst definiert. Was eine Messung ergibt, hängt davon ab, was man misst. Auch klar. Nun hat aber Heisenberg gezeigt, dass die Messung einer Größe es verhindert, andere Größen zu bestimmen. Zwar vergrößert eine Messung die Kenntnis über das gemessene System in einer Hinsicht, vermindert aber die Kenntnis in anderer Hinsicht. Wer den Ort eines Teilchens kennt, kann dessen Impuls nicht kennen, und mehr noch, sagt Bohr in seinen gequälten und quälenden Sätzen, es hat dann keinen Impuls – solange nicht, bis man ihn misst, wobei aber der Ort verlorengeht.

Um die Sache verständlicher zu machen, führt er sein Konzept der Komplementarität ein. Ein Quantensystem lässt sich nur in Gegensätzen verstehen. Welle und Teilchen. Ort und Impuls. Sie vertragen sich nicht miteinander, und doch ergänzen sie einander. Vertrackt. Bohr mutet seinen Zuhörern Sätze wie diesen zu: »Nach dem Wesen der Quantentheorie müssen wir uns also damit begnügen, die Raum-Zeit-Darstellung und die Forderung der Kausalität, deren Vereinigung für die klassischen Theorien kennzeichnend ist, als komplementäre, aber einander ausschließende Züge der Beschreibung des Inhalts der Erfahrung aufzufassen, die die Idealisation der Beobachtungs- bzw. Definitionsmöglichkeiten symbolisieren.«

Die Komplementarität soll es richten, soll all das scheinbar Unvereinbare vereinbaren, Heisenbergs Unschärferelation, Borns Wahrscheinlichkeiten, Schrödingers Wellen, die mitnichten die klassischen Wellen sind, für die Schrödinger sie hält, sagt Bohr, weil sie nur so berechenbar dahinschwingen, solange man nicht misst. Vor allem aber soll sie all das mit Bohrs eigenem Korrespondenzprinzip vereinbaren, dem Fundament seines Quantendenkens: Jede praktische Beschreibung des Verhaltens und der Eigenschaften eines Quantensystems muss schließlich in die Sprache der klassischen Physik überführbar sein. Wir beobachten keine Wahrscheinlichkeitswolken. Wir messen keine Unschärfen. Experimente ergeben konkrete Werte.

Was genau meint Bohr damit? Niemand versteht es ganz, vielleicht nicht einmal er selbst. Manche Zuhörer sind schlicht perplex. Andere vermuten, dass Bohr ihnen etwas sagen wollte, das sie schon wussten, nur auf völlig unverständliche Weise.

Nach dem Vortrag erhebt sich Max Born, um knapp seine Zustimmung zu äußern. Die Theorie ist schlüssig, mit ihr lässt sich rechnen und vorhersagen, das genügt ihm. Dann meldet sich Werner Heisenberg zu Wort. Nur wenige Eingeweihte im Publikum wissen von den Kämpfen, die er, der Erfinder der Quantenmechanik, in den Monaten zuvor mit seinem Mentor Bohr ausgetragen hat. Sie scheinen nun beigelegt zu sein. Heisenberg kämpft nicht mehr. Er hat nur noch Lob und Dank für Bohr.

Niemand widerspricht. Einstein und Schrödinger, die es hätten tun können, sind nicht anwesend. So beginnt Bohrs Deutung der Quantenmechanik sich durchzusetzen, mangels Gegenwehr.

Bohr erstellt eine schriftliche Fassung seines Vortrags für das englische Wissenschaftsmagazin *Nature*, und wieder ist es eine schwere Geburt, die sich über einige Monate hinzieht. Er entwirft, verwirft und überarbeitet. Wolfgang Pauli assistiert. Die Herausgeber von *Nature* fragen und flehen. Bohr bittet um Entschuldigung für die Verzögerung. Doch er beharrt auf seinen Sätzen am Rand der Grammatikalität: »Indeed, we find ourselves here on the very path taken by Einstein of adapting our modes of perception borrowed from the sensations to the gradually deepening knowledge of the laws of Nature.« So geht der Artikel in Druck. Die Herausgeber erstellen einen Kommentar zu Bohrs Text, in dem sie die Hoffnung äußern, dass Bohrs Konzeption nicht das letzte Wort zur Quantenmechanik sei, da sie offenbar nicht »in anschauliche Sprache gekleidet« werden könne.

Como ist die Generalprobe für die große Auseinandersetzung, die noch bevorsteht. Nur ein paar Wochen, nachdem die Physiker in Como auseinandergehen, kommen sie in Brüssel wieder zusammen, um bei der fünften Solvay-Tagung über »Elektronen und Photonen« zu diskutieren. Diesmal sind auch Albert Einstein und Erwin Schrödinger dabei.

BRÜSSEL 1927

DIE GROSSE DEBATTE

Hendrik Antoon Lorentz, der niederländische Physiker, ist ein feiner Mann, allseits geschätzt für seine freundliche, bedachte Art. Er spricht fließend Deutsch, Englisch und Französisch. »Ein Wunder an Intelligenz und feinem Takt«, hat Albert Einstein Lorentz einmal genannt, »ein lebendiges Kunstwerk!« Am 2. April 1926 hat Lorentz eine Privataudienz bei Albert I., dem belgischen König. Es ist eine heikle Mission. Lorentz ersucht den König um Erlaubnis, deutsche Physiker nach Belgien einzuladen.

Albert I., genannt der Ritterkönig, ist nicht gut auf die Deutschen zu sprechen. Der Erste Weltkrieg begann 1914 mit dem Überfall der deutschen Truppen auf sein neutrales Land. Als Kommandeur der Heeresgruppe Flandern führte Albert die letzte Offensive gegen die deutschen Truppen, die den Westen seines Landes bis zum Waffenstillstand am 11. November 1918 befreite. Er hat nicht die Absicht, jemals wieder einem Deutschen zu gestatten, einen Fuß auf belgischen Boden zu setzen.

Doch Lorentz setzt sein taktvolles, gewinnendes Wesen ein und erhält vom König die Einwilligung, deutsche Physiker zur fünften Solvay-Konferenz in Brüssel einzuladen, die für den Herbst des nächsten Jahres avisiert ist. Lorentz, der Vorsitzende des wissenschaftlichen Komitees der Konferenz, überzeugt Albert I. davon, dass es sieben Jahre nach dem Krieg an der Zeit sei, eine versöhnliche Haltung gegenüber den Deutschen einzunehmen und auf eine bessere Verständigung hinzuarbeiten. Die Wissenschaft könne dabei eine Vorreiterrolle spielen. Außerdem sei es auf die

Solvay-Konferenz, Brüssel 1927.

Stehend von links nach rechts:
Auguste Piccard, Émile Henriot, Paul Ehrenfest, Édouard Herzen, Théophile de Donder, Erwin Schrödinger, Jules-Émile Verschaffelt, Wolfgang Pauli, Werner Heisenberg, Ralph Howard Fowler, Léon Brillouin.

In der zweiten Reihe sitzend von links nach rechts:
Peter Debye, Martin Knudsen, William Lawrence Bragg, Hendrik Anthony Kramers, Paul Dirac, Arthur Holly Compton, Louis-Victor de Broglie, Max Born, Niels Bohr.

In der ersten Reihe sitzend von links nach rechts:
Irving Langmuir, Max Planck, Marie Curie, Hendrik Antoon Lorentz, Albert Einstein, Paul Langevin, Charles-Eugène Guye, Charles Thomson, Rees Wilson, Owen Willans Richardson.

Dauer schwierig, die deutschen Wissenschaftler zu schneiden, nach allem, was sie für die Physik getan haben. Noch am Tag der Audienz schreibt Lorentz Einstein von seinem Durchbruch.

Ein sensationeller Sinneswandel, denn tatsächlich ist es das Los deutscher Wissenschaftler seit dem Krieg, von vielen Staaten ins Abseits gedrängt worden zu sein. Sie sind isoliert, die Geächteten der internationalen Wissenschaftlergemeinschaft. Zur dritten Solvay-Konferenz im April 1921 war als einziger Deutscher Albert Einstein eingeladen, der ja eigentlich gar nicht so deutsch ist. Aber Einstein entschied sich, nicht an der Konferenz teilzunehmen, aus Protest gegen den Ausschluss seiner Landsleute. Stattdessen ging er auf eine Vortragstournee durch die USA, um Gelder für die Gründung der Hebräischen Universität in Jerusalem einzuwerben. Zwei Jahre später kündigte er an, eine Einladung zur vierten Solvay-Konferenz wieder auszuschlagen, wegen des andauernden Boykotts deutscher Wissenschaftler. »Meiner Meinung nach ist es nicht richtig, die Politik in wissenschaftliche Angelegenheiten hineinzuziehen«, schrieb er an Lorentz, »auch sollten einzelne Menschen nicht für die Regierung ihres Landes, zu dem sie zufällig gehören, verantwortlich gemacht werden.«

Nun kann Hendrik Lorentz den König davon überzeugen, dass der Weg der Versöhnung der bessere ist, und die Deutschen dürfen anreisen. Mit diesem Erfolg hat auch Lorentz selbst nicht gerechnet. Seit dem Jahr 1925 ist er Vorsitzender der Internationalen Kommission für geistige Zusammenarbeit, einem Gremium des Völkerbunds – als Nachfolger von Henri Bergson – und schätzte die Aussichten bisher schlecht ein, dass deutsche Wissenschaftler bald wieder zu internationalen Tagungen würden fahren dürfen.

Doch dann schwang die Stimmung um. Im Oktober 1925 werden in einem eleganten Palazzo am Lago Maggiore die Verträge von Locarno ausgehandelt, nach monatelanger Vorbereitung durch deutsche, französische und belgische Diplomaten. Sie einigen sich auf eine Garantie für die Grenzen zwischen ihren Ländern und ein

Schiedsverfahren im Fall von Streitigkeiten. Die Verträge ebnen den Weg für die Aufnahme Deutschlands in den Völkerbund im Oktober 1926. Deutschland erholt sich allmählich vom Ersten Weltkrieg. Die Nachkriegsdepression weicht der Begeisterung über neue Ideen, Kunstformen und technische Entwicklungen. Die Menschen staunen über die Luftfahrt, fahren Automobile, sprechen in Telefonapparate und gehen ins Kino.

Nach Jahren des Nationalismus erfasst ein neuer internationaler Geist die Welt. Im Mai 1927 wird ein junger Amerikaner namens Charles Lindbergh zum berühmtesten Menschen der Welt. Er flog mit seinem Flugzeug *Spirit of St. Louis,* gebaut aus Stahlrohr und mit Kunststoff bespanntem Fichtenholz, betankt mit 1700 Litern Benzin, von New York nach Paris und hatte noch weniger Gepäck dabei als Heisenberg bei seiner Reise nach Helgoland: nur fünf Sandwiches. »Wenn ich nach Paris komme, brauche ich nicht mehr«, sagte Lindbergh, »und wenn ich nicht nach Paris komme, brauche ich auch nicht mehr.« Lindbergh ist zwei Monate jünger als Heisenberg.

In dieser Aufbruchsstimmung lässt Albert I. sich dazu überreden, das Land wieder für deutsche Wissenschaftler zu öffnen, und Lorentz begibt sich mit Einsteins Unterstützung an die Planung der fünften Solvay-Konferenz. Der offizielle Titel lautet »Elektronen und Photonen«, inoffiziell ist jedoch die Quantenmechanik das dominierende Thema. Vor nicht einmal sechs Monaten hat Heisenberg seine Unschärferelation veröffentlicht, nun soll verhandelt werden, wie es weitergeht. Es wird die berühmteste Konferenz in der Geschichte der Physik werden, noch ein Jahrhundert später werden Physiker über sie sprechen – und über das Duell der beiden bedeutendsten Physiker dieser Zeit, das damals in Brüssel beginnt: die Debatte zwischen Niels Bohr und Albert Einstein. »Keine tiefgründigere intellektuelle Debatte wurde je geführt«, schreibt der englische Wissenschaftler und Schriftsteller C. P. Snow später.

Die fünfte Solvay-Konferenz findet vom 24. bis zum 29. Oktober 1927 in Brüssel statt, dem Sitz des Chemiekonzerns Solvay, der sein Geld mit der Herstellung von Natriumcarbonat verdient, dem Grundstoff für die Herstellung von Waschmittel. Ernest Solvay, der das Unternehmen im Jahr 1863 gemeinsam mit seinem Bruder Alfred gegründet hat, hat dazu das »Solvay-Verfahren« entwickelt. Zudem ist er ein Mäzen von Sozial- und Bildungsprojekten und rief 1911 die Solvay-Konferenzen ins Leben. Es sind erlesene Zusammenkünfte: Zu einer Solvay-Konferenz kann man sich nicht anmelden, man wird eingeladen. Die fünfte Konferenz ist die bestbesetzte. 17 der 29 Teilnehmer bekommen vorher oder nachher den Nobelpreis. Die einzige Frau, die teilnimmt, hat sogar zwei Nobelpreise erhalten: Es ist Marie Curie. Auch ihr ehemaliger Liebhaber Paul Langevin, mit dem sie einst eine skandalträchtige Affäre hatte, ist unter den Anwesenden.

Fast alle Physiker, die etwas zur Quantenphysik zu sagen haben, kommen nach Brüssel: Max Planck, Albert Einstein, Paul Ehrenfest, Max Born, Niels Bohr, Erwin Schrödinger, Louis de Broglie, Hendrik Kramers, Wolfgang Pauli, Werner Heisenberg, Paul Dirac. Es ist das einzige Mal, dass sie alle am selben Ort versammelt sind. Nur einer fehlt: Arnold Sommerfeld. Er hat sich im Krieg für die Besetzung Belgiens ausgesprochen und wurde nicht eingeladen.

Für Niels Bohr ist es, wie für Albert Einstein, die erste Teilnahme an einer Solvay-Konferenz. Im Jahr 1921 war er krank, im Jahr 1924 schlug er die Einladung aus. Er fürchtete, wenn er hinführe, könnte es als schweigende Zustimmung zum Ausschluss der Deutschen ausgelegt werden.

Große Erwartungen liegen in der Luft, als die Koryphäen der Quantenphysik sich am 24. Oktober 1927, einem grauen, wolkigen Montagmorgen, um 10 Uhr im Physiologischen Institut im Brüsseler Leopold-Park zum Konzil versammeln.

Hendrik Lorentz begrüßt die Teilnehmer und erteilt William

Lawrence Bragg das Wort, dem Nachfolger Ernest Rutherfords auf dem Lehrstuhl für Physik an der Universität Manchester. Bragg, 37, ein scheuer, nervenschwacher Australier, hat schon mit 25 Jahren den Nobelpreis erhalten, gemeinsam mit seinem Vater für die Analyse von Kristallstrukturen mit Röntgenstrahlung. In breitem australischem Dialekt berichtet er davon, wie die neuesten Daten dieser Analysen den Aufbau der Atome erhellen – leise, korrekt und ein bisschen langweilig. Eine kleine Diskussion entspinnt sich um die trockene Materie. Heisenberg, Dirac, Born und de Broglie haben Fragen und Anmerkungen. Lorentz, der fließend Deutsch, Englisch und Französisch spricht, übersetzt für die weniger Sprachgewandten. Dann gehen alle gemeinsam zum Mittagessen.

Am Nachmittag berichtet der Amerikaner Arthur Compton, 35, über die Versuche, die er mit Elektronen und Röntgenstrahlen angestellt hat. Compton ist Experimentalphysiker, aber keine Laborratte. Er interessiert sich für philosophische Fragen wie die Willensfreiheit und entwirft eine neue, sanftere Form für die Straßenschwellen zur Geschwindigkeitsbegrenzung. Vor ein paar Wochen erst ist ihm der Nobelpreis zugesprochen worden. Doch seine Bescheidenheit gebietet ihm, die allseits als »Compton-Effekt« bekannte Frequenzminderung von Röntgenstrahlen bei der Streuung an Elektronen nicht so zu nennen.

Die Vorträge Braggs und Comptons haben eine gemeinsame Botschaft. Die Theorie des Elektromagnetismus, die James Clerk Maxwell im 19. Jahrhundert formuliert hat und die seitdem in Stein gemeißelt war, gerät nun ins Wanken. Mit ihrer Hilfe lassen sich die von Bragg und Compton beobachteten Phänomene nicht erklären. Wo sie scheitert, können Einsteins Lichtquanten Theorie und Experiment miteinander versöhnen. Am Ende des ersten Tages jedoch ist Einstein der Einzige der führenden Physiker, der noch nichts gesagt hat. Sein Moment, das Wort zu ergreifen, wird noch kommen.

Albert Einstein hat die Einladung, seine Position zur Quantenmechanik in einem Vortrag darzulegen, nach einigem Zögern ausgeschlagen. Er sei »nicht kompetent«, schrieb er an Lorentz, er fühle sich abgehängt von den »stürmischen Entwicklungen der Quantenphysik«, könne nicht so mitmischen, wie es für einen substantiellen Beitrag erforderlich wäre: »Ich habe diese Hoffnung nun aufgegeben.« Damit sagt Einstein allerdings nicht die ganze Wahrheit. Er will durchaus mitmischen. Er hört still zu und wartet auf seine Gelegenheit.

Auf der anderen Seite steht Niels Bohr, die zweite Eminenz der Quantenphysik. Auch er liefert in Brüssel 1927 keinen Bericht, auch er hat die theoretische Entwicklung der Quantenmechanik in letzter Zeit nicht mehr vorangetrieben. Aber er hat seine Schützlinge. Heisenberg, Pauli und Dirac arbeiten die Theorie aus.

Doch um die bloße Theorie geht es in Brüssel nicht. Es geht um die Deutung der Theorie. Was ist das für eine Welt, die sie beschreiben? Wie steht es in ihr mit Ursachen und Wirkungen? Ist der Mond noch da, wenn keiner zu ihm hochschaut? Solche Fragen waren bisher das Geschäft von Philosophen. Jetzt müssen die Physiker sie beantworten, um ihre eigene Theorie zu verstehen. Bohr ist überzeugt, die Antworten zu kennen.

Nun will er Einstein überzeugen. Bohr ist gespannt. Wie wird Einstein auf die neuesten Entwicklungen der Quantenphysik reagieren? Einsteins Urteil bedeutet Bohr sehr viel, denn Einstein ist immer noch der Papst der Physik.

Im Lauf der Konferenz tritt die Konfliktlinie zwischen den Teilnehmern deutlich hervor: alte gegen neue Quantenphysik. Albert Einstein, Erwin Schrödinger, Max Planck, Hendrick Lorentz, die alten, verteidigen die etablierte Ordnung der klassischen Physik, in der die Wellen sanft rollen und die Teilchen sich auf stetigen Bahnen bewegen. Sie sind »Realisten«, sie wollen die Welt beschreiben, wie sie wirklich ist.

Die jungen »Instrumentalisten«, allen voran Werner Heisenberg, Wolfgang Pauli und Paul Dirac, sind begierig, die Quantenmechanik voranzutreiben, sie auf die offenen Fragen über Atome und Strahlung anzuwenden. Für alles, was nach Philosophie, Semantik oder Erbsenzählerei riecht, fehlt ihnen die Geduld.

Nur Niels Bohr weigert sich, eines dieser Lager zu beziehen. Die jungen Ungestümen sind seine Schüler. Doch er kann den Einspruch Einsteins nicht ignorieren, aus Respekt für seinen alten Freund, und weil er selbst ein philosophischer Bedenkenträger ist.

Der Dienstag beginnt gemächlich mit einem Empfang an der Freien Universität Brüssel. Doch nach der Mittagspause wird es ernst. Der Herzogssohn Louis de Broglie spricht über »Die neue Dynamik der Quanten«. Auf Französisch berichtet er davon, wie er auf die kühne Idee kam, dass alle Materie aus Wellen besteht, und wie Erwin Schrödinger diesen Ansatz zur Wellenmechanik ausgebaut hat. In der Zwischenzeit hatte er weiter darüber nachgedacht und präsentierte nun seine Weiterentwicklung dieser Idee, die dem Stand der Quantenmechanik gerecht wurde. Unter kluger Verwendung der Schrödinger-Gleichung entwarf er ein neues Bild der Quantenmechanik, ohne die Mathematik zu verändern. Er verwirft das mysteriöse Gerede Bohrs von der »Komplementarität«, dem zufolge Welle und Teilchen gegensätzliche, unvollständige, einander ergänzende Bilder der Quanten sind. Stattdessen spricht er von einer Quantenwelt, in der Wellen und Teilchen friedlich koexistieren.

De Broglie versucht, was noch keiner vor ihm versucht hat: eine Brücke zu schlagen zwischen den Wellenmechanikern und dem Kopenhagener Lager. An Borns Wahrscheinlichkeitsdeutung sei ja was dran, räumt er vorsichtig ein, jetzt müsse man sehen, wie das alles zusammenpasst. De Broglie skizziert eine Theorie, in der die Teilchen von Wellen »geführt« werden, »pilotiert«, nennt er es. Damit kann er die Wellen behalten und gleichzeitig den Teilchen ihren Ort zurückgeben, auch wenn dieser Ort eine »versteckte Variable« ist – versteckt vor der Quantenmechanik. Ein Elektron verhalte sich nicht, wie die Kopenhagener behaupten, entweder wie eine Welle oder wie ein Teilchen – nein, es sei beides gleichzeitig: ein Teilchen, das gleich einem Surfer auf einer Welle dahingleite. »Théorie de l'onde pilote« nennt de Broglie seinen Ansatz, »Theorie der Führungswellen«. De Broglies Teilchen verhalten sich ganz und gar deterministisch und erfüllen dennoch Heisenbergs Unschärferelation, weil ihre Wege den Blicken entzogen sind. Keine Messung kann ihre Bewegungen vollständig erfassen, genau wie Heisenberg es behauptet. Es wirkt fast wie ein Zaubertrick: Die Kausalität und der Determinismus, diese zwei Pfeiler der Physik seit jeher, können beibehalten werden, und gemeinsam mit ihnen die Quantenmechanik samt ihrer frappierenden Übereinstimmung mit den Experimenten.

Doch die Lager wollen sich nicht versöhnen lassen. Erwin Schrödinger, der nicht an Teilchen glaubt, hört gar nicht erst zu. Wolfgang Pauli nennt de Broglies Ansatz »sehr interessant, aber falsch« und behauptet, de Broglies wellenreitende Teilchen widersprächen der bisherigen Quantentheorie der Teilchenkollisionen. Paulis Attacke beruht zwar auf einer schiefen Analogie, aber de Broglie ist verwirrt und gerät ins Stammeln. Obwohl er im Recht ist, steht er wie widerlegt da, und Pauli, der Unrecht hat, nimmt siegesgewiss wieder Platz.

Ein gewichtigerer Einwand kommt von Hendrik Kramers. Er gibt zu bedenken, dass ein Spiegel, der ein Lichtteilchen reflektiert, von dessen Aufprall einen leichten Rückstoß erfährt. De Broglies Theorie könne diesen Rückstoß nicht erklären, behauptet Kramers, und der nun noch stärker verunsicherte de Broglie kann ihm nichts entgegenhalten.

»Die Schule der Indeterministen, deren Anhänger zumeist jung und kompromisslos waren, begegnete meiner Theorie mit kalter Ablehnung«, wird de Broglie sich später erinnern. Wo sind die Formeln, fragen sie. De Broglie kann keine an die Tafel schreiben. Er hat nur diese Idee. Er hofft auf Beistand von Albert Einstein.

Vielleicht kann der die Unentschlossenen auf die richtige Seite ziehen? Doch Einstein schweigt weiter. De Broglie ist demoralisiert. Statt zu versöhnen, hat er alle gegen sich aufgebracht.

Am Mittwoch, den 26. Oktober 1927, haben die jungen Ungestümen das Wort. Am Vormittag steigen Born und Heisenberg zum Katheder. Sie präsentieren gemeinsam ihre auf Matrizen basierende Formulierung der Quantenmechanik, in der zufällige Quantensprünge eine wesentliche Rolle spielen. Schon ihr Auftakt ist ein Seitenhieb gegen Schrödinger: »Die Quantenmechanik beruht auf der Intuition, dass der wesentliche Unterschied zwischen der Atomphysik und der klassischen Physik das Auftreten von Diskontinuitäten ist.« Dann kommt die diplomatisch wichtige Verbeugung vor den Eminenzen, die nur ein paar Meter entfernt sitzen. Born und Heisenberg betonen, dass die Quantenmechanik »eine direkte Fortsetzung der von Planck, Einstein und Bohr begründeten Quantentheorie ist«.

Nach einer Darstellung der Matrizenmechanik, der Transformationstheorie nach Dirac-Jordan und der Wahrscheinlichkeitsdeutung von Born wenden Heisenberg und Born sich der Unschärferelation und der »tatsächlichen Bedeutung der Planckschen Konstante *h*« zu. Dieses *h* sei nichts Geringeres, behaupten sie, als »das universelle Maß der Unbestimmtheit, die in die Naturgesetze durch die Dualität von Wellen und Korpuskeln gelangt«. Gäbe es also keine Welle-Teilchen-Dualität der Strahlung und der Materie, so gäbe es keine Plancksche Konstante und keine Quantenmechanik. Ihre Schlussfolgerung ist eine Provokation für Einstein und Schrödinger: »Wir betrachten die Quantenmechanik als abgeschlossene Theorie, deren physikalische und mathematische Annahmen nicht weiter für Modifikationen empfänglich sind.« Kurzum, die Quantenphysik sei erledigt, ausgereift, jedes weitere Tüfteln, Rütteln oder Deuten überflüssig.

Die Quantenmechanik ist »abgeschlossen«: Das ist die Botschaft, mit der Bohr, Born, Heisenberg und Pauli nach Brüssel gekommen sind. Sie sind überzeugt, eine schlüssige Formulierung der Quantenmechanik vorweisen zu können. Ein paar Jahre zuvor war die Quantenphysik noch ein schwieriges Konstrukt aus immer neuen Behelfsmodellen, die ständig wieder vom nächsten Experiment widerlegt wurden. Nun sind alle Grundbausteine vereint: die Matrizenmechanik, die Schrödinger-Gleichung. Heisenberg hat gerade das Kernstück der Quantenmechanik entdeckt: die Unschärferelation.

Die jungen Deutschen beeindrucken ihr Publikum, und die Stimmung scheint zu ihren Gunsten zu kippen, auch wenn einige im Saal, ihnen voran Einstein, weiterhin zweifeln. Einstein hält die Quantenmechanik zwar für eine beeindruckende intellektuelle Leistung, aber nicht für die wahre Theorie der kleinsten Weltbausteine. Doch in der sich anschließenden Diskussion schweigt er beharrlich weiter. Niemand widerspricht Born und Heisenberg. Dirac, Lorentz und Bohr merken lediglich Kleinigkeiten an.

Was steckt hinter Einsteins Schweigen? Vielleicht ist es unerschütterlicher Gleichmut. Vielleicht ungläubiges Staunen. Paul Ehrenfest will es herausfinden und schreibt auf einen kleinen Zettel an Einstein: »Lache nicht, es gibt eine spezielle Abteilung im Fegefeuer für ›Professoren der Quantentheorie‹, dort werden ihnen 10 Stunden pro Tag Vorlesungen über klassische Physik gehalten.« Einstein antwortet: »Ich lache nur über die Naivität. Wer weiß, wer in einigen Jahren lacht.«

Doch Einstein begnügt sich nicht damit, abzuwarten. Er verfolgt eine Guerilla-Taktik: die offene Auseinandersetzung vermeiden, bei den Mahlzeiten sticheln. Schon morgens bringt er eine vermeintliche Widerlegung der Quantenmechanik mit in den Frühstückssaal des Hotel Metropole. Bei Kaffee und Croissants beginnt die Diskussion. Pauli und Heisenberg hören nur mit halbem Ohr zu und winken ab: »Ach was, das stimmt schon, das stimmt schon.« Bohr hört genauer zu, denkt darüber nach, diskutiert beim Mittagessen mit Heisenberg und Pauli und erscheint zum gemeinsamen Abendessen mit der Widerlegung der Widerlegung. Am nächsten Morgen beginnt das Spiel von vorn.

»Herrlich war es für mich, den Zwiegesprächen zwischen Einstein und Bohr beizuwohnen«, schreibt Paul Ehrenfest, der mit beiden befreundet ist, kurz nach dem Kongress in einem Brief. »Schachspielartig. Einstein immer neue Beispiele. Gewissermaßen Perpetuum mobile zweiter Art, um die Ungenauigkeitsrelation zu durchbrechen. Bohr stets aus einer dunklen Wolke philosophischen Rauchgewölkes die Werkzeuge heraussuchend, um Beispiel nach Beispiel zu zerbrechen. Einstein wie die Teuferln in der Box: Jeden Morgen wieder frisch herausspringend. Oh, das war köstlich. Aber ich bin fast rückhaltlos pro Bohr und contra Einstein. Er verhält sich nun exakt gegen Bohr, wie die Verteidiger der absoluten Gleichzeitigkeit sich gegen ihn verhielten.« Nach ein paar Tagen sagt Ehrenfest es seinem Freund ins Gesicht: »Einstein, ich schäme mich für dich. Du argumentierst gegen die neue Quantentheorie jetzt genauso wie deine Gegner gegen die Relativitätstheorie.« Heisenberg signalisiert mit einem Blick an Pauli: Endlich hat es jemand ausgesprochen. Es ist eine Niederlage für Einstein. Sein treuer Freund Ehrenfest hat die Seiten gewechselt.

Jede Nacht um ein Uhr morgens kommt Bohr zu Ehrenfest ins Zimmer, gibt ein paar rätselhafte Worte und reichlich Tabakrauch von sich, bleibt bis drei Uhr und geht wieder. Auch das missfällt Ehrenfest, der weder neblige Worte noch stinkende Pfeifen mag. Er beklagt die »arg Bohrische Beschwörungsterminologie. Unmöglich durch andere resummierbar«.

Am Mittwochnachmittag hätte Erwin Schrödinger die Konterchance, doch er nutzt sie nicht, sondern liefert eine lasche Verteidigung seiner Wellenmechanik. »Unter diesem Namen werden gegenwärtig zwei Theorien vorangetrieben«, spricht er auf Englisch, »die tatsächlich eng verwandt sind, aber nicht identisch.« Es sollte eine Theorie sein, leider sind es zwei, zwischen denen eine Kluft besteht. Die eine Theorie beschreibt gut vorstellbare Wellen im dreidimensionalen Raum, ähnlich einer Schallwelle oder klassischen Lichtwelle. Die andere beschreibt Wellen in einem abstrakten höherdimensionalen Raum. Nur in seltenen Sonderfällen reichen die drei Dimensionen aus. Das einzelne Elektron eines Wasserstoffatoms lässt sich in drei Dimensionen unterbringen, die zwei Elektronen eines Heliumatoms brauchen schon sechs. Das dämpft die Freude über Schrödingers Theorie, räumt er selbst ein. Aber nicht so schlimm, dieser vieldimensionale Raum ist nur ein mathematisches Hilfsmittel, genannt Konfigurationsraum. Was die Theorie beschreibt, ob ein Elektron oder mehrere, ob sie kreisen oder kollidieren, findet in Raum und Zeit statt, so wie wir es kennen. »In Wahrheit jedoch ist eine vollständige Vereinigung beider Konzeptionen bisher nicht erreicht worden«, muss Schrödinger zugeben.

Seine Hoffnung, dass diese Vereinigung gelingen könne, teilt kein anderer der maßgeblichen Theoretiker. Die meisten Physiker rechnen zwar lieber mit seiner Wellenmechanik als mit Heisenbergs Matrizen, doch die wenigsten sehen in den Wellen wirklichkeitsnahe Beschreibungen von Ladungswolken und Masseverteilungen. Sie übernehmen Borns Wahrscheinlichkeitsdeutung, die Schrödinger beharrlich ablehnt. Er macht deutlich, wie wenig er von der Idee der »Quantenspringerei« hält.

Seit Erwin Schrödinger die Einladung erhalten hat, in Brüssel zu sprechen, ist ihm klar, dass es dort Krach mit den Matrizenmechanikern geben könnte. Er ist daher gefasst, als in der Diskussion nach seinem Vortrag die Attacken beginnen, doch dass sie derart heftig ausfallen würden, hat er nicht erwartet. Der erste Stich kommt von Bohr: Er fragt Schrödinger, ob dessen Erwähnung von »Schwierigkeiten« später im Vortrag bedeute, dass ein früher erwähntes Resultat falsch sei. Schrödinger antwortet souverän. Dann meldet sich Born zu Wort, der an einer anderen Berechnung zweifelt. Schrödinger, nun schon weniger geduldig, stellt klar, die Berechnung sei »völlig korrekt und zwingend und dieser Einwand des Herrn Born ist unbegründet«.

Ein paar andere melden sich zu Wort, dann ist Heisenberg an der Reihe: »Herr Schrödinger sagt zum Schluss seines Vortrags, die Argumente, die er erörtert hat, nährten die Hoffnung, dass es möglich sein wird, die Resultate der multidimensionalen Theorie in drei Dimensionen zu erklären und zu verstehen, sobald unser Wissen tiefer ist. Ich erkenne nichts in Herrn Schrödingers Berechnungen, was diese Hoffnung rechtfertigen würde.« Schrödinger erwidert, seine »Hoffnung, zu einer dreidimensionalen Darstellung zu kommen«, sei »nicht gerade utopisch«. Wenige Minuten später endet die Diskussion. Für den Rest der Konferenz schweigt Schrödinger beleidigt.

Der Donnerstag ist frei. Lorentz, Einstein, Bohr, Born, Pauli, Heisenberg und de Broglie nehmen den Zug nach Paris, um an der Feier der Académie des Sciences anlässlich des 100. Todestags von Augustin Fresnel, dem Mitbegründer der Wellenoptik, teilzunehmen. »Die eigentliche Schlacht fängt morgen an«, notiert Werner Heisenberg am Donnerstagabend, dem 27. Oktober, in einem Brief an seine Eltern.

Heisenberg genießt den Aufenthalt in Brüssel, das gemeinsame Rauchen und Trinken, das Hotel Metropole, die Oper, die »wirklich anständig« ist, und vor allem die Aufnahme in die internationale Wissenschaftlergemeinschaft. Alle reden über seine Theorie, seine Unschärferelation.

Am Freitag werden die Diskussionen hitziger. Die offiziellen Vorträge sind gehalten. Nun sieht das Programm eine »allgemeine Diskussion der vorgeschlagenen Ideen« vor. Von allen Seiten dringen englische, französische und deutsche Stimmen auf Lorentz ein, um das Wort zu erhalten. Ehrenfest springt auf und schreibt den Satz aus dem Buch Genesis über den Turmbau zu Babel an die Tafel: »Denn dort hat der Herr die Sprache der ganzen Erde verwirrt.« Unter dem Gelächter seiner Kollegen kehrt er zu seinem Platz zurück.

Hendrik Lorentz versucht, der Diskussion eine Richtung zu geben, sie auf die Fragen der Kausalität, des Determinismus und der Wahrscheinlichkeit zu lenken. Haben Quantenereignisse Ursachen? Das ist die Frage, mit der Marie Curie schon ein Vierteljahrhundert zuvor rang. Lorentz stellt sie so: »Kann man den Determinismus nicht erhalten, indem man ihn zum Glaubensgrundsatz macht? Ist es zwingend, den Indeterminismus zum Prinzip zu erheben?« Er selbst gibt keine Antwort und lädt Bohr ein, etwas zu den »epistemologischen Problemen, die sich uns in der Quantenphysik stellen«, zu sagen. Nun ist der entscheidende Moment gekommen, wissen alle im Saal. Bohr wird versuchen, Einstein von der Kopenhagener Deutung zu überzeugen.

Bohr tritt ans Rednerpult. Er spricht zum Saal, aber eigentlich spricht er zu Einstein. Er ruft sich seinen Vortrag von Como ins Gedächtnis, der an Einstein gerichtet war, den dieser aber mangels Anwesenheit nicht gehört hat. Bohr spricht von seiner Überzeugung, dass die Welle-Teilchen-Dualität zum Wesen der Welt gehöre, dass diese Doppelnatur nur mit dem von ihm erdachten Konzept der Komplementarität verständlich werde, und dass diese Komplementarität der Unschärferelation zugrunde liege, die den Begriffen der klassischen Physik unüberwindliche Grenzen setze. Um allerdings die Ergebnisse von Quantenexperimenten eindeutig beschreiben zu können, müsse man den Versuchsaufbau und die Beobachtungen in einer Sprache darstellen, die »durch das Vokabular der klassischen Physik angemessen verfeinert ist«.

Einstein hört genau zu. Acht Monate zuvor, im Februar 1927, als Bohr gerade über die Komplementarität nachdachte, hatte Einstein in Berlin einen Vortrag über »Theoretisches und Experimentelles zur Frage der Lichtentstehung« gehalten. Die Natur des Lichtes verlange nicht entweder ein wellentheoretisches oder ein quantentheoretisches Konzept, hatte er damals gesagt, sondern eigentlich eine Synthese beider Konzepte. Diese Synthese hatte Einstein schon gefordert, als er im Jahr 1905 die Lichtquanten erfand, und seither vergeblich auf sie gehofft. Und nun hört er, wie Bohr die zwei Konzepte trennt. Es sind entweder Wellen oder Teilchen, je nach Versuchsanordnung. Nie beides. Keine Synthese.

Es geht um mehr als Wellen gegen Teilchen. Es geht darum, was Physik eigentlich ist. Seit jeher verstehen Wissenschaftler sich als unbeteiligte Beobachter der Natur. Ja, sie greifen ein, wenn sie experimentieren. Aber nicht, wenn sie beobachten. Es herrscht eine scharfe Trennung zwischen Beobachter und Beobachtetem. Ein Einfluss des Beobachters kommt in den klassischen Theorien nicht vor, und so will Einstein es auch weiterhin halten.

Doch Niels Bohr bricht damit. In der atomaren Welt gibt es jene Trennung zwischen Beobachter und Beobachtetem nicht, behauptet er. In ihr gilt laut der Kopenhagener Deutung das »Quantenpostulat«, das er »die Essenz« der neuen Physik nennt. Bei der Erforschung atomarer Phänomene folgt aus der Wechselwirkung zwischen dem Gemessenen und den Messinstrumenten, »dass weder den Phänomenen noch dem Beobachtungsmittel eine selbständige physikalische Realität im gewöhnlichen Sinne zugeschrieben werden kann«, so Bohr.

Die Wirklichkeit, wie Bohr sie sich vorstellt, existiert nicht ohne Beobachtung. Ein Elektron hat keinen Ort, keine Geschwindigkeit, solange niemand diese Eigenschaften misst. Zwischen den Messungen nach dem Ort oder der Geschwindigkeit des Elektrons zu fragen ist witzlos. Unbeobachtet existiert es nicht. Erst mit einer Beobachtung oder Messung wird es wirklich. Es ist falsch, zu glauben, sagt Bohr, dass die Aufgabe der Physik darin bestehe, die Natur so zu beschreiben, wie sie ist. Ihre Aufgabe ist, herauszufinden, was wir über die Natur sagen können.

Einstein sieht es anders: »Das, was wir Wissenschaft nennen, verfolgt nur ein einziges Ziel: die Feststellung dessen, was ist.« Die Physik will die Wirklichkeit erfassen, objektiv, unabhängig von jeglicher Perspektive. Das ist die Kluft zwischen Einstein und den Kopenhagenern. »Die Atome oder Elementarteilchen selbst sind nicht real«, sagt Heisenberg, »sie bilden eine Welt der Potentialitäten oder Möglichkeiten statt eine der Dinge oder Tatsachen.« Erst in einer Beobachtung werden diese Möglichkeiten zu einer Wirklichkeit, sagen Bohr und Heisenberg. Das ist keine Naturwissenschaft mehr, sagt Einstein. Wissenschaft erfindet die Natur nicht, sondern erforscht sie. Es geht in diesem Zwist um nichts Geringeres als die Seele der Physik.

Nach Bohrs Redebeitrag schweigt Einstein noch immer. Drei andere Teilnehmer melden sich zu Wort. Dann gibt Einstein Lorentz ein Zeichen. Sein Moment ist gekommen. Es wird still im Saal. Einstein erhebt sich und schreitet unter den gebannten Blicken der Zuhörer zur Tafel. Mit dem Stehkragen, dessen Spitzen sauber nach vorne gefaltet sind, und dem Langbinder sieht er aus, als stamme er aus dem vorigen Jahrhundert.

Vorsichtig hebt Einstein an: »Ich bin mir des Umstandes bewusst, dass ich in das Wesen der Quantenmechanik nicht tief genug eingedrungen bin.« Er möchte nur »ein paar allgemeine Bemerkungen« machen. Das ist Tiefstapelei. »Ich habe hundertmal so viel über Quantenprobleme nachgedacht wie über die allgemeine Relativitätstheorie«, wird er später einem Freund gestehen. Manche glauben, Einstein habe die Quantenmechanik nicht verstanden. Irrtum, er versteht sie besser als irgendwer sonst. Er ist nur nicht einverstanden, denn er hält sie für unvollendet.

Einstein antwortet nicht auf Bohrs Vortrag, der so unverkennbar an ihn gerichtet war. Er ignoriert Bohrs Versuch, ihn für die Quantenmechanik zu gewinnen und geht mit keinem Wort auf dessen Analyse des Welle-Teilchen-Rätsels ein, nicht auf die Idee der Komplementarität, nicht auf Bohrs philosophische Ausführungen.

Er zielt geradewegs auf Bohrs schwächsten Punkt: die Behauptung, die Quantenmechanik schöpfe die Möglichkeiten der Erklärung für beobachtbare Phänomene voll aus. Warum soll diese hässliche Theorie die Grenze des Erforschbaren ziehen? Einstein macht sich daran, zu zeigen, dass die Quantenmechanik, wie Bohr sie versteht, keine vollständige, widerspruchsfreie Theorie ist – und zwar mit seinem Lieblingswerkzeug: einem Gedankenexperiment.

»Stellen wir uns ein Elektron vor, das auf eine Blende zufliegt«, holt Einstein aus, wendet sich zur Tafel und greift zur Kreide, strichelt die Bahn des Elektrons, zieht quer dazu einen Strich für den Schirm, wobei er die Kreide kurz abhebt. Die Blende hat ein Loch, an dem das Elektron gestreut wird, erklärt er, halb zum Publikum gewandt. Auf der anderen Seite des Schirms malt er Halbkreise für die von dem Loch ausgehende Schrödinger-Welle des Elektrons, die auf einen Schirm zuläuft. Auf ihn wird das Elektron prallen. Wenn wir das Elektron hier beobachten, sagt Einstein und zeigt auf einen Punkt oben auf dem Schirm, dann ist ausgeschlossen, dass es hier auftrifft. Einstein tippt auf einen Punkt unterhalb. Aber die Schrödinger-Welle, die nach der Kopenhagener Deutung »die Wahrscheinlichkeit ausdrückt, dass dieses Teilchen sich an einem bestimmten Ort befindet«, trifft den zweiten Schirm in voller Breite, nicht nur an einem Punkt. Sie »zeigt keine Vorzugsrichtung«, fährt Einstein fort. Sobald man das Elektron an einem Punkt des Schirms beobachtet, sackt die Welle überall anderswo schlagartig auf null: der berüchtigte »Kollaps der Wellenfunktion«. So kann es nicht laufen, so Einstein, es wäre ein »Widerspruch mit dem Relativitätspostulat«, das solche »Fernwirkungsmechanismen« verbietet. Das Geschehen an einem Punkt kann nicht verzögerungsfrei das Geschehen an anderen Punkten beeinflussen. Zwischen Ursache und Wirkung muss mindestens eine Verzögerung entsprechend der Lichtgeschwindigkeit liegen. Also, folgert Einstein, liefert Bohrs Deutung der Quantenmechanik kein schlüssiges Bild des Geschehens.

Einstein schlägt ein anderes Bild vor. Jedes Elektron bleibt ein Teilchen, es nimmt eine bestimmte der vielen möglichen Bahnen zur Photoplatte. Die Kugelwellen gibt es auch, ja, aber nicht für einzelne Elektronen, sondern für »eine Wolke von Elektronen«.

Die Quantenmechanik beschreibt keine einzelnen Quantenprozesse, sondern »Ensembles« solcher Prozesse. Einstein setzt der Kopenhagener Deutung eine »rein statistische« Deutung entgegen.

Er legt die Kreide ab und klatscht den Staub von den Händen. »Meiner Meinung nach kann man diesem Einwand nur derart entgehen, dass man den Prozess nicht nur durch eine Schrödinger-Welle beschreibt, sondern zugleich noch das Teilchen während der Ausbreitung lokalisiert. Ich denke, dass de Broglie recht hat, in dieser Richtung zu suchen.« Kurzum: Die Quantenmechanik mag zwar nicht falsch sein, aber sie ist unvollständig. Die Wirklichkeit der Quantenprozesse liegt tiefer. De Broglie ist auf der richtigen Fährte. Heisenberg und Pauli auf der falschen.« Einstein setzt sich.

Bohr, Heisenberg, Pauli und Born schauen sich an. Das soll eine Widerlegung der Quantenmechanik sein? Ja, stimmt, die Wellenfunktion kollabiert schlagartig, aber sie ist ja eine abstrakte Wahrscheinlichkeitswelle, keine wirkliche Welle, sie breitet sich nicht im dreidimensionalen Raum aus, in dem wir leben.

»Ich habe das Gefühl«, sagt Bohr, »in einer sehr schwierigen Position zu sein, weil ich das Argument nicht genau verstehe, auf das Einstein hinauswill. Das ist zweifellos mein Fehler.« Dann sagt er einen erstaunlichen Satz: »Ich weiß nicht, was Quantenmechanik ist. Ich denke, wir befassen uns mit einigen mathematischen Methoden, mit denen sich unsere Experimente angemessen beschreiben lassen.«

Statt auf Einsteins Argumente einzugehen, stellt Bohr stur noch einmal seine eigene Position dar. Er fängt wieder an, von Welle-Teilchen-Dualismus und Komplementarität zu sprechen. Bohr spricht von Beobachtungen, Einstein von der Wirklichkeit. Bei ihrem ersten öffentlichen Disput reden die beiden Altmeister der Quantenphysik völlig aneinander vorbei. »Die Verwirrung der Ideen erreichte ihren Höhepunkt«, sagt Paul Langevin.

Nachdem Einstein seine Argumente dargelegt hat, verfällt er wieder in Schweigen. Die Diskussion geht langsam zu Ende, und die Teilnehmer verlassen das Physiologische Institut. Doch der Disput hat erst begonnen. Niels Bohr und Albert Einstein treffen im Art-Déco-Saal des Metropole wieder aufeinander. De Broglie sieht die beiden Kontrahenten eines Abends dort sitzen, vertieft in ihr »Duell«, doch er kann dem Gespräch leider nicht folgen. Er spricht kein Deutsch.

Unmöglich, sagt Einstein, eine grundlegende physikalische Theorie kann keine statistische sein. Schon klar, es gibt statistische Theorien, zum Beispiel die Wärmelehre und die statistische Mechanik. Aber die sind eben nicht grundlegend. Die Statistik füllt nur die Lücken im Wissen über die beschriebenen Vorgänge. So auch bei der Quantentheorie, bemerkt Einstein. Immer wieder hört man von ihm den Satz: »Der liebe Gott würfelt nicht.« – »Einstein«, erwidert Bohr irgendwann, »es kann doch nicht unsere Aufgabe sein, Gott vorzuschreiben, wie Er die Welt regieren soll.«

Doch es gelingt ihm nicht, Einsteins Einwand mit dem Kollaps der Wellenfunktion, bald »das Messproblem« genannt, zu entkräften. Wie kann es sein, dass ein unbeobachtetes Elektron wie eine Welle durch den Raum fließt und sich dann bei einer Messung plötzlich – puff! – an einem Ort verdichtet? Bohr hat keine Antwort auf diese Frage. Die Quantenmechanik gibt keine Antwort.

Einstein versucht, den Flug des Elektrons vom Loch in der Blende zum Schirm zu verfolgen. Vielleicht lässt sich die Unschärferelation austricksen, indem man eine weitere Blende mit zwei Löchern dazwischenschiebt? Bohr denkt ein paar Stunden darüber nach. Hat Einstein berücksichtigt, wie genau die Position des Lochs in der Blende bekannt ist? Was ist mit dem Rückstoß des Elektrons beim Passieren des Lochs? Wieder und wieder lassen Bohr und Einstein im Geist das Elektron durch den Versuchsaufbau fliegen. Bohr bringt kaum einen Satz richtig zu Ende. Einstein schöpft Hoffnung. Bis Bohr zeigt, dass der gesamte Apparat, der den Ort des Elektrons offenbaren soll, der Unschärferelation unterliegt, was den Ort doch wieder verwischt.

Einstein ist beunruhigt. Er hat keine schnelle Riposte. Am nächsten Morgen kommt er mit einem neuen, raffinierteren Gedankenexperiment. Er fügt neue Blenden mit mehr Löchern hinzu, mehr Messinstrumente. Immer komplizierter, immer ungeduldiger. Die Stimmung kippt zugunsten Bohrs. Nun ist Bohr der Papst der Quantenphysik, und Einstein der Frevler.

Später wird Heisenberg auf diese Konferenz zurückblicken und sie als einen Triumph für Bohr, Pauli und ihn selbst auslegen, als den Moment, in dem der »Kopenhagener Geist« auf die Quantenphysik herabkam. Was Ort und Impuls in der atomaren Welt bedeuten – die Begriffe, die Einstein einige Jahre zuvor neu definiert hat –, definieren nun Bohr, Heisenberg und Pauli. »Ich bin in jeder Hinsicht zufrieden mit den wissenschaftlichen Ergebnissen«, schreibt Heisenberg. »Bohrs und meine Ansichten wurden allgemein akzeptiert. Zumindest werden keine ernsthaften Einwände mehr erhoben, nicht einmal von Schrödinger und Einstein.« Er erwähnt nicht, dass Bohrs und seine Ansichten nicht dieselben sind. Sie haben ihren Konflikt vom Frühjahr begraben, aber nicht beigelegt. Heisenberg glaubt weiter daran, dass die Welt im atomaren Maßstab ganz anders aussieht als im klassischen Maßstab. Bohr beharrt darauf, dass es nur eine Welt gibt.

Die Konferenz endet, ohne dass Albert Einstein die Quantenmechanik widerlegen kann. Doch er bleibt unbeirrt in seinem Widerstand, er kann einfach nicht anders. Schließlich geht es um die Grundlagen seines Denkens. Er glaubt an eine objektive physikalische Welt, die sich in Raum und Zeit nach festen Gesetzen fortentwickelt, unabhängig von uns Menschen, aber erforschbar durch sie. Die Quantenmechanik erschüttert diese Grundlagen. Einstein sieht sie als Frevel gegen die Wirklichkeit.

Wenn die Physik in atomare Dimensionen vordringt, ändern ihre mathematischen Symbole ihre Bedeutung, behaupten Bohr und Heisenberg. Das ist ein Angriff auf die physikalische Welt, wie Einstein sie maßgeblich konzipiert hat: Er hat den Raum und die Zeit mit der Relativitätstheorie neu erfunden, hat eine Welt der Kontinuität, Kausalität und Objektivität geschaffen. Jetzt soll er zusehen, wie sie wieder eingerissen wird? Niemals. Auf dem Heimweg von Brüssel nach Berlin fährt Einstein im Zug mit Louis de Broglie über Paris. »Machen Sie weiter«, will er den Prinzen zum Abschied ermutigen, »Sie sind auf dem richtigen Weg.« Doch daran glaubt de Broglie, demoralisiert von der mangelnden Unterstützung, die er in Brüssel erfahren hat, nicht mehr.

Erschöpft und bedrückt, aber nicht bekehrt, kehrt Einstein zurück nach Berlin. Eine Woche nach der Solvay-Konferenz, am 9. November 1927, schreibt er an Sommerfeld: »Zur Quantenmechanik denke ich, dass sie bezüglich der ponderablen Materie etwa ebenso viel Wahrheit enthält, wie die Theorie des Lichtes ohne Quanten.« Die Theorie mag zwar »eine richtige Theorie statistischer Gesetze« sein, aber »eine unzureichende Auffassung der einzelnen Elementarprozesse«.

Dass Niels Bohr in Brüssel die Oberhand behält, liegt nicht nur an seiner Überzeugungskraft, sondern auch daran, dass er sich seine Gefolgschaft heranzieht. In Rutherfords Labor in Manchester hat er gelernt, wie wichtig eine gute, gemeinschaftliche Arbeitsatmosphäre ist, daher pflegt er sie in seinem eigenen Institut in Kopenhagen. Wer in der Quantenphysik etwas werden will, kommt zu ihm. »Alle Wege führen in den Blegdamsvej 17«, sagt der junge russische Physiker Georgi Gamow. Dagegen ist das Kaiser-Wilhelm-Institut für Physik in Berlin unter seinem Gründungsdirektor Albert Einstein nicht viel mehr als eine Adresse. Einstein gefällt es so. Er arbeitet gern allein.

Niels Bohr bildet eine ganze Generation von Theoretikern aus. Seine Schüler besetzen die frei werdenden Lehrstühle für theoretische Physik überall in Europa: Gleich nach der Solvay-Konferenz übernimmt Werner Heisenberg seinen neuen Posten als Professor und Direktor des Instituts für Theoretische Physik in Leipzig. Wolfgang Pauli tritt seine Professur an der Eidgenössischen Technischen Hochschule Zürich an, und Pascual Jordan bekommt Paulis Posten in Hamburg. Hendrik Kramers ist seit 1926 Professor für Theoretische Physik in Utrecht. Sie tauschen untereinander Studenten und Assistenten aus. So verbreitet sich Bohrs Sicht der Quantenphysik international über seine Schüler.

Eine Ausnahme ist Paul Dirac, der mathematische Überflieger unter den Bohr-Schülern. Er erinnert sich mit weniger Begeisterung an die Debatte zwischen Bohr und Einstein. Er habe sich die Diskussionen zwar angehört, sagt er später, aber sich nicht an ihnen beteiligt: »Ich war mehr interessiert daran, die richtigen Gleichungen zu finden.« Für Dirac ist klar, dass die Quantenmechanik noch nicht vollendet ist. Mag sein, dass Einstein in Brüssel in die Defensive geraten ist, aber gut möglich, dass er auf lange Sicht recht behalten wird, glaubt er.

BERLIN 1930

DEUTSCHLAND BLÜHT AUF, EINSTEIN IST KRANK

Berlin, Ende der 1920er Jahre. Deutschland erholt sich von den Kriegswirren. Auf dem Tempelhofer Feld, wo vor zwei Jahrzehnten Orville Wright flog, ist der größte Flughafen der Welt entstanden, 50 Flugzeuge aus ganz Europa landen dort täglich. Er zieht auch Touristen an, die auf dem Landweg reisen. Für ein kleines Eintrittsgeld kann jeder den Flughafen betreten und so lange verweilen, wie er möchte. Scharen von Touristen und Einheimischen sitzen an den Tischen der Cafés, essen und trinken, lauschen dem Brummen der Motoren, sehen den funkelnden Maschinen zu, wie sie hoch in die Lüfte steigen oder von Wer-weiß-woher aus den Wolken gleiten. Fliegen ist ein großes, faszinierendes Abenteuer. Im Jahr 1928 machen die Flieger John Henry Mears und Charles Collyer auf ihrer Weltumrundung mit ihrer einmotorigen Fairchild FC-2W in Tempelhof Station. Kurz vor Berlin müssen sie auf einem Feld landen, um die Bauern nach dem Weg zu fragen. Sie bleiben ein paar Stunden in Berlin, ruhen sich im Hotel Adlon aus, frühstücken Eier, Schinken und dunkles Bier und fliegen weiter Richtung New York, von wo sie 23 Tage, 15 Stunden, 21 Minuten und drei Sekunden vorher aufgebrochen sind. Weltrekord.

Aus dem erstarrten, nationalistischen Kaiserreich ist – zumindest für ein paar Jahre – eine lebendige, fortschrittliche Republik geworden. Mit 36 Frauen im Reichstag hat Deutschland mehr weibliche Parlamentsabgeordnete als jedes andere Land. Frauen können jeden Beruf ergreifen, den sie möchten, im Prinzip zumindest. Sie arbeiten als Ingenieurinnen, Maschinenbauerinnen und Schlachterinnen. Deutschland zieht Fremde an, die auf der Suche nach einer klassenlosen Idylle mit historischen Bauten, gepflasterten Straßen, Bierlokalen und lockeren Sitten sind. Josefine Baker tanzt in Berlin leichtbekleidet im Bananenrock. Max Reinhardt ist ein Theaterstar. Das erfolgreichste Theaterstück ist die *Dreigroschenoper* von Bertolt Brecht und Kurt Weill. Das Bauhaus bestimmt den Trend der Architektur. Die Wissenschaft blüht neben der Kunst und der Kultur.

Die Jugendbewegung breitet sich immer mehr aus. Braungebrannte junge Menschen bevölkern Bäder und Strände, sie zeigen viel von ihren Körpern. Die Wandervögel, zu denen auch Werner Heisenberg gehört, ziehen durchs Land. Doch bei näherem Hinsehen ist die Jugendbewegung weniger unschuldig, als sie auf den ersten Blick erscheint. Viele der Organisationen sind Ausläufer politischer Parteien. Da sind die Braunhemden. Da sind die roten Fahnen.

Albert Einstein, inzwischen 49 Jahre alt, geht es nicht gut. Er spürt die Grenzen seiner körperlichen Leistungsfähigkeit. Während eines kurzen Besuchs in der Schweiz im April 1928 bricht er zusammen, als er seinen Reisekoffer einen steilen Anstieg emporschleppt. Zunächst wird ein Herzinfarkt befürchtet, dann eine krankhafte Vergrößerung des Herzens diagnostiziert. Einstein fühlt sich »nahe am Abkratzen«. Zurück in Berlin, übernimmt Elsa das Kommando, überwacht den Zugang zu Einstein, schränkt Besuche von Freunden und Kollegen ein.

Während Einstein allmählich wieder auf die Beine kommt, erscheint ein Artikel von Bohr in drei Sprachen gleichzeitig: »Das Quantenpostulat und die neuere Entwicklung der Atomistik«. Es handelt sich um eine überarbeitete Fassung seines Comer Vortrags – die abschließende von unzähligen Überarbeitungen, nach Bohrs Wunsch die ewig gültige Darstellung seiner Deutung der Quantenmechanik samt dem konzeptuellen Instrumentarium der

Komplementarität. Bohr schickt einen Abzug an Schrödinger – der die Beschränkungen durch die Unschärferelation noch immer nicht hinnimmt. Wenn die Begriffe Ort und Impuls nur eine ungenaue Beschreibung eines Quantensystems zulassen, antwortet Schrödinger ihm am 5. Mai 1928, dann müssen eben neue Begriffe her, die jener Begrenzung nicht unterliegen. Sicherlich würde es »sehr schwierig sein, das neue Begriffsschema aufzufinden«, da »die erforderliche Neugestaltung die tiefsten Schichten unseres Erkennens« berühre, nämlich »Raum, Zeit und Kausalität«. Bohr erwidert mit einem höflichen Dank, stellt aber klar, dass er mit der »Betonung der Notwendigkeit der Entwicklung von ›neuen‹ Begriffen kaum ganz einverstanden« sein kann. Die Unschärferelation sei keine zufällige Begrenzung der Anwendbarkeit der klassischen Begriffe, sondern eine unausweichliche Folge der Komplementarität, die sich aus der Analyse des Prozesses der Beobachtung ergibt. Schrödinger informiert Einstein über seinen Austausch mit Bohr. Ja, Einstein sieht es auch so. Schrödingers Forderung, »dass die Begriffe *p* und *q* verlassen werden müssen«, sei »ganz gerechtfertigt, wenn sie nur so eine ›Wackelbedeutung‹ beanspruchen können«. Einstein ist sogar willens, die hergebrachten physikalischen Grundbegriffe, die er selber neu erfunden hat, über Bord zu werfen, um das Kopenhagener Denken nicht annehmen zu müssen: »Die Heisenberg-Bohrsche Beruhigungsphilosophie – oder Religion? – ist so fein ausgedacht, dass sie dem Gläubigen einstweilen ein sanftes Ruhekissen liefert, von dem er nicht so leicht sich aufscheuchen lässt. Also lasse man ihn liegen.«

Vier Monate nach seinem Zusammenbruch ist er noch immer wackelig auf den Beinen, aber immerhin kann er sich wieder bewegen und muss nicht mehr länger das Bett hüten. Um sich weiter zu erholen, mietet er ein Haus in dem verschlafenen Dorf Scharbeutz an der Ostsee. Dort liest er Spinoza, seinen Lieblingsphilosophen, und erfreut sich der Ruhe vor dem »idiotischen Dasein, das man in der Stadt fristet«. Es dauert fast ein Jahr, bis er sich stark genug fühlt, um wieder ins Büro zu gehen. Er arbeitet den Vormittag über, geht zum Mittagessen heim, ruht bis drei Uhr, arbeitet weiter, »manchmal die ganze Nacht durch«, sagt Helen Dukas, seine Privatsekretärin.

In den Osterferien 1929 besucht Wolfgang Pauli Einstein in Berlin. Er muss hören, dass Einstein noch immer an seinem Glauben an eine Wirklichkeit festhält, in der sich die Phänomene unabhängig von allen Beobachtern nach einem festen Drehbuch der Naturgesetze entwickeln. »Reaktionär« findet Pauli diese Einstellung. Mit seinem Eigensinn wird Einstein einigen seiner alten Freunde allmählich fremd: »Viele von uns betrachten dies als eine Tragödie«, schreibt Max Born, »sowohl für ihn, wie er seinen Weg ertastet in Einsamkeit, als für uns, die wir unseren Führer und Vorkämpfer vermissen.«

Als Albert Einstein am 28. Juni 1928 die Max-Planck-Medaille der Deutschen Physikalischen Gesellschaft aus den Händen von Max Planck selbst erhält, erklärt er: »Ich bewundere doch aufs Höchste die Leistungen der jüngeren Physikergeneration, welche unter dem Namen Quantenmechanik zusammengefasst sind. Nur glaube ich, dass die Beschränkung auf statistische Gesetze nur eine vorübergehende sein wird.« Da ist Einstein bereits zur letzten intellektuellen Reise seines Lebens aufgebrochen: zu seiner einsamen Suche nach einer Feldtheorie, die den Elektromagnetismus und die Gravitation vereint. Von ihr erhofft er sich die Rettung der Kausalität und der beobachterunabhängigen Wirklichkeit. Wer ist hier der Reaktionär? Bohr oder Einstein? Als die beiden auf der sechsten Solvay-Konferenz wieder aufeinandertreffen, ist Einstein genesen und gerüstet für die nächste Attacke auf die Quantenmechanik.

BRÜSSEL 1930
K.O. IN DER ZWEITEN RUNDE

Brüssel, 1930. Am Montag, den 20. Oktober beginnt die sechste Solvay-Konferenz. Sie dauert sechs Tage und trägt den Titel »Die magnetischen Eigenschaften der Materie«. Der Ablauf ist derselbe wie drei Jahre zuvor. An Stelle von Hendrik Lorentz, der inzwischen gestorben ist, übernimmt Paul Langevin den Vorsitz des Organisationskomitees und die Leitung der Konferenz.

Die Besetzung ist kaum weniger honorig als 1927 – mit 12 bereits ausgezeichneten oder künftigen Nobelpreisträgern. Unter den Teilnehmern sind wieder Paul Dirac, Werner Heisenberg und Hendrik Kramers. Und natürlich Niels Bohr und Albert Einstein. Arnold Sommerfeld ist diesmal auch dabei. Der Boden ist bereitet für die zweite Runde des Kampfes zwischen Bohr und Einstein um die Deutung der Quantenmechanik und das Wesen der Wirklichkeit.

Bohr und Einstein kommen gut vorbereitet nach Brüssel, wie zwei Schachgroßmeister zu einem Weltmeisterschaftskampf. Während der vergangenen drei Jahre hat Bohr die Gedankenexperimente, mit denen Einstein auf der fünften Solvay-Konferenz die Quantenmechanik widerlegen wollte, wieder und wieder durchgespielt. Damals fand er Lücken in Einsteins Argumentation, doch damit gab er sich nicht zufrieden. Er ersann eigene Gedankenexperimente mit immer ausgeklügelteren Arrangements von Blenden, Schlitzen, Schließmechanismen und Uhren, um seine Deutung der Quantenmechanik auf Schwächen zu prüfen, doch er fand keine.

Wieder stürmt Albert Einstein gegen die Quantenmechanik an, wieder verteidigt Niels Bohr. Er glaubt, auf alles gefasst zu sein. Doch dann, nach einer der offiziellen Sitzungen, zaubert Einstein eine lichtgefüllte Kiste hervor. Eine gedachte Kiste. Einstein hat ein teuflisches Gedankenexperiment ausgeheckt. Stellen Sie sich eine Kiste vor, sagt Einstein zu Bohr, die ein paar Lichtteilchen und eine Uhr enthält. In einer ihrer Wände ein Loch mit einem automatischen Verschluss, der mit einer Uhr im Kasten verbunden ist. Wiegen Sie den Kasten. Stellen Sie die Uhr so ein, dass sich der Verschluss zu einem bestimmten Zeitpunkt öffnet und so schnell wieder schließt, dass nur ein einziges Teilchen aus der Kiste entweichen kann. Wir kennen nun, erklärt Einstein, den exakten Zeitpunkt, zu dem das Teilchen aus dem Kasten entwichen ist. Bohr hört ungerührt zu. So weit alles klar und unstrittig. Die Unschärferelation gilt nur für komplementäre Paare von Größen, zum Beispiel Ort und Impuls oder Energie und Zeit. Für sich genommen kann jede Größe beliebig scharf bestimmt werden. Dann spielt Einstein seinen Trumpf aus: »Wiegen Sie den Kasten noch einmal.« In diesem Moment dämmert Bohr, dass er in Schwierigkeiten steckt.

Einstein hat sich der großen Entdeckung bedient, die er noch als Patentbeamter in Bern gemacht hat: Masse ist Energie und Energie ist Masse. $E=mc^2$. Der Gewichtsunterschied ist ein Maß für die Energie des entwichenen Teilchens. Ein so kleiner Unterschied wäre mit den Instrumenten der 1930er Jahre nicht nachzuweisen, aber das ist eine technische Nebensächlichkeit, es geht ums Prinzip. Man weiß also, wann das Teilchen entwichen ist, und kennt seine Energie. Beides gleichzeitig. Ein Widerspruch zur Unschärferelation. Lässt sich die Quantenmechanik doch überlisten?

Bohr ist überrumpelt. Er sieht keinen Ausweg, hat keine Antwort. Pauli und Heisenberg versuchen vergeblich, den Doyen der Quantenmechanik zu beruhigen: »Das kann nicht stimmen, alles wird gut.« Nett gemeint, aber nicht sehr hilfreich. Den ganzen Abend diskutiert Bohr mit seinen Gefolgsleuten. Das darf nicht stimmen. Es wäre das Ende der Physik, warnt er. Zumindest der Physik, wie Bohr sie versteht.

An diesem Abend schreitet ein stiller Einstein zurück ins Hotel Metropole, aufrecht und majestätisch, eine Zigarre schmauchend, den Triumph als feines Lächeln ins Gesicht geschrieben. Hinter ihm her ein aufgebrachter Bohr, diskutierend, gestikulierend, erhitzt, den Mantel über dem Arm. Er sieht aus »wie ein geprügelter Hund«, sagt sein belgischer Freund und Kollege Léon Rosenfeld.

In Einsteins Augen bedeutet dies keineswegs das Ende der Physik, es ist vielmehr ihre Rettung. Die Rettung der Wirklichkeit, die unabhängig von allen Beobachtern existiert. So versteht Albert Einstein die Physik.

In dieser Nacht bleibt Bohr lange wach. Während alle schlafen, durchdenkt er Einsteins Lichtkasten bis ins kleinste Detail, zerlegt ihn in seine Einzelteile auf der Suche nach dem Fehler. Er durchdenkt den Kasten genauer als Einstein selbst. Bohr hängt den Kasten im Geist an eine Federwaage mit einer Skala. Er lässt das Uhrwerk in ihm ticken. Er konstruiert den Mechanismus des Verschlusses am Austrittsloch, vergisst keine Schraube, keine Mutter. Manchmal zeigt die Größe eines Geistes sich in seinem Blick für Kleinigkeiten.

Am nächsten Morgen betritt ein stolzer, übernächtigter Niels Bohr, der niemanden mehr an einen geprügelten Hund erinnert, den Frühstückssaal des Metropole. Sofort platzt er mit seiner nächtlichen Erkenntnis heraus. Einstein hat etwas übersehen: Beim Wiegen bewegt sich die Kiste um ein winziges Stück im Gravitationsfeld der Erde. Das verursacht eine kleine Unschärfe in ihrer Masse, folglich in der Energie des entwichenen Teilchens. Zudem hängt es von der Position einer Uhr im Gravitationsfeld ab, wie schnell sie läuft. Das hat Einstein selbst vor Jahren gezeigt. Also ist auch die Zeit unscharf. Zusammengenommen kommt exakt die Unschärfe heraus, die der Unschärferelation entspricht.

Der Kaffee wird kalt in den Tassen. Was für eine Wende! Bohr hat Einsteins vermeintliche Widerlegung in eine glänzende Bestätigung der Unschärferelation verwandelt, mit einer genialen Anwendung ausgerechnet der Relativitätstheorie Einsteins.

Nun ist es an Einstein, ratlos zu schweigen. Wie drei Jahre zuvor hat Bohr seine Attacke abgeschmettert. Zwar könnte Einstein weiter argumentieren: Wie kann die Quantenmechanik eine abgeschlossene Theorie sein, wenn sie zu ihrer Rettung die Relativitätstheorie benötigt? Aber Einstein argumentiert nicht mehr. Nun ist der Moment, sich geschlagen zu geben. Vorerst. Es ist die letzte öffentliche Debatte zwischen Bohr und Einstein. Aber nicht Einsteins letzter Angriff auf die Quantenmechanik. Er ändert seine Strategie und versucht nicht mehr, die Unschärferelation auszutricksen. Künftig zielt er auf eine andere Schwachstelle: die »spukhafte Fernwirkung«.

Im November 1930 hält Albert Einstein einen Vortrag über seinen Lichtkasten an der Universität Leiden, an der er oft zu Gast ist. Nach dem Vortrag sagt ein Zuhörer, er sehe keinen Konflikt mit der Quantenmechanik. »Ich weiß«, antwortet Einstein. Da gibt es keine Widersprüche. Aber dennoch stimmt die Theorie nicht.

Einstein ist stur. Aber nicht kleinlich. Trotz seiner Abneigung gegen die Quantenmechanik nominiert er im September 1931 wieder Werner Heisenberg und Erwin Schrödinger für den Nobelpreis. In seinem Nominierungsbrief schreibt er: »Diese Lehre enthält nach meiner Überzeugung ein Stück endgültiger Wahrheit.« Ein Stück der Wahrheit. Nicht die ganze. Einsteins »innere Stimme« flüstert ihm weiterhin zu, dass die Quantenmechanik nicht der Weisheit letzter Schluss ist, für den Bohr sie hält.

Nach der sechsten Solvay-Konferenz reist Einstein für ein paar Tage nach London. Am 28. Oktober ist er Ehrengast bei einem Wohltätigkeitsdinner zugunsten verarmter osteuropäischer Juden im Hotel Savoy, ausgerichtet vom Joint British Committee of the Societies Ort-Oze. Baron Rothschild, der Präsident des Komitees, tritt als Gastgeber auf, George Bernard Shaw als Zeremonienmeister. Fast tausend Gäste kommen. Einstein fühlt sich nicht wohl unter den elegant gekleideten, mit Schmuck und Orden behängten Reichen und Schönen, aber für den guten Zweck spielt er die »Affenkomödie« mit, zwängt sich in den Frack und die weiße Kragenbinde und schüttelt die Hände der Menschen, die vor ihm, dem »jüdischen Heiligen«, Schlange stehen.

Der 74-jährige Shaw erhebt sich und bringt einen »Toast auf Prof. Einsteins Gesundheit« aus. Es gibt Männer wie Napoleon, die Imperien erschaffen, sagt Shaw. Aber es gibt eine Art von Männern, die darüber hinausgehen. Sie erschaffen Universen. Und dabei bleiben ihre Hände unbefleckt vom Blut eines Menschen. »Ich kann sie an den Fingern meiner zwei Hände abzählen«, sagt Shaw: Pythagoras, Ptolemäus, Aristoteles, Kopernikus, Kepler, Galilei, Newton, Einstein. Tosender Applaus aus dem Publikum. »Und ich habe noch zwei Finger frei«, fährt er fort. Gelächter – und ein bittersüßes Lächeln in Einsteins Gesicht. »Ptolemäus schuf ein Universum, das 1400 Jahre überdauerte«, so Shaw weiter. »Newton schuf ein Universum, das 300 Jahre hielt. Einstein schuf ein Universum, aber ich kann Ihnen nicht sagen, wie lang es halten wird.« Nicht viele im Saal ahnen, dass Einstein gerade um die Grundfesten seines Universums kämpfen muss.

Nach Shaw erhebt sich Einstein, bedankt sich bei ihm für »die unvergesslichen Worte an meinen mythischen Namensvetter, der mir das Leben so schwer macht« – und verliert kein Wort über Wissenschaft. »Zu Ihnen allen sage ich«, schließt er, »dass das Dasein und das Schicksal unseres Volkes weniger von äußeren Faktoren abhängt als davon, dass wir unseren moralischen Traditionen treu bleiben, die es uns ermöglicht haben, tausende Jahre zu überleben, trotz der heftigen Stürme, die über unseren Köpfen losgebrochen sind.« Sechs Wochen zuvor, am 14. September 1930, haben bei der Reichstagswahl 6,4 Millionen Deutsche für die NSDAP gestimmt, acht Mal so viel wie bei der Wahl im Mai 1928, zum Schrecken vieler gemäßigter Bürger. Die Nazis haben bewiesen, dass sie mehr sind als die nächste rechtsextreme Randgruppierung. Sie sind mit 107 Abgeordneten die zweitstärkste Fraktion im Reichstag. Die von der SPD geführte Große Koalition ist zerbrochen, Reichskanzler Heinrich Brüning bekommt nur eine Minderheitsregierung zustande, er muss mit Notverordnungen regieren. Zur ersten Sitzung des neuen Reichstags am 13. Oktober kommen die Abgeordneten der NSDAP in brauner Parteiuniform. Am selben Tag werden in Berlin Juden durch die Straßen gejagt, beschimpft und verprügelt. Im Kaufhaus Wertheim werden die Schaufenster eingeworfen. Gerüchte gehen um, ein Rechtsputsch stünde bevor. Die Weimarer Republik wankt.

Albert Einstein sieht, dass all das, die Stimmen für Hitler und die antisemitischen Übergriffe, nur Symptome für etwas Tieferes sind, für die um sich greifende Angst, Verzweiflung und Verunsicherung, verursacht durch die ökonomische Misere und die Arbeitslosigkeit. Zwischen der Wahl 1928 und der Wahl 1930 liegt der große Crash der Wall Street.

Der Crash trifft ganz Europa, Deutschland jedoch besonders hart. Ein großer Teil der wirtschaftlichen Erholung nach dem Ersten Weltkrieg ist auf Pump finanziert, durch amerikanische Kredite mit kurzer Laufzeit. Mit dem Chaos und den steigenden Verlusten fordern die amerikanischen Banken die sofortige Rückzahlung dieser Kredite. Es fließt kaum noch ausländisches Kapital ins Land. In der Folge steigt die Zahl der Arbeitslosen von 1,3 Millionen im September 1929 auf über 3 Millionen im Oktober 1930.

Einstein sieht im Aufschwung der Nazis und der Judenverfolgung »einstweilen nur eine Folgeerscheinung der momentanen wirtschaftlichen Notlage und eine Kinderkrankheit der Republik«. Einstweilen. Dann muss er zusehen, wie die Kinderkrankheit lebensbedrohlich wird und der Republik den Garaus macht, statt sie zu immunisieren. Von der ersten Demokratie in Deutschland ist nur noch die Hülle aus Worten übrig. »Die Staatsgewalt geht vom Volke aus« ist der erste Verfassungsartikel. De facto wird das Land durch Dekrete regiert. Der demokratisch gewählte Reichstag ist machtlos.

Bei politisch aufmerksamen Menschen wächst die Sorge. »Wir leben schlechten Zeiten entgegen«, schreibt Sigmund Freud im Dezember 1930 an Arnold Zweig, »ich sollte mich mit der Stumpfheit des Alters darüber hinwegsetzen, aber ich kann's nicht helfen, dass mir meine sieben Enkel leid tun.« In seinen Tagebüchern vermerkt Freud in den folgenden Jahren immer häufiger Anzeichen des Rechtstrends und Übergriffe gegen jüdische Bürger.

Viele Menschen wissen nicht, was sie von dieser Entwicklung halten sollen. Viele mögen die Nazis nicht, aber wären die Bolschewisten nicht noch schlimmer?

Die deutschen Physiker reagieren unterschiedlich auf den Aufstieg des Nationalsozialismus. Manche stellen sich entschieden gegen ihn. Manche fliehen. Manche schauen weg oder versuchen, sich zu arrangieren. Manche machen munter mit. Bei Philipp Lenard und Johannes Stark, beide mit dem Nobelpreis ausgezeichnet, bricht der Antisemitismus durch. Sie sehen die Zeit gekommen, eine »deutsche Physik« zu entwickeln, gegen die Relativitätstheorie und die Quantenmechanik, die sie zu unanschaulich, mathematisch und überhaupt irgendwie »jüdisch« finden.

Albert Einstein tut sich nicht leicht, zu erkennen, dass für ihn unter den Nazis in diesem Land kein Platz ist. Anfang Dezember 1930 verlässt er Deutschland, um zwei Monate am Caltech in Südkalifornien zu verbringen, das in den Jahren zuvor zu einem der wichtigsten Orte für Spitzenforschung in den USA geworden ist. Ludwig Boltzmann, Hendrik Lorentz und Erwin Schrödinger haben schon am Caltech gesprochen. Als Einsteins Schiff in New York anlegt, lässt er sich zu einer viertelstündigen Pressekonferenz mit einer Horde wartender Reporter überreden. »Was halten Sie von Adolf Hitler?«, ruft einer. »Er lebt von Deutschlands leerem Magen«, antwortet Einstein. »Sobald sich die wirtschaftlichen Verhältnisse bessern, wird er nicht weiter von Bedeutung sein.«

Im Dezember 1931 reist er für einen zweiten Aufenthalt ans Caltech. Die wirtschaftlichen Verhältnisse und die politische Situation haben sich weiter verdüstert. Auf der Fahrt über den Atlantik notiert Einstein in sein Tagebuch: »Heute entschloss ich mich, meine Berliner Stellung im Wesentlichen aufzugeben. Also Zugvogel für den Lebensrest!«

In Kalifornien begegnet Einstein zufällig dem Reformpädagogen Abraham Flexner, selbst Sohn deutscher Einwanderer. Flexner ist gerade dabei, ein neues Forschungszentrum aufzubauen, das *Institute for Advanced Study* in Princeton, New Jersey. Ausgestattet mit einer Spende von fünf Millionen Dollar von den Geschwistern Louis und Caroline Bamberger, will Flexner eine »Gelehrtengesellschaft« ins Leben rufen, die sich ganz der Forschung widmen kann, frei von Lehrverpflichtungen. Dem berühmtesten Wissenschaftler der Welt persönlich zu begegnen: Diese Gelegenheit lässt Flexner sich nicht entgehen. Er beginnt sogleich, Einstein zu umwerben, und im Jahr 1933 wird Albert Einstein einer der ersten Professoren am *Institute for Advanced Study*. Er wird dort für den Rest seines Lebens bleiben.

Einstein handelt aus, fünf Monate im Jahr in Princeton zu verbringen, den Rest der Zeit in Berlin. »Ich wende mich nicht von Deutschland ab«, betont er der *New York Times*, »mein ständiges Zuhause bleibt in Berlin.« Die Vereinbarung ist auf fünf Jahre angelegt und beginnt 1933 – nach einem dritten Aufenthalt am Caltech, den Einstein bereits zugesagt hat. Zum Glück hat er ihn zugesagt, denn während dieses Aufenthalts in Pasadena, am 30. Januar 1933, wird Hitler zum Reichskanzler ernannt.

Am 10. Dezember 1932 gehen die Einsteins in Bremerhaven mit dreißig Gepäckstücken an Bord des Dampfers *Oakland*.

Im sicheren Kalifornien verhält sich Einstein zunächst ruhig. Er tut so, als würde er nach Deutschland zurückkehren, sobald die Zeit dazu gekommen wäre, und schreibt an die Preußische Akademie der Wissenschaften, um sich nach seinem Gehalt zu erkundigen. Doch insgeheim hat er sich bereits anders entschieden. »Im Hinblick auf Hitler wage ich es nicht, deutschen Boden zu betreten«, schreibt er am 27. Februar an Margarete Lebach in Berlin. »Meinen Vortrag an der Preußischen Akademie der Wissenschaften habe ich bereits abgesagt.« In derselben Nacht steht in Berlin der Reichstag in Flammen. Es beginnt die erste Welle des nationalsozialistischen Terrors gegen linke Politiker, Intellektuelle und Journalisten.

Am 10. März 1933, dem Vortag seiner geplanten Abreise aus Pasadena, veröffentlicht Albert Einstein eine Erklärung und gibt dazu ein Interview, in denen er seine Sicht der Ereignisse in Deutschland darlegt: »Solange mir eine Möglichkeit offensteht, werde ich mich nur in einem Lande aufhalten, in dem politische Freiheit, Toleranz und Gleichheit aller Bürger vor dem Gesetz herrschen«. Und: »Zur politischen Freiheit gehört die Freiheit der mündlichen und schriftlichen Äußerung politischer Überzeugung, zur Toleranz die Achtung vor jeglicher Überzeugung eines Individuums. Diese Bedingungen sind gegenwärtig in Deutschland nicht erfüllt. Es werden dort diejenigen verfolgt, die sich um die Pflege internationaler Verständigung besonders verdient gemacht haben, darunter einige der führenden Künstler.« Die Journalistin, der Einstein das Interview gibt, sieht den Boden unter seinen Füßen wanken, während er über den Campus des Caltech geht. Am 11. März reisen Einstein und seine Frau aus Pasadena ab, und es ist ungewiss, wohin die Reise geht.

Die Worte Einsteins erregen rund um die Welt Aufsehen. Vielerorts weiß man nicht recht, was man von Hitler halten soll. Mag sein, denken sich manche Leute außerhalb Deutschlands, dass er die Juden schlecht behandelt. Aber immerhin verhilft er den Deutschen zu neuem Selbstbewusstsein und schützt das freie Europa vor den Bolschewisten. Ist der Preis wirklich so hoch, wie Einstein behauptet? Deutsche Zeitungen nutzen die Gelegenheit, ihre Treue zum »Führer« zu bekennen, und empören sich demonstrativ über Einsteins Erklärung. »Gute Nachricht von Einstein – Er kehrt nicht wieder« titelt der *Berliner Lokal-Anzeiger*, und der *Völkische Beobachter* druckt üble Hetzpamphlete gegen ihn ab.

Mit seiner Stellungnahme gegen die Nazis bringt Albert Einstein Max Planck, der versucht, sich durch die politischen Wirren zu lavieren, in Verlegenheit. Am 19. März 1933 schreibt Planck Einstein von seiner »tiefen Bekümmernis über allerlei Gerüchte, die sich über Ihre öffentlichen und privaten Kundgebungen politischer Art in dieser unruhigen und schwierigen Zeit gebildet haben. Ich bin nicht in der Lage, ihre Bedeutung zu prüfen. Nur das eine sehe ich ganz klar, dass diese Nachrichten allen denen, die Sie schätzen und verehren, es außerordentlich schwer machen, für Sie einzutreten«. Es ist eine Variante des oft schlagenden Arguments, das Menschen davon abhalten soll, gegen die Nazis einzutreten: Denk doch an deine Lieben, die du damit in Gefahr bringst! In einer Verdrehung von Ursache und Wirkung schiebt Planck Einstein die Verantwortung dafür zu, »dass Ihre Stammes- und Glaubensgenossen hier dadurch in ihrer ohnehin schon schwierigen Lage keineswegs erleichtert, sondern noch viel mehr gedrückt werden«.

Am 28. März 1933 schreibt Einstein an Bord des Dampfers *Belgenland* einen Brief an seinen Sohn Eduard in Zürich: »Nach Deutschland gehe ich vorläufig nicht mehr, vielleicht überhaupt nicht mehr.« Ein weiterer Brief geht an die Preußische Akademie der Wissenschaften, wegen der »in Deutschland gegenwärtig herrschenden Verhältnisse« legt Einstein seine Stellung nieder – zur Erleichterung Plancks, der schon befürchtet hat, von einem Ausschlussverfahren gegen Einstein aus seiner feigen Zurückhaltung gerissen zu werden und klar Stellung beziehen zu müssen.

Gleich nachdem Einstein in Antwerpen von Bord geht, lässt er sich mit einem Auto nach Brüssel chauffieren, gibt in der deutschen Gesandtschaft seinen Pass ab und erklärt seinen Verzicht auf die deutsche Staatsbürgerschaft. Den Sommer 1933 verbringt er in Belgien und Oxford. Auf deutschen Boden sollte er nie mehr einen Fuß setzen.

Für den 1. April ruft die NSDAP einen »Juden-Boykott« aus. Vor jüdischen Geschäften postiert sich die SA, jüdische Studenten, Assistenten und Dozenten werden am Betreten der Universität gehindert und ihrer Bibliotheksausweise beraubt. Sekretär Ernst Heymann gibt im Namen der Akademie der Wissenschaften eine Erklärung heraus, die Einstein »Greuelhetze« vorwirft und für die Akademie behauptet: »Sie hat aus diesem Grunde keinen Anlass, den Austritt Einsteins zu bedauern.« Von den anderen Mitgliedern der Akademie widerspricht dieser Erklärung einzig Max von Laue, Einsteins alter Freund. Die Akademie muss von den Nazis nicht gleichgeschaltet werden, sie schaltet sich selbst gleich.

In einem Brief an Planck schreibt Einstein am 6. April 1933 von der belgischen Nordseeküste, was er vom Verhalten seiner früheren Kollegen hält: »Ich nehme zugunsten der Akademie an, dass sie eine derartige verleumderische Erklärung nur unter äußerem Druck getan hat. Aber auch in diesem Falle wird es ihr kaum zum Ruhme gereichen, und mancher von den Besseren wird sich dessen heute schon schämen ...«

Albert Einstein weiß nicht, wohin. Er erhält Stellenangebote von Universitäten in aller Welt, aber welches soll er annehmen? Elsa und er ziehen für ein halbes Jahr in eine Villa in Coq-sur-Mer an der belgischen Nordseeküste. Gerüchte über deutsche Mordpläne dringen nach Belgien. Die *New York Times* berichtet, die SA habe Einsteins Haus in Potsdam durchsucht und ein Brotmesser sichergestellt. Die belgische Regierung postiert zwei Wachen bei den Einsteins.

Im September 1933 wird die Sorge um Einsteins Sicherheit in Belgien so groß, dass er nach England umzieht. Er verbringt einen ruhigen Monat in einem kleinen Haus an der Küste von Norfolk.

Einstein hat sich dazu überreden lassen, bei einer Spendenveranstaltung zugunsten von Flüchtlingen in Not eine Rede zu halten. Ernest Rutherford leitet die Veranstaltung, die am 3. Oktober 1933 in der Royal Albert Hall stattfindet. Einstein spricht in seinem vom schwäbischen Dialekt gefärbten Englisch, er liest seine Rede stockend von einem Zettel ab, doch das tut der Begeisterung des Publikums keinen Abbruch. 10 000 Menschen drängen sich in der Halle und jubeln ihm zu. Auf die Bitte der Veranstalter hin nimmt Einstein kein einziges Mal das Wort »Germany« in den Mund, obwohl er die ganze Zeit von den Zuständen in Deutschland und der Gefahr, die von ihnen für die Welt ausgeht, spricht.

Vier Tage später, am 7. Oktober 1933, bricht Einstein nach Amerika auf. In Southampton geht er an Bord der *Westmoreland,* auf die auch seine Frau Elsa und seine Sekretärin Helen Dukas aus Antwerpen gekommen sind. Geplant ist, die nächsten fünf Monate am *Institute for Advanced Study* zu verbringen, doch er wird nie wieder nach Europa zurückkehren.

In der Quarantänestation wird Einstein ein Brief von Abraham Flexner übergeben, dem Gründer und Direktor des Instituts. Flexner fordert ihn zu »Schweigen, Diskretion und Ablehnung öffentlicher Auftritte« auf. Seine Sicherheit hänge davon ab. »Ohne Zweifel gibt es in diesem Land organisierte Banden verantwortungsloser Nazis«, schreibt Flexner. Man braucht nicht die Intelligenz eines Einsteins, um zu durchschauen, dass es Flexner eigentlich um den noch zu festigenden Ruf seines Instituts ging und um das Wohlwollen der Spender. In den nächsten Wochen gewöhnt Flexner es sich an, Einstein dessen Post vorzuenthalten und an Einsteins Stelle Einladungen und Termine abzusagen – darunter sogar eine Einladung ins Weiße Haus. Einsteins Unmut über den Maulkorb von Flexner wächst. Gerade wegen solcher Übergriffe hat er Deutschland verlassen. In Briefen an Freunde gibt Einstein als Absenderadresse »Konzentrations-Lager, Princeton« an.

Er beschwert sich bei den Kuratoren des Instituts über Flexner, listet ihnen dessen Übergriffe auf und bittet sie, ihm »Sicherheit für ungestörtes und menschenwürdiges Wirken zu verschaffen, derart, dass nicht auf Schritt und Tritt Einmischungen erfolgen, die sich kein aufrechter Mann gefallen lässt. – Sollte dies aber als untunlich betrachtet werden, so möchte ich vorschlagen, dass ich mit Ihnen über eine Art und Weise verhandle, wie meine Beziehung zu dem Institut in würdiger Weise zu lösen ist«. Die Drohung wirkt. Noch schädlicher für das Institut als ein freimütiger Einstein wäre ein vergrämter Einstein. Flexner muss ihn in Ruhe lassen. Er gewinnt seine Freiheit zurück, verliert aber jeden Einfluss bei der Leitung des Instituts. Es ist die Freiheit eines Hofnarren.

ZÜRICH 1931
PAULI TRÄUMT

Zürich, im Sommer 1931. Wolfgang Pauli tritt durch das Gartentor und geht auf das prächtige Haus am See zu. Es herrscht ein merkwürdiger Kontrast zwischen der Außenwelt und seinem Innenleben. Die Villa mit ihren Türmen, Giebeln und großen Fenstern, die Obstbäume und die akkurat geschnittenen Büsche, die Segelboote auf dem Zürichsee: eine Idylle wie aus dem Bilderbuch. In Wolfgang Pauli: ein düsterer Tumult. Pauli, der hochbegabte Physiker, kommt mit seinem Leben nicht mehr zurecht. Deshalb ist er hier, deshalb geht er heute mit banger Hoffnung auf die Villa am See zu. Hier wohnt Dr. Carl Gustav Jung, der bedeutende Psychiater, einst Schüler von Sigmund Freud, inzwischen dessen größter Widersacher. Bei ihm hat Pauli seinen ersten Termin.

Wolfgang Pauli ist eines der größten Talente der Physikgeschichte. »Ein Genie, nur vergleichbar mit Einstein selbst«, nennt Max Born seinen Schüler, »rein wissenschaftlich vielleicht noch größer als Einstein«. Rein wissenschaftlich, damit meint Born, menschlich ist Pauli alles andere als ein Genie. Er gerät immer wieder in Konflikt mit Kollegen, eckt mit seinem bitteren Humor an, hat kein Glück mit Frauen und ist kein Glück für Frauen. Außerdem hat er ein Alkoholproblem.

Dennoch schätzen seine Kollegen Pauli. Seine Kritik trifft meistens den Punkt, und er redet nicht lange herum. »Vielleicht noch von viel größerem Gewicht als seine Publikationen sind die unzähligen, unverfolgbaren Beiträge, die er zur Entwicklung der neueren Physik durch mündliche Diskussionen oder Briefe geliefert hat«, sagt sein Freund Paul Ehrenfest. Nicht einmal Ehrenfest, nicht einmal seine besten Freunde ahnen, welche Tragödie sich hinter der Fassade abspielt.

Wolfgang Pauli kommt am 25. April 1900 in Wien zur Welt, in einer Stadt, in deren Lebendigkeit sich die Verunsicherung des *Fin de siècle* mischt. Sein Vater, der wie er den Vornamen Wolfgang trägt, war Arzt, bevor er von der Medizin in die Naturwissenschaft wechselte – und dabei auch den Familiennamen änderte, von Pascheles in Pauli, und vom Judentum zum Katholizismus konvertierte, aus Sorge, der anschwellende Antisemitismus könne seiner akademischen Laufbahn schaden. Wolfgang junior wächst auf, ohne etwas von der jüdischen Familiengeschichte zu wissen. Erst nach dem Hinweis eines Mitstudenten befragt er seine Eltern und erfährt die Wahrheit. Sein Vater fühlt sich bestätigt in seinem Entschluss, die Familie zu assimilieren, als er im Jahr 1919 zum Professor für biologisch-physikalische Chemie und Institutsvorstand an der Universität Wien berufen wird. Nach dem »Anschluss« Österreichs an das Deutsche Reich im Jahr 1938 gilt er laut Reichsbürgergesetz wieder als Jude, muss das Land verlassen, geht nach Zürich.

Pauli wurde die Physik in die Wiege gelegt. Sein Taufpate ist Ernst Mach, der einflussreiche Wiener Physiker und Philosoph. Die Beziehung zu Mach, den er zuletzt mit 14 Jahren sieht, war »das wichtigste Ereignis meines Geisteslebens«, wird Pauli später sagen. Er gilt schon bald als Wunderkind, wozu er selbst einmal bemerkt: »Ja, das Wunderkind – das Wunder vergeht und das Kind bleibt ...«

Wolfgang Paulis Mutter Bertha ist eine bekannte Wiener Journalistin, Pazifistin, Sozialistin und Frauenrechtlerin. Im Haus der Paulis gehen Künstler, Wissenschaftler und Mediziner ein und aus. Bertha beeinflusst Wolfgangs Denken stark, vor allem während des Ersten Weltkriegs. Je länger sich der Krieg hinzieht, desto heftiger widerstrebt er dem Heranwachsenden.

Pauli ist hochbegabt, aber kein Musterschüler. Die Schule langweilt ihn. Während besonders langweiliger Stunden liest er Albert Einsteins Arbeiten über die Relativitätstheorie unter der Bank. Man erzählt sich, dass in einer Physikstunde der Professor an der Tafel einen Fehler machte, diesen jedoch auch nach langem Suchen nicht fand. Zur großen Erheiterung der Klasse habe er dann verzweifelt gerufen: »Pauli, jetzt sagen Sie mir schon, wo der Fehler liegt, Sie wissen es doch längst.«

Mit 18 flieht Pauli aus der »spirituellen Wüste«, als die er Wien erlebt. Das österreichisch-ungarische Imperium steuert auf seinen Untergang zu, der Ruhm seiner Hauptstadt verblasst, die guten Physiker verlassen die Universität. Pauli geht nach München, um bei Arnold Sommerfeld zu studieren, der gerade eine Professur in Wien ausgeschlagen hat. Sommerfeld ist dabei, München zu einer »Pflanzstätte der theoretischen Physik« zu machen, in der die besten Lehrer die größten Talente heranziehen. Er bemüht sich schon seit 1906 darum, doch sein Institut ist noch immer klein und überschaubar. Es besteht aus nur vier Räumen: Sommerfelds Büro, einem Hörsaal, einem Seminarraum und einer kleinen Bibliothek. Im Keller ist ein Labor untergebracht, in dem im Jahr 1912 die Theorie Max von Laues bestätigt wurde, dass Röntgenstrahlen energiereiche elektromagnetische Wellen sind.

Sommerfeld ist ein hervorragender Theoretiker und ein noch besserer Lehrer. Er hat ein Gefühl dafür, seinen Schülern Aufgaben zu stellen, die ihre Fähigkeiten ausreizen, aber nicht überfordern. Obwohl er schon eine ganze Reihe talentierter Schüler hatte, erkennt er rasch, dass er in Pauli eine außergewöhnliche Begabung vor sich hat.

Direkt nach dem Abitur im Jahr 1918 geht Pauli nach München, um sich in Sommerfelds »Pflanzstätte« ziehen zu lassen. Im dritten Semester gibt Sommerfeld ihm auf, ein Kapitel über die Relativitätstheorie für die *Enzyklopädie der mathematischen Wissenschaften* zu schreiben. Einstein selbst will das Kapitel nicht schreiben,

Sommerfeld hat keine Zeit. Pauli kennt die Relativitätstheorie ja schon gut.

Ein knappes Jahr später ist das Kapitel fertig, 237 Seiten lang, mit 394 Fußnoten. Pauli hat es neben seinem Studium geschrieben. Einstein ist hingerissen: »Wer dieses reife und groß angelegte Werk studiert, möchte nicht glauben, dass der Verfasser ein Mann von einundzwanzig Jahren ist. Man weiß nicht, was man am meisten bewundern soll, das psychologische Verständnis für die Ideenentwicklung, die Sicherheit der mathematischen Deduktion, den tiefen physikalischen Blick, das Vermögen übersichtlicher systematischer Darstellung, die Literaturkenntnis, die sachliche Vollständigkeit, die Sicherheit der Kritik.« Für Jahrzehnte bleibt das Kapitel das Standardwerk zur Relativitätstheorie.

Bald schon ist Wolfgang Pauli bekannt und gefürchtet für seine scharfe, treffende und kompromisslose Kritik an neuen, spekulativen Ideen. Die »Geißel Gottes« nennt ihn sein guter Freund Paul Ehrenfest. »Das Gewissen der Physik« nennen ihn andere. Die Arbeit eines jungen Physikers disqualifiziert er als »nicht einmal falsch«. Als ein Kollege ihn mit »Ich kann nicht so schnell denken wie Sie« zu bremsen versucht, antwortet Pauli: »Es stört mich nicht, wenn Sie langsam denken, aber ich habe etwas dagegen, wenn Sie schneller veröffentlichen, als Sie denken.« Mit solchen Bemerkungen handelt Pauli sich den Ruf ein, überheblich zu sein. Wer ihn besser kennt, weiß, dass er ein geradliniger Typ ist, aber kein verletzender. »Pauli war ein überaus ehrlicher Mensch«, sagt sein Kollege Victor Weisskopf, »er hatte eine Art kindlicher Ehrlichkeit. Er sagte immer direkt seine wirkliche Meinung, ohne Hemmungen.«

In Kollegenkreisen kursiert dieser Witz über ihn: »Nach Paulis Tod gewährt Gott ihm eine Audienz. Pauli fragt Gott, warum die Feinstrukturkonstante den Wert 1/137 habe. Gott nickt, geht zur Tafel und beginnt, Gleichung nach Gleichung in rasender Geschwindigkeit abzuleiten. Pauli sieht zunächst mit großer Genugtuung zu, aber bald schon beginnt er heftig und entschieden, seinen Kopf zu schütteln ...«

Wenn Pauli konzentriert nachdenkt, wiegt er seinen Körper vor und zurück. Seine physikalische Intuition hat nicht ihresgleichen unter seinen Zeitgenossen. Darin übertrifft ihn nicht einmal Albert Einstein.

Seine eigene Arbeit kritisiert Pauli noch härter als die anderer. Manchmal scheint er die Physik und ihre Schwierigkeiten gar zu gut zu verstehen, was seine Schaffenskraft hemmt. Die Unbedarftheit, die große Entdecker manchmal brauchen, fehlt ihm. Und so entgehen ihm Entdeckungen, die er mit seiner Intuition und Vorstellungskraft machen könnte, und fallen an weniger talentierte Kollegen, die weniger Bedenken haben.

Selbst gegenüber Albert Einstein blieb Pauli selbstbewusst und unverfroren. »Was Einstein sagt, ist gar nicht so dumm«, erklärte der Student Wolfgang Pauli einem vollbesetzten Hörsaal – und Einstein selbst, der gerade einen Gastvortrag in München gehalten hatte.

Er verschont niemanden. Außer einem. Der einzige Mensch, gegenüber dem Pauli seine scharfe Zunge hütet, ist Sommerfeld, den er stets mit »Herr Geheimrat« anredet. Wenn Sommerfeld etwas sagt, bleibt Pauli ruhig und demütig: »Ja, Herr Geheimrat, nein, Herr Geheimrat, das ist vielleicht nicht ganz so, wie Sie es ausdrücken.«

Als Student genießt Pauli das Münchner Nachtleben. Er hängt abends in den Cafés herum, bis sie schließen, geht dann in sein Zimmer, um für den Rest der Nacht zu arbeiten. Die Lehrveranstaltungen des Morgens lässt er meist unbesucht, erst gegen Mittag taucht er auf. Aber er hört genug, um sich von Sommerfeld in die Mysterien der Quantenphysik ziehen zu lassen. »Mir wurde der Schock nicht erspart«, sagt er später, »den jeder Physiker, an die klassische Denkweise gewohnt, erhielt, als er zuerst Bohrs Grundpostulat der Quantentheorie kennenlernte.«

Für seine Doktorarbeit stellt Sommerfeld Pauli die Aufgabe, die Regeln des Bohr-Sommerfeld-Atommodells auf ein Wasserstoffmolekül zu übertragen, das ionisiert ist, indem einem der beiden Atome ein Elektron entrissen wurde. Pauli liefert eine theoretisch makellose Analyse, die allerdings nicht zu den Messergebnissen aus den Labors passt. Er kann nichts dafür, die Grenzen der Vorhersagekraft der Theorie von Bohr und Sommerfeld sind erreicht. Pauli bekommt seinen Doktortitel. Im Oktober 1921, noch im Jahr seiner Promotion und der Vollendung seines Artikels über die Relativitätstheorie, macht er sich auf nach Göttingen, um Assistent von Max Born zu werden. Born, 38, lehrt auch erst seit einem halben Jahr in der kleinen Universitätsstadt.

Der »kleine Pauli« beeindruckt Born zutiefst. »Einen besseren Assistenten werde ich nie mehr kriegen«, schreibt er kurz nach Wolfgang Paulis Ankunft an Albert Einstein. Gemeinsam tüfteln Born und Pauli daran, die Methoden der Himmelsmechanik auf Atome und Moleküle zu übertragen. Was sie zudem verbindet, ist ihre manuelle Ungeschicklichkeit. Pauli ist im Labor noch unbeholfener als Born.

Irgendwie klebt Pauli das Pech an den Fersen. Unter seinen Kollegen, besonders den Experimentalphysikern, kursiert das Wort vom »Pauli-Effekt«. Es gibt eine Theorie, die Physiker über ihresgleichen haben, laut der zwischen Theoretikern und Experimentatoren der »Genieerhaltungssatz« gilt. Ein genialer Theoretiker ist ein miserabler Experimentator, und umgekehrt. Wolfgang Pauli ist der lebende Beleg dieser Theorie. Sein Genie liegt ganz aufseiten der Theorie. Wo Pauli auftaucht, geht etwas zu Bruch, etabliert sich als Aberglaube. Pauli besucht eine Sternwarte – prompt ist der Große Refraktor schwer beschädigt. Einmal bricht in einem Göttinger Labor ein komplizierter Versuchsaufbau zur Untersuchung von Atomen zusammen, ohne erkennbare Ursache. Wie ist das möglich, wundern sich die Experimentatoren, Pauli ist doch gerade weit weg in der Schweiz. Der Laborleiter schreibt einen launigen Brief über den Vorfall an Paulis Adresse in Zürich. Die Antwort kommt mit dänischem Poststempel. Pauli schreibt aus Kopenhagen. Genau in dem Moment, als die Messinstrumente versagten, hielt sein Zug im Göttinger Bahnhof. In Hamburg spricht der bedeutendste Experimentator nur durch die geschlossene Labortür mit Pauli – aus Angst um seine Apparate.

Born muss feststellen, dass sein hochbegabter Helfer die Dinge auf seine Weise tut. Paulis überragender Intellekt ist noch immer vor allem nachts aktiv. Er behält seine Gewohnheit bei, spät zu arbeiten und spät aufzustehen. Wenn er seinen Chef bei dessen 11-Uhr-Vorlesung vertreten soll, muss Born das Hausmädchen zu ihm schicken, um ihn um halb elf zu wecken.

Aber Pauli ist sowieso nur der Bezeichnung nach Borns »Assistent«. Trotz des unsteten Lebenswandels und der chronischen Unpünktlichkeit des »Wunderkinds« muss Born einsehen, dass er mehr von ihm lernt, als er ihm beibringen kann. Pauli hat die sichere physikalische Intuition, die ihn auf die richtige Spur führt, die Born mit mathematischem Fleiß suchen muss. Der Lehrer bedauert es mehr als der Schüler, als ihre Wege sich nach nur einem Semester trennen. Im April 1922 geht Pauli nach Hamburg, vom Universitätskaff in die Großstadt, »vom Mineralwasser zum Champagner«, wie er sagt. Mit seinen neuen Freunden, dem Physiker Otto Stern, dem Mathematiker Erich Hecke und dem Astronom Walter Baade, zieht er nächtelang durch St. Pauli. Ein Alkoholproblem bahnt sich an.

Zwei Monate später kommt Pauli wieder nach Göttingen, um den »Bohr-Festspielen« beizuwohnen, dem Auftakt der spannendsten Jahre der Quantenmechanik. Bei dieser Gelegenheit begegnet er Bohr zum ersten Mal. Und er trifft erstmals Werner Heisenberg, den anderen aufsteigenden Stern am Himmel der Quantenphysik. Der große Bohr fragt Pauli, ob er nach Kopenhagen kommen wolle. Natürlich will Pauli. Er teilt es Bohr auf seine Art mit: »Ich glaube kaum, dass die wissenschaftlichen Anforderungen, die Sie an mich stellen werden, mir Schwierigkeiten bereiten werden, aber das Erlernen einer Fremdsprache wie Dänisch übersteigt meine Fähigkeiten bei weitem.« Im Herbst 1922 trifft Pauli in Kopenhagen ein, und beide Vermutungen erweisen sich als falsch. Mit der Sprache kommt er klar. Mit der Wissenschaft nicht.

In Kopenhagen nimmt Pauli sich vor, den »anomalen Zeeman-Effekt« zu analysieren: ein Phänomen der atomaren Spektren, das sich mit dem Bohr-Sommerfeld-Atommodell nicht erklären lässt. Wenn man Atome einem Magnetfeld aussetzt, spalten ihre Spektrallinien sich auf. Aus einer Linie werden zwei, drei oder noch mehr. Arnold Sommerfeld hat Bohrs Modell raffiniert verändert, so dass es die Verdoppelung und Verdreifachung der Linien erklären kann. Das Magnetfeld dehnt, verzerrt und verdreht die Umlaufbahnen. Diese Wirkungen beschreibt Sommerfeld mit drei »Quantenzahlen«. Doch die Linien vervielfältigen sich noch mehr, sie vervierfachen, versechsfachen sich. Da versagt Bohrs Mischung aus klassischer Physik und Quantentheorie.

Pauli will diese Misere beheben, aber es gelingt ihm nicht. Immer wieder versteigt er sich in Irrwege. »Aber es wollte und wollte nicht stimmen!«, beklagt er sich bei Sommerfeld. »Dies ist mir bis jetzt einmal gründlich schiefgegangen!« Allmählich rutscht er in einen Zustand immer tieferer Verzweiflung. Seine Zeit in Kopenhagen läuft ab. Als er ziellos durch die Straßen der Stadt wandert, spricht ein Kollege ihn an: »Sie sehen sehr unglücklich aus.« – »Wie soll man denn glücklich aussehen, wenn man über den anomalen Zeeman-Effekt nachdenkt?«, antwortet Pauli heftig. Er ahnt, »dass es für den anomalen Zeeman-Effekt kein bedingt periodisches Modell gibt und man etwas prinzipiell Neues machen muss«.

Unverrichteter Dinge kehrt Pauli nach Hamburg zurück, wird immerhin vom Assistenten zum Privatdozenten befördert. Das Rätsel des anomalen Zeeman-Effekts lässt ihn nicht los. Kopenhagen lässt ihn nicht los. Immer wieder nimmt er den Zug und die Fähre über die Ostsee. Er sucht weiter. Was fehlt in Bohrs Modell der Atome? Seine Verzweiflung wächst, und mit ihr sein Alkoholproblem. – Problem? Alkohol, ja, aber nein, kein Problem. Pauli bemerkt, »dass mir das Weintrinken sehr gut bekommt. Nach der zweiten Flasche Wein oder Sekt pflege ich die Manieren eines guten Gesellschafters anzunehmen (die ich im nüchternen Zustand niemals habe) und kann dann unter Umständen auf die Umgebung, namentlich wenn sie weiblich ist, einen ungeheuren Eindruck machen!«. Er beginnt ein Doppelleben, tagsüber ist er der biedere Universitätsdozent, nachts der Lebemann. Wenn es dunkel wird, zieht er durch die Bars und Variétés von St. Pauli, wo die Theken vom verschütteten Bier kleben und die Wände dunkel vom Tabakdunst sind, wo Josephine Baker, die in München Auftrittsverbot hat, ihren Charleston tanzt. Pauli verheimlicht seine Ausflüge nach St. Pauli vor seinen Kollegen.

Mit seiner Einschätzung, der Alkohol schmiere seine Manieren, liegt er falsch. Der Alkohol löst seine Hemmungen, und er wird aggressiv, verwickelt sich in Schlägereien. Einmal, als er in einem seiner Lieblingslokale auf dem Kiez isst, bricht ein Streit aus, Pauli mittendrin. Er gerät in Rage, kommt erst wieder zur Besinnung, als ihm jemand droht, ihn aus dem Fenster im zweiten Stock zu werfen, versteht hinterher sein eigenes Verhalten nicht mehr. Er beginnt Affären mit Frauen, bemerkt zu spät, dass sie drogenabhängig sind und nur Geld für Stoff von ihm wollen. Pauli verliert allmählich die Kontrolle.

Im Herbst 1924 kommt auch in sein Tagleben Bewegung. Ein Hinweis Arnold Sommerfelds bringt ihn auf die richtige Spur. In der vierten Auflage seines Lehrbuchs *Atombau und Spektrallinien* hat Sommerfeld eine Arbeit des englischen Langzeitstudenten Edmund Stoner, 35, aus dem *Philosophical Magazine* erwähnt. Stoner, der bei Ernest Rutherford am Cavendish-Labor experimentiert, behauptet, dass die Elektronen in großen Atomen sich anders anordnen, als Bohr sagt. Bohr wehrt sich gegen Stoners Einspruch. Pauli ist unverzüglich elektrisiert. Er, nicht gerade für seine Sportlichkeit bekannt, springt von Sommerfelds Lehrbuch auf, rennt in die Bibliothek und greift sich das *Philosophical Magazine*. Jetzt versteht er, was in Atomhüllen los ist. Die Lösung liegt in einer vierten Quantenzahl. Elektronen haben eine Eigenschaft, die bisher niemand erkannt hat, eine Eigenschaft, die Pauli »zweideutig« nennt. Sie kann nur zwei Werte annehmen, 0 oder 1. Die Anzahl der Zustände, in denen ein Elektron in einem Atom sein kann, verdoppelt sich damit – und plötzlich passt alles zusammen. Die Elektronen verteilen sich, wie sie sollen. Die Spektrallinien spalten sich auf, wie die Experimentatoren es seit Jahrzehnten beobachten.

Der Schlüssel zu Wolfgang Paulis Erklärung der Elektronenarrangements ist das Prinzip, das für immer seinen Namen tragen wird: »das Pauli-Prinzip«. Niemals sind zwei Elektronen in einem Atom im gleichen Zustand. Es ist eines der großen Gebote der Natur. Mit ihm kann Pauli erklären, wie die Elemente im Periodensystem angeordnet sind und wie die Elektronen in den Atomen von Edelgasen. Er kann erklären, warum die Struktur der Materie so ist, wie sie ist. Sein Prinzip selbst jedoch kann er nicht erklären. Es ist ein Grundprinzip.

Pauli ist am Ziel, endlich, auch wenn das Ziel eher ihn gefunden hat als er das Ziel. In seinem Artikel »Über den Zusammenhang des Abschlusses der Elektronengruppen im Atom mit der Komplexstruktur der Spektren« in der *Zeitschrift für Physik* gesteht er: »Eine nähere Begründung für diese Regel können wir nicht geben, sie scheint sich jedoch von selbst als sehr naturgemäß darzubieten.«

Pauli hat gezeigt, was er kann, und er zeigt es weiter. Er ist mit von der Partie bei der Ausarbeitung von Heisenbergs Matrizenmechanik, beweist die Äquivalenz von Matrizenmechanik und Wellenmechanik, unterstützt Heisenberg bei der Formulierung der Unschärferelation. Bei alledem bleibt er der Rebell und widerspenstige Typ, der er immer war. Er will sich weder der »Münchner Zahlenmystik« (Sommerfeld) noch dem »reaktionären Kopenhagener Putsch« (Bohr) fügen.

Im Jahr 1930 sagt Wolfgang Pauli kühn die Existenz eines mysteriösen, bisher unbekannten Teilchens voraus: ohne elektrische Ladung, fast ohne Masse, fähig, fast jedem Messgerät unentdeckt zu entwischen. Er nennt es »Neutron«, später wird es in »Neutrino« umgetauft. Es ist ein ungeheurer Vorstoß, denn bisher nahmen Physiker an, Materie bestehe ausschließlich aus Elektronen und Protonen. 26 Jahre später wird das Neutrino nachgewiesen werden.

Pauli ist auf dem Höhepunkt seiner wissenschaftlichen Laufbahn und zugleich auf seinem persönlichen Tiefpunkt. Im Jahr 1927 nimmt seine Mutter sich mit Gift das Leben, als sie von einer sexuellen Affäre des Vaters erfährt. Pauli verliert das innere Gleichgewicht, heiratet die Berliner Tänzerin Käthe Deppner. Zwei Monate nach der Hochzeit schreibt er unter einen Brief an einen Freund: »Falls mir meine Frau einmal davonlaufen sollte, bekommst Du (ebenso wie alle meine anderen Freunde) eine gedruckte Anzeige.« Ein paar weitere Monate später ist die Ehe geschieden, Käthe ist mit einem Chemiker auf und davon. »Hätte sie einen Stierkämpfer genommen, hätt' ich's verstanden«, sagt Pauli, »aber so einen gewöhnlichen Chemiker ...«

Pauli ertränkt seine Enttäuschung in Alkohol, rutscht immer noch tiefer in die Krise. Er wird dick, sein Gesicht quillt auf. Auf einer Vortragstour durch die USA betrinkt er sich trotz der Prohibition so stark, dass er eine Treppe herunterfällt und sich die Schulter bricht. Sein rechter Arm wird in eine Schiene gelegt, bei seinen Vorträgen benötigt er jetzt einen Helfer, der für ihn an die Tafel schreibt.

Zurück in Zürich, wo er seit 1928 Professor für Theoretische Physik an der ETH ist, säuft Pauli weiter, fängt das Rauchen an, tingelt von einer Party zur nächsten, geht wahllos mit Frauen ins Bett, prügelt sich mit Männern. Die Verwaltung der ETH bestellt ihn zum Gespräch ein. Wenn er sich nicht besser benehme, verliere er seinen Job. Was hilft es einem unglücklichen Menschen, »ein noch größeres Genie als Einstein« zu sein? Hinter der Fassade des lebenslustigen, witzigen Professors herrschen Leere und Verzweiflung. Die verstörenden Träume, die Pauli seit langem im Schlaf heimsuchen, verfolgen ihn nun auch am Tag: geometrische Figuren, die sich mit physikalischen Motiven wie Uhren und Pendeln mischen, mit rätselhaften Symbolen wie der Schlange, die sich selbst verschlingt, mit Chimären aus Menschen und Tieren, mit Frauengestalten, nackt und verschleiert. Die Bilder lassen sich nicht mehr ertränken. Wolfgang Pauli ist am Ende.

Sein Vater rät ihm, den weltbekannten Analytiker Carl Gustav Jung zu konsultieren, der nahe Zürich fast in seiner Nachbarschaft wohnt. Pauli empfindet mehr Hass als Liebe für seinen Vater, doch er folgt dem Rat und vereinbart einen Termin bei Jung.

Zu solch einem Termin geht Wolfgang Pauli nur gut vorbereitet. Er liest sich vorher ein in die Werke Jungs. Eine Passage in Jungs Werk *Psychologische Typen* streicht Pauli gleich dreifach an: »Ist die Persona intellektuell, so ist die Seele ganz sicher sentimental. Eine sehr weibliche Frau hat eine männliche Seele, ein sehr männlicher Mann eine weibliche Seele. Dieser Gegensatz rührt daher, dass zum Beispiel der Mann nicht durchaus und in allen Dingen männlich ist, sondern er hat normalerweise auch gewisse weibliche Züge.« Pauli ist intellektuell, keine Frage, und auch seine Männlichkeit steht außer Frage. Rühren seine Schwierigkeiten aus einer weiblichen Seite, die im Schatten liegt?

Ein ungekanntes Gefühl kommt in ihm auf. Er fühlt sich verstanden in den inneren Widersprüchen, die an ihm zerren. Doch er spürt auch ein Déjà-vu. Jungs Theorie der »Vereinigung der Gegensätze«, der Versuch, das Unvereinbare im Menschen zu vereinen, erinnert ihn an das Ringen der Quantenphysiker mit dem

Wesen der Materie, an Niels Bohrs Theorie der Komplementarität. Verhält es sich mit dem Weiblichen und Männlichen etwa wie mit Welle und Teilchen?

In Jungs Beschreibung des introvertiert-denkenden Typs kann Pauli, der seine Unsicherheit so genial mit Witz und Spott überspielt, sich selbst wie in einem Spiegel erkennen: »Sein Urteil erscheint als kalt, unbeugsam, willkürlich und rücksichtslos; so klar ihm die innere Struktur seiner Gedanken ist, so unklar ist ihm, wo und wie sie in die wirkliche Welt hineingehören; verfällt er auf Leute, die ihn nicht verstehen, sammelt er sich Beweisstücke für die unergründliche Dummheit der Menschen; oder er entwickelt sich zum misanthropischen Junggesellen mit kindlichem Herzen; er scheint borstig, unnahbar und hochmütig; er hat Angst vor dem weiblichen Geschlecht.«

Wolfgang Pauli ist voller Spannung und Erwartung, als er zum ersten Mal Jungs Haus betritt und die breite, geschwungene Treppe in den ersten Stock hinaufgeht. Dr. Jung, 56, weißhaarig, die Tabakpfeife im Mundwinkel, empfängt den neuen Patienten, 31, in seiner Bibliothek, die er jenen Fällen vorbehält, auf die er sich besonders einlassen will. In den Regalen stehen alchemistische Bücher, eine Vorliebe Jungs. Pauli darf zwischen zwei Sesseln wählen, einer mit Blick durch die großen Fenster auf den Zürichsee, der andere mit Blick auf die Bücher. C. G. Jung nimmt auf einem Sofa Platz. Er spürt die verzweifelte Unruhe, die von Pauli ausgeht. Jahre später schildert Jung seine ersten Eindrücke von Pauli: »Er ist ein hochgebildeter Mann mit einem außerordentlich entwickelten Verstand, der natürlich die Ursachen seiner Schwierigkeiten war; er war viel zu einseitig intellektuell und wissenschaftlich ausgerichtet. Er ist ein bemerkenswerter Kopf und ist dafür auch bekannt. Er ist keine gewöhnliche Person. Er bat mich um Rat, weil er wegen seiner Einseitigkeit völlig zerrissen war. Unglücklicherweise achten solche intellektuellen Menschen nicht auf ihr Gefühlsleben und verlieren so den Kontakt mit der fühlenden

Welt. Sie leben hauptsächlich in einer Gedankenwelt. So hatte er in allen Beziehungen zu anderen Menschen sich selbst völlig verloren. Schließlich fing er an zu trinken und solchen Unsinn und bekam Angst vor sich selbst, konnte nicht verstehen, was mit ihm geschah, verlor seine Fassung und geriet ständig in Schwierigkeiten. Deshalb beschloss er, mich zu konsultieren.«

Pauli beginnt zu erzählen, die Frauengeschichten, die Sauferei, die Wut, die Einsamkeit, die furchtbar lebhaften Träume, die Angst vor dem Wahnsinn. Jung ist fasziniert. Solch einen Fall, solch einen Intellekt, solch einen Test für seine eigenen Theorien der Psyche wird er nur einmal vor sich im Sessel haben. Welche Kräfte zerren an diesem Mann? Wie kann er ihm helfen, wieder ins Gleichgewicht zu kommen? »Und was soll man von dem hartgesottenen naturwissenschaftlichen Rationalisten halten, der in seinen Träumen und Wachphantasien Mandalas hervorbrachte?«, wird Jung später in seinem Buch *Psyche und Symbol* schreiben. »Er musste einen Irrenarzt konsultieren, weil er seinen Verstand zu verlieren meinte, da er plötzlich von den erstaunlichsten Träumen und Visionen überfallen worden war. Als der obengenannte hartgesottene Rationalist mich zum ersten Mal konsultierte, befand er sich in einem solchen Zustand der Panik, dass nicht nur er, sondern auch ich selber den Wind von der Irrenanstalt herwehen fühlte!«

In Paulis Traumbildern sieht C. G. Jung archaische Symbole, die er aus der Alchemie kennt. Er erkennt die tiefen Grundstrukturen des Unbewussten, die er »Archetypen« nennt. Das ist kein Wahn, das ist eine Seite Paulis, die aus dem Schatten hervordrängt. In der Angst vor Frauen, in der Aggression gegen Männer zeigt sich die Abwehr gegen diese Schattenseite. Wie soll dieser verkopfte Mensch mit jenen Dingen, die der modernen Physik unermesslich fern sind, ins Reine kommen?

Doch Jung hat Sorge, dass er, der starke Mann, den schwachen Mann Pauli durch seine Kommentare, durch seine bloße Präsenz, hemmen könnte, ihn daran hindern, ungezwungen zu träumen und zu sprechen. Er hält es für besser, auf Distanz zu gehen. Pauli muss zu einer weiblichen Therapeutin in Behandlung, beschließt Jung. Er drückt ihm einen Zettel mit der Adresse seiner Praktikantin Erna Rosenbaum in die Hand und verabschiedet sich. Rosenbaum arbeitet erst seit neun Monaten mit ihm zusammen. Eine Anfängerin.

Nur eine Frau kann Pauli helfen, sein schwieriges Verhältnis zu Frauen im Allgemeinen zu verbessern und mit seiner eigenen weiblichen, schöpferischen Seite ins Reine zu kommen, glaubt Jung. Aber Pauli passt das gar nicht. In Anwesenheit von Frauen fühlt er sich unsicher und gehemmt. Gerade deshalb, glaubt Jung. Er lässt Pauli keine Wahl. Pauli ist enttäuscht, aber er will nichts unversucht lassen und schreibt Rosenbaum einen missmutigen Brief, in dem er um einen Termin bittet.

Wolfgang Pauli ist misstrauisch, als er zu Erna Rosenbaum geht, und Rosenbaum ist entsetzt, als Pauli wieder geht. »Was für einen Mann haben Sie mir da geschickt?«, fragt sie Jung am nächsten Tag. »Was ist los mit ihm? Ist er halb verrückt?« – »Was ist denn passiert?«, fragt Jung zurück. Pauli habe ihr Geschichten erzählt, berichtet Rosenbaum, begleitet von »so starken Gefühlen, dass er sich dabei auf dem Boden wälzte«. »Ist er verrückt?«, fragt sie wieder. »Nein, nein«, antwortet Jung, »er ist ein deutscher Philosoph. Er ist nicht verrückt«.

Gemeinsam mit Erna Rosenbaum beginnt Pauli, seine Träume zu analysieren. Mehr als tausend Träume und Visionen schreibt er in den nächsten fünf Monaten für sie auf. »Ich beneide Sie nicht dafür, dass Sie all dies lesen müssen«, gesteht er ihr. Sie hält es aus, und sie kann Pauli helfen. Zwar bleibt sein Kopf gefüllt mit Träumen und Phantasien, sein Leben lang, aber er fängt sich, verfällt nicht mehr in Depression, übt sich darin, die Einsamkeit auszuhalten und nur noch mäßig zu trinken.

C. G. Jung bleibt während dieser Zeit auf Distanz, aber auf dem

Laufenden über den Fortschritt der Therapie. Aus der Ferne beobachtet er die »Herstellung eines neuen Persönlichkeitszentrums« bei Pauli. Auf Paulis Traumberichte stützt er seine Theorie der »Symbole des Individuationsprozesses«. Pauli ist damit einverstanden, und Jung sichert ihm Anonymität zu. Er nennt ihn in seinen Aufsätzen nur »einen wissenschaftlich gebildeten, jüngeren Mann«.

Nach fünf Monaten endet die Therapie bei Erna Rosenbaum, die nach Berlin zieht, und Jung sieht die Zeit gekommen, Pauli nun persönlich zu behandeln.

Im Lauf der Behandlung werden Arzt und Patient zu Freunden. Sie entdecken, dass sie ähnliche Leidenschaften haben. Beide sind Wissenschaftler. Beide glauben, dass die Physik unvollständig bleibt, solange sie das Wirken des menschlichen Geistes unbeachtet lässt. Rege diskutieren sie über Wissenschaft, Philosophie, Religion und Geistesgeschichte. Pauli sitzt nicht nur jede Woche bei Jung in der Bibliothek, sondern auch bei der Familie Jung am Esstisch.

Jung ist besessen von seinen Archetypen, diesen urtümlichen, unbewussten Symbolen, die all unserer Weltwahrnehmung zugrunde liegen. Er ist fasziniert von der Kabbala, der alten, unzugänglichen Tradition des jüdischen Mystizismus.

Pauli seinerseits bewundert Johannes Kepler, der vergeblich versuchte, die Struktur des Planetensystems aus reiner Geometrie herzuleiten. Er schätzt auch Robert Fludd, einen weniger bekannten Zeitgenossen Keplers, Mitglied der Geheimgesellschaft der Rosenkreuzer, der den Schlüssel zum Verständnis des Kosmos in einfachen geometrischen Formen vermutete. Pauli kommt nun zu der Ansicht, man müsse die Quantenphysik mit Jungs analytischer Psychologie vereinen, um die Welt zu verstehen: das Unbewusste, das Bewusstsein und den Rest.

Und sie beide sind besessen von den Zahlen. Pauli rätselt über die Feinstrukturkonstante, jene oft mit α bezeichnete Grundgröße des Universums, die die Stärke der elektromagnetischen Kraft angibt. Sein Lehrer Arnold Sommerfeld hat sie auf 1/137 beziffert. Warum gerade 137? Wer oder was hat α just so eingestellt, dass Atome und Moleküle nicht in sich zusammenfallen?

137! Jung kennt diese Zahl aus der Kabbala. Ja, 137 ist die Kabbala! Im hebräischen Alphabet ist jeder Buchstabe mit einer Zahl verbunden, und wenn man die Buchstaben des Wortes »Kabbala« zusammenzählt, kommt 137 heraus. Das kann doch kein Zufall sein, da sind Jung und Pauli sich einig. Die beiden spekulieren weiter. Jung entwickelt eine Theorie der Synchronizität, der zusammenhängenden, aber nicht kausal verbundenen Ereignisse. Zusammenhänge ohne Ursache und Wirkung: Das ist gerade, was die Quantenphysiker plagt. Bewusstsein und Materie, Wellen und Teilchen, Zahlen und kosmische Ordnung, Archetypen und physikalische Theorien, irgendwie ist das doch alles eins. Der vermaledeite »Pauli-Effekt« beweist doch, dass nicht alles in der physikalischen Welt rein physikalisch erklärbar ist. Jung und Pauli versteigen sich immer tiefer in eine Zauberwelt. Sie schreiben gemeinsam ein Buch mit dem Titel »Naturerklärung und Psyche«. Es ist wissenschaftlich wertlos, doch für Pauli ist es Therapie. In einem Brief an seinen Freund und Assistenten Ralph Kronig schreibt er seine Genesung seiner »Bekanntschaft mit psychischen Dingen« zu, »die ich früher nicht kannte und die ich unter dem Namen Eigentätigkeit der Seele zusammenfassen will«. Pauli glaubt an »spontane Wachstumsprozesse«, an »ein Objektiv-Psychisches, das nicht aus materiellen Ursachen erklärt werden kann«. Er unterschreibt den Brief mit »Ihr alter und neuer W. Pauli«.

Ende Oktober 1934 bricht Pauli die Analyse bei Jung ab, doch beide bleiben Brieffreunde. Pauli träumt weiter und versorgt Jung weiterhin mit Forschungsmaterial. Aber er fängt sich. Er heiratet wieder. Diesmal hält die Ehe. Mit seiner Frau Franca führt er ein bürgerliches Leben, ohne Kinder, bis er am 5. Dezember 1958 mit starken Magenschmerzen ins Krankenhaus vom Roten Kreuz eingeliefert wird. Er sieht seine Zimmernummer. »Es ist die 137!«, ruft er. »Hier komme ich nicht mehr lebend heraus.« Zehn Tage später stirbt Wolfgang Pauli.

KOPENHAGEN 1932

DR. FAUST IN KOPENHAGEN

Kopenhagen, im Frühjahr 1932. Jedes Jahr an Ostern treffen sich die Quantenphysiker bei Niels Bohr. Kollegen kommen zusammen, verbringen eine schöne Woche miteinander. Sie essen, musizieren, wandern, schwimmen und sprechen über ihre Lieblingsthemen.

Werner Heisenberg reist aus Leipzig an, Paul Dirac aus Cambridge und Paul Ehrenfest aus Leiden. Lise Meitner, die »deutsche Marie Curie« (Albert Einstein), berichtet von ihren Experimenten mit radioaktiven Elementen. Fühlt euch frei, begabte Studenten mitzubringen, fordert Bohr seine Gäste auf. Werner Heisenberg bringt seinen 20-jährigen Doktoranden Carl Friedrich von Weizsäcker mit, den Diplomatensohn mit den feinen Manieren, der bald zu seinem besten Freund werden wird. Weizsäcker öffnet dem politisch unbedarften Heisenberg den Blick für die Welt außerhalb der Physik. Sie gehen gemeinsam Skilaufen, wie einst Heisenberg mit seinen Mentoren Sommerfeld und Bohr. »Nur die Freundschaft mit Carl Friedrich, der sich mit dem ihm eigenen Ernst mit der Umwelt auseinandersetzt, lässt mir einen kleinen Zugang in das mir sonst fremde Gebiet offen«, schreibt Heisenberg später an seine Mutter.

Die Kopenhagener Treffen prägen Weizsäckers wissenschaftliches Werden. Er kann hautnah miterleben, wie Paul Dirac darüber spricht, was mit den Antielektronen geschehen soll. Wie Niels Bohr und Paul Ehrenfest in die Feinheiten der Deutung der Quantenmechanik gehen. In diesem Jahr liefert Wolfgang Pauli das Gesprächsthema Nummer eins: seine Neutrino-Hypothese. Das Jahr 1932 wird später als Wunderjahr der Experimentalphysik bezeichnet werden. James Chadwick, der Schüler Rutherfords, entdeckt am Cavendish-Laboratorium in Cambridge das Neutron. Charles Anderson weist am Caltech, Kalifornien, in einer Nebelkammer, in der er kosmische Strahlung fängt, das Antiteilchen des Elektrons nach und nennt es Positron. Zur gleichen Zeit beginnt in Berkeley, Kalifornien, die Forschung mit Teilchenbeschleunigern. Physikalische Forschung wird mehr und mehr zu einer Angelegenheit für Teams mit großen Anlagen. Einsame Genies, die mit Stift und Papier am Schreibtisch grübeln, werden zu Randfiguren. Beide Forschungsansätze, Theorie und Experiment, gehören weiter zur Physik, doch das Experiment verdrängt zunehmend die Theorie aus dem Zentrum. Carl Friedrich von Weizsäcker wird auf andere Weise forschen als seine Lehrer. Die großen Durchbrüche geschehen nun nicht mehr im Kopf, nicht mehr auf Strandspaziergängen auf Helgoland oder in den Weihnachtsferien in Arosa, nicht mehr auf Treffen wie denen in Kopenhagen. Sie werden in Großforschungseinrichtungen produziert. Die Physik wird zu einer handelnden Disziplin – mit gewaltigen Folgen.

Wolfgang Pauli fehlt in diesem Jahr in Kopenhagen. Er ringt mit seiner Lebenskrise. Albert Einstein kommt nie zu den Kopenhagener Treffen, trotz seiner Freundschaft mit Bohr. Was die jungen Physiker beschäftigt, Kernphysik und solcher Kram, interessiert ihn nicht. Lehre interessiert ihn nicht. Einstein hat keine Doktoranden.

Es gibt keine Tagesordnung in Kopenhagen, sehr wohl aber eine Tradition. Die jungen Physiker führen einen Sketch auf, in dem sie sich über die älteren lustig machen, von denen manche nicht älter als 30 sind. Im Jahr zuvor haben sie eine Persiflage auf einen Spionagefilm geschrieben, den viele der Physiker gemeinsam im Kino gesehen haben.

Diesmal haben die jungen Physiker sich einen anspruchsvolleren Stoff vorgenommen. Vor 100 Jahren, am 22. März 1832, ist Johann Wolfgang von Goethe gestorben, und sie werden eine Parodie auf Goethes Drama *Faust* inszenieren. In Deutschland finden überall Feiern zu Goethes Todestag statt. Es gehört selbstverständlich zum Stoff der Lehrpläne deutscher Schulen, seine Verse auswendig zu lernen, auch Niels Bohrs Vater rezitierte den *Faust* aus dem Gedächtnis. Die Wahl des Stoffs ist auch ein Wink an Werner Heisenberg, der Goethe verehrt, als Dichter und als Wissenschaftler.

Max Delbrück, 25, ein begabter Student aus Berlin, hat das Skript geschrieben. Er wollte einst Astronom werden, bis es ihn im Jahr 1926 nach Berlin in Werner Heisenbergs Vortrag verschlug. Obwohl er nichts verstand, war er gefesselt, von dem, was er hörte, und studierte daraufhin Atomphysik bei Wolfgang Pauli, Max Born und Niels Bohr. Vor einem Jahr, auf einer Party in Rom, hatte Delbrück einen Flirt mit Ève Curie, die ihre Mutter Marie auf deren Reisen durch Europa begleitete. Sie wies ihn ab. Nicht leicht zu verwinden für Delbrück. Bald wird er das Fach wechseln und sich der Biologie zuwenden. Er wird die quantenphysikalischen Grundlagen des Lebens untersuchen und zum Übervater der Molekularbiologie werden, wie es Niels Bohr für die Quantenphysik ist.

Georgi Gamow, 28, der für seinen scharfen Witz bekannte Bohr-Schüler aus Odessa, hat das Skript illustriert. Er hatte im Jahr zuvor die Idee mit dem Spionagefilm. Diesmal ist er nicht anwesend. Der sowjetische Staat stellt ihm keinen Reisepass aus. Stalin, der Gamows Heimat Ukraine unter Hunger und Säuberungen leiden lässt, möchte verhindern, dass sowjetische Wissenschaftler »sich mit Wissenschaftlern der kapitalistischen Länder verbrüdern«. Gamow wird die nächste Gelegenheit nutzen, um in den Westen zu fliehen.

»Faust in Kopenhagen« betitelt Delbrück den Sketch. Er gibt den Rollen des Goethe-Stücks einen Doppelsinn: Paul Ehrenfest ist Faust. Wolfgang Pauli ist Mephisto. Niels Bohr ist Gott. Das Neutrino ist Gretchen. Die Aufführung findet zum Abschluss des Ostertreffens im Hörsaal des Instituts statt. Requisiten gibt es nicht, nur das Lesepult, eine Bank und ein paar Stühle.

Léon Rosenfeld, 27, der Assistent Bohrs, spielt Wolfgang Pauli alias Mephisto, den Unruhestifter, der versucht, Paul Ehrenfest, sprich Faust, vom rechten Weg abzubringen. Rosenfeld hat Paulis Statur: klein, dicklich, Glatze.

Felix Bloch, 26, Heisenbergs erster Doktorand, jetzt Gastforscher in Kopenhagen und Bewohner der Dachwohnung, in der einst Heisenberg die Unschärferelation fand, spielt Niels Bohr, also Gott. Bloch ist gebaut wie Bohr: muskulös, durchtrainiert.

Ehrenfest hält nichts von Paulis Neutrino-Vermutung. Und so lässt Delbrück seinen Faust erklären, dass die Idee eines Teilchens, das weder Masse noch Ladung habe, der bloße Wahnsinn sei. So etwas kann es nicht geben. Ausgeschlossen.

Ehrenfest zweifelt auch an dem Entwurf einer Quantenelektrodynamik, an dem Pauli und Heisenberg schon seit Jahren tüfteln. Sie schlagen sich damit herum, dass die Werte für die Masse und die Ladung des Elektrons ins Unendliche davonlaufen, scheitern immer wieder daran, sie zu bändigen. Was sollen diese abgehobenen mathematischen Spielereien, fragt Ehrenfest seine Kollegen. Die neumodische Masche, physikalische Hypothesen aus ästhetischen Erwägungen zu entwickeln, missfällt ihm. Schönheit ist etwas für Schneider, sagt er, nicht für Wissenschaftler.

Goethes *Faust* beginnt mit einem Prolog, in dem die drei Erzengel Raphael, Michael und Gabriel den Herrn für die Erschaffung der Welt preisen. Mephisto verspottet ihre Lobhudelei. Delbrück verwandelt die Erzengel in drei Astrophysiker, die davon schwärmen, wie gut die Physik die Welt erklärt: das Strahlen der Sonne, die Pracht der Doppelsterne. Mephisto, ausgestattet mit Hörnern und Teufelsschwanz, platzt in die Versammlung und lästert: »Und ist die ganze Theorie auch Mist«. Auf der Bühne sitzt eine Gestalt, bedeckt von einem weißen Laken, das sich nun hebt und Felix Bloch freigibt, unverkennbar als Niels Bohr verkleidet. Bohr, also Gott, fragt Pauli, also Mephisto:

Hast du mir weiter nichts zu sagen
Kommst du nur, immer anzuklagen?
Ist die Physik dir niemals recht?

Mephisto antwortet:

Nein, Quatsch! Ich finde sie, wie immer, herzlich schlecht.
Bekümmert sie mich auch in meinen Jammertagen,
Muss ich die Physiker doch immer weiter plagen.

Es geht um das Neutrino, ein Streitthema zwischen Pauli und Bohr. Pauli hat das Neutrino postuliert, um Bohrs Idee zu kontern, die Grundgesetze der Erhaltung von Impuls und Energie gälten in manchen atomaren Prozessen bloß im statistischen Mittel.

Gott verwirft Mephistos Neutrino-Vermutung mit den gefürchteten Bohrschen Worten: »Das ist ja sehr, sehr interessant! ... aber, aber.« Mephisto wehrt sich à la Pauli: »Nein, schweig! Halt, Quatsch!« – »Aber Pauli, Pauli, wir sind ja viel mehr einig, als du denkst!« – Gelächter im Publikum. Diese Töne kennen sie von den Diskussionen zwischen Niels Bohr und Wolfgang Pauli. Bohr stimmt ein. Im Gegensatz zu Goethes Gott kann er über sich selbst lachen.

Bloch alias Gott und Rosenfeld alias Mephisto gehen eine Wette ein, um die Seele Fausts, also Ehrenfests, des »Schulmeisters«. In Goethes Stück verabreicht Mephisto Faust einen Trank. Faust verliebt sich in Gretchen und verführt sie.

In Delbrücks Stück verkleidet sich Mephisto als Handlungsreisender, auf dem Kopf eine Melone. Er versucht, Faust die Quantenelektrodynamik »von Heisenberg-Pauli« zu verkaufen. »Mag ich nicht!«, ruft Faust. »Eine von Dirac« vielleicht? »Mit unendlicher Selbstenergie!« – »Mag ich nicht!«, ruft Faust wieder. Mephisto hat noch »was Apartes« im Angebot: das Neutrino. Faust lehnt ab:

Du wirst mich trotzdem nimmermehr verführen.
Werd' ich doch zu einer Theorie je sagen:
Verweile doch, du bist so schön,
Dann magst du mich in Fesseln schlagen,
Dann will ich gern zugrunde gehn!

Das Neutrino selbst tritt auf, als singendes Gretchen:

Meine Ladung ist hin,
Statistik ist schwer,
Ich finde sie nimmer
Und nimmermehr

Wo du mich nicht hast,
Keine Formel passt.
Die ganze Welt
ist dir vergällt.

Doch Ehrenfest bleibt standhaft gegen die Reize des Neutrinos. Mit »Ehrenfest, mir graut vor dir!« tritt Gretchen ab.

Das Stück wird schräger und schräger. Auerbachs Keller wird zu einer Bar in Ann Arbor, USA, wo Wolfgang Pauli sich im Jahr zuvor bei einem Treppensturz die Schulter gebrochen hat. Albert Einstein wird als »der König« besungen, seine »neue Feldtheorie« als Floh verspottet. Auf der Bühne findet eine »klassische« und eine »quantentheoretische Walpurgisnacht« statt. Als Erlöser tritt das vor zwei Monaten nachgewiesene Neutron auf. »Das Ewig-Neutrale zieht uns hinan!«, singt zum Schluss der Chorus mysticus.

In den Jahren darauf geht es munter weiter mit den Kopenhagener Ostertreffen und den Sketchen. Bis der Zweite Weltkrieg sie abrupt beendet.

BERLIN 1933
MANCHE FLIEHEN, MANCHE BLEIBEN

Am 30. Januar 1933 wird Adolf Hitler zum Reichskanzler ernannt. Der spätere Propagandaminister Joseph Goebbels schreibt am Abend in sein Tagebuch: »Uns allen stehen die Tränen in den Augen. Wir drücken Hitler die Hand. Er hat's verdient. Großer Jubel. Unten randaliert das Volk. Gleich an die Arbeit. Reichstag wird aufgelöst.« Hitler, Goebbels und Kompanie zögern nicht. In den folgenden Wochen schalten sie den Staat gleich auf Nationalsozialismus. Sie heben die Versammlungs- und Pressefreiheit auf, rüsten die Wehrmacht auf, beschließen das Ermächtigungsgesetz, das die parlamentarische Demokratie außer Kraft setzt. Viele Deutsche befürchten eine Diktatur. »Quatsch«, sagt Wolfgang Pauli, so etwas passiert in Russland, aber nicht in Deutschland – ausgeschlossen.

Für die halbe Million Juden, die in Deutschland leben, bricht eine dunkle Zeit an. Ihr Exodus beginnt langsam. Bis Juni 1933 haben nur 25 000 von ihnen das Land verlassen. Inmitten der Gewalt gegen sie, entfacht von den Nazis, stimmen bei den Reichstagswahlen am 5. März 1933 17 Millionen Deutsche für die NSDAP.

Am 23. März 1933 beschließt der Reichstag das »Gesetz zur Behebung der Not von Volk und Reich«, mit den Stimmen der NSDAP, der DNVP, der Zentrumspartei und anderer bürgerlicher Parteien ist die Zweidrittel-Mehrheit erreicht. Nur die dezimierte SPD-Fraktion widersteht dem Druck, dem Gesetz zuzustimmen. Ihr Vorsitzender Otto Wels sagt: »Freiheit und Leben kann man uns nehmen, die Ehre nicht. Kein Ermächtigungsgesetz gibt Ihnen die Macht, Ideen, die ewig und unzerstörbar sind, zu vernichten.« Die Abgeordneten der KPD waren von der Abstimmung ausgeschlossen worden. Sie befanden sich entweder in Haft oder waren untergetaucht. SA-Männer bedrohten alle Abgeordneten, die gegen das Gesetz stimmen könnten, vor und im Sitzungssaal.

Albert Einstein, der gerade auf einer Vortragsreise durch die USA ist, erklärt, er werde nicht mehr nach Deutschland zurückkehren. »Es gehört heute viel Mut dazu, das Selbstverständliche zu sagen und zu tun, und es sind wahrhaft wenige, die diesen Mut aufbringen. Sie gehören zu diesen wenigen und ich drücke Ihnen die Hand als einem, der mir in der ganzen Sinnesart nahesteht«, schreibt er an den Wiener Physiker Hans Thirring. »Wir sehen mit erschreckender Deutlichkeit, dass wir kämpfen müssen, und dass wir die aufrecht Gebliebenen davon zu überzeugen haben, dass auch sie nicht abseits stehen dürfen.« Die Brutalität der Nazis bewegt Einstein dazu, seine strikt pazifistische Überzeugung zu überdenken: »Ich hasse Militär und Gewalt jeder Art. Ich bin aber fest überzeugt, dass heute dieses verhasste Mittel den einzigen wirksamen Schutz bildet.«

Am 7. April 1933 erlassen die Nazis das »Gesetz zur Wiederherstellung des Berufsbeamtentums«. Es betrifft zwei Millionen Staatsbedienstete und zielt auf die politischen Gegner der Nazis, auf Sozialisten, Kommunisten und Juden. Paragraph 3 ist ein Beispiel eines »Arierparagraphen«:

»Beamte, die nicht arischer Abstammung sind, sind in den Ruhestand zu versetzen; soweit es sich um Ehrenbeamte handelt, sind sie aus dem Amtsverhältnis zu entlassen.«

Wer einen jüdischen Elternteil oder Großelternteil hat, kann entlassen oder in den Ruhestand versetzt werden. Eine Ausnahme ist das »Frontkämpferprivileg«, das Reichspräsident Hindenburg Hitler abringt: »Nicht arische« Beamte, die im Weltkrieg an der Front für das Deutsche Reich oder für seine Verbündeten gekämpft haben oder deren Vater oder Söhne im Weltkrieg gefallen sind, dürfen im Dienst bleiben. Alle Beamten müssen binnen zwei Wochen den »Ariernachweis« vorlegen: ihre Geburts-, Tauf- und Heiratsurkunden und die ihrer Eltern und Großeltern.

Die Reichsverfassung von 1871 hat die Juden zu gleichberechtigten Bürgern gemacht. Nun müssen sie wieder legalisierte staatliche Diskriminierung erfahren. Und die »Arierparagraphen« sind erst der Anfang.

Auch Universitäten sind staatliche Einrichtungen, auch sie betrifft das »Gesetz zur Wiederherstellung des Berufsbeamtentums«. Der Präsident der Kaiser-Wilhelm-Gesellschaft, Max Planck, ist kein Nazi. Doch er dient sich an. Er telegraphiert an Hitler: »Die zur 22. Ordentlichen Hauptversammlung der Kaiser-Wilhelm-Gesellschaft zur Förderung der Wissenschaften versammelten Mitglieder beehren sich, dem Herrn Reichskanzler ehrerbietige Grüße zu übersenden und hierdurch feierlich zu geloben, dass auch die deutsche Wissenschaft bereit ist, an dem Wiederaufbau des neuen nationalen Staates, der ihr Schutz und Schirmherr zu sein gewillt ist, nach besten Kräften mitzuarbeiten.«

Mehr als tausend Akademiker, darunter 313 Professoren, verlieren ihre Stellen. Fast ein Viertel der Physiker an Hochschulen, unter Theoretikern sogar die Hälfte, wird ins Exil gezwungen. Bis 1936 werden mehr als 1600 Gelehrte vertrieben, ein Drittel davon Naturwissenschaftler, unter ihnen 20 gegenwärtige oder künftige Nobelpreisträger: elf in Physik, vier in Chemie, fünf in Medizin. Leopold Koppel, der jüdische Bankier und Förderer der deutschen Wissenschaft, muss den Senat der von ihm finanzierten Kaiser-Wilhelm-Gesellschaft verlassen.

Diesem Exodus kann Max Planck nicht tatenlos zusehen. Er sucht um eine Audienz bei Hitler nach, um den Schaden für die deutsche Wissenschaft zu begrenzen. Für den 16. Mai 1933 um 11 Uhr wird sie ihm gewährt. Man müsse doch unterscheiden, sagt Planck, es gebe verschiedene Arten von Juden, »für die Menschheit wertvolle« und »wertlose«. Der Chemie-Nobelpreisträger Fritz Haber, getaufter Sohn eines jüdischen Ehepaares, habe doch mit seinem Verfahren zur Gewinnung von Ammoniak den Einsatz von Giftgasen im Ersten Weltkrieg ermöglicht und damit Deutschland gedient. Für solche Differenzierungen ist Hitler jedoch nicht zu haben. »Jude ist Jud«, ruft er, »alle Juden hängen wie Kletten zusammen.« Aber es wäre doch »geradezu Selbstverstümmelung«, wendet Planck ein, »wertvolle Juden« zum Auswandern zu nötigen. Dann fehle ihre wissenschaftliche Arbeit in Deutschland und käme dem Ausland zugute. Hitler gerät in einen seiner gefürchteten Erregungszustände, schlägt sich heftig aufs Knie, spricht schneller und schneller, schreit den 75-jährigen Professor an, droht ihm mit Haft im Konzentrationslager. Planck kann nur noch stumm zuhören und zieht sich schließlich zurück. »Armer Wirrkopf«, ruft Hitler ihm hinterher.

Max Planck weiß, wie es ist, Opfer zu bringen. Er hat nach dem Ersten Weltkrieg der darniederliegenden deutschen Forschung wieder auf die Beine geholfen. Er hat einen Sohn im Krieg verloren. Aber ein sinnloses Opfer? Das sieht er nicht ein. Das missratene Gespräch mit Hitler zeigt ihm: Adolf Hitler opfert lieber die deutsche Wissenschaft, als den Eindruck von Milde gegenüber den Juden zu erwecken.

Im April 1933 tritt Pascual Jordan, der einst als stotternder Student an der Formulierung der Matrizenmechanik mitarbeitete, der NSDAP bei. Anfang Mai wird Johannes Stark zum Präsidenten der Physikalisch-Technischen Reichsanstalt (PTR) ernannt. Stark, Nobelpreisträger, dogmatischer und streitsüchtiger Antisemit und Anhänger Hitlers seit den 1920er Jahren. Als Hitler 1923 seine Festungshaft antreten muss, haben Stark und Lenard in einer Zeitung ein öffentliches Bekenntnis zu ihm abgelegt: »Eben denselben Geist restloser Klarheit, der Ehrlichkeit der Außenwelt gegenüber, zugleich der inneren Einheitlichkeit, den wir früh schon in den großen Forschern der Vergangenheit erkannt und verehrt haben, in Galilei, Kepler, Newton, Faraday, bewundern und verehren wir in gleicher Weise auch in Hitler, Ludendorff, Pöhner und ihren Genossen; wir erkennen in ihnen unsere allernächsten Geistesverwandten.«

Nun, zehn Jahre später, sinnt Stark auf Rache. In den 1920er Jahren hat er seinen Lehrstuhl in Würzburg verlassen und sich als Unternehmer versucht, zuerst als Porzellanfabrikant, dann als Betreiber einer Ziegelei. Als er in den Hochschulbetrieb zurückkehren wollte, hatte keiner eine Stelle für ihn. Nun sieht er seine Chance, es allen heimzuzahlen, die ihn damals verschmähten. Gemeinsam mit seinem Kollegen, dem bekennenden Nazi Philipp Lenard, will er eine »arische Physik« etablieren. Als Präsident der PTR verteilt er die Forschungsgelder. Er will die deutsche Physik führen wie »der Führer« das Volk.

Am 10. Mai 1933 finden im ganzen Deutschen Reich Bücherverbrennungen statt, organisiert vom *Hauptamt für Aufklärung und Werbung* der deutschen Studentenschaft: an 22 Orten, bevorzugt Universitätsstädten wie Bonn, Göttingen und Würzburg, immer nach demselben Muster. SA-Männer, Parteimitglieder marschieren mit Fackeln und wehenden Hakenkreuzfahnen zu einem öffentlichen Platz und werfen die »jüdischen«, »bolschewistischen« oder »undeutschen« Bücher, sortiert nach Autoren in einer festen Reihenfolge, ins Feuer. Dazu werden »Feuersprüche« gerufen, die das *Hauptamt* einheitlich vorgegeben hat. In München brennen die Bücher auf dem Königsplatz. In Berlin ist die Bücherverbrennung von besonders großem Ausmaß: 40 000 Zuschauer versammeln sich auf dem Platz zwischen Universität und Opernhaus, um das satanische Spektakel zu verfolgen. Acht Kilometer weit eskortieren die Studenten die Lastwagen und Autos, die mit 20 000 aus Bibliotheken und Buchhandlungen geplünderten Büchern beladen sind. Die Studentenverbindungen sind in ihren Uniformen angetreten, rote und grüne Kappen, blau und lila, in weißen Bundhosen und hohen Stiefeln mit Sporen. Sie singen Nazilieder und Studentenlieder. Auf dem Pflaster des Platzes liegt eine dicke Sandschicht, darauf ein meterhoher Scheiterhaufen, den die Studenten beim Vorbeimarschieren mit ihren Fackeln entzünden. Die Namen der zu tilgenden Autoren werden genannt, während ihre Bücher in Flammen aufgehen. »Gegen seelenzerfasernde Überschätzung des Trieblebens, für den Adel der menschlichen Seele! Ich übergebe der Flamme die Schriften des Sigmund Freud.« – »Gegen literarischen Verrat am Soldaten des Weltkrieges, für Erziehung des Volkes im Geist der Wahrhaftigkeit! Ich übergebe der Flamme die Schriften von Erich Maria Remarque.« – »Gegen Gesinnungslumperei und politischen Verrat, für Hingabe an Volk und Staat! Ich übergebe der Flamme die Schriften von Friedrich Wilhelm Förster.« Auch die Schriften Albert Einsteins landen in den Flammen ebenso wie die von Karl Marx, Bertolt Brecht, Émile Zola, Marcel Proust und Franz Kafka. Um Mitternacht besteigt Goebbels die Tribüne und erklärt: »Der jüdische Intellektualismus ist tot. Die deutsche Seele kann sich wieder äußern.« Kluge Menschen wie Max Planck können die Warnsignale nicht übersehen und überhören, doch sie bleiben tatenlos. Adolf Hitler ist genau hundert Tage an der Macht.

Als die Berichte von den Geschehnissen in Deutschland um die Welt gehen, beginnen Wissenschaftler und ihre Vereinigungen damit, die Unterstützung für ihre vor der Nazi-Unterdrückung fliehenden Kollegen mit Geld und Stellen zu organisieren. Hilfsorganisationen, finanziert durch Spenden, werden gegründet. In London entsteht im April 1933 das *Academic Assistance Council (AAC)* unter dem Vorsitz von Ernest Rutherford. Es hilft geflohenen Wissenschaftlern, Künstlern und Autoren. Viele von ihnen entkommen zunächst über die Grenze in die Schweiz, in die Niederlande oder Frankreich und reisen nach kurzem Aufenthalt weiter nach England oder in die USA.

Trotz der Rassengesetze, die hervorragende Wissenschaftler aus dem Staatsdienst verbannen, trotz der massenhaften Flucht und

Deportation von Forschern bleiben viele gute Physiker in Deutschland. Otto Hahn, der Entdecker der Kernspaltung, harrt trotzig aus, er gehört laut Albert Einstein zu den »Wenigen, die aufrecht geblieben sind und ihr Bestes taten während dieser bösen Jahre«. Hahn forscht weiter, setzt sich gemeinsam mit seiner Frau Edith für bedrohte jüdische Kollegen ein und korrespondiert mit jenen im Exil, unter ihnen seine Mitarbeiterin Lise Meitner. Hahns Freund und Kollege Max von Laue, Nobelpreislaureat des Jahres 1914, geht noch weiter und riskiert sein Leben, indem er das Hitler-Regime wiederholt öffentlich kritisiert und verurteilt.

Die Physik steht still, während die Physiker in Aufruhr sind. In diesen Tagen gibt es Wichtigeres als Matrizen und den Welle-Teilchen-Dualismus. Manche entwickeln Sonargeräte für U-Boote, manche bauen Rechenmaschinen zum Codeknacken. In Kopenhagen macht Niels Bohr sein Institut zu einem Stützpunkt für gestrandete Physiker. Im April 1934 holt er James Franck, den jüdischstämmigen Kollegen Max Borns, von Göttingen als Gastprofessor nach Kopenhagen. Nach einem Jahr zieht Franck weiter auf eine Professur für Physikalische Chemie in Chicago.

Im Dezember 1931 hat die Königlich Dänische Akademie der Wissenschaften Bohr zum nächsten Bewohner des Æresbolig ernannt, des »Ehrenhauses«, erbaut vom Gründer der Carlsberg-Brauerei. Mit anderen Worten: Er ist nun Dänemarks bedeutendster Bürger – nicht nur dessen bedeutendster Physiker. Bohr nutzt seinen Einfluss im eigenen Land und im Ausland, um anderen zu helfen. Im Jahr 1933 wirken er und sein Bruder Harald bei der Gründung des »Dänischen Komitees zur Unterstützung landesflüchtiger Geistesarbeiter« mit.

Auch Max Born stammt aus einer jüdischen Familie. Bisher hat er sich »nie besonders als Jude gefühlt«, sagt er, nun jedoch »sehr stark, nicht nur weil man mich und die Meinen dazu rechnet, sondern weil Unterdrückung und Ungerechtigkeit mich zu Zorn und Widerstand reizen«. Da er im Ersten Weltkrieg als Funker im Heeresdienst war, hätte er Anspruch darauf, vom »Arierparagraphen« ausgenommen zu werden. Doch er zieht es vor, auf diesen Anspruch zu verzichten. Darauf einzugehen, würde bedeuten, sich mit den Nazis gemein zu machen, glaubt er. Eines Tages schlägt er die Lokalzeitung auf und entdeckt seinen Namen in einer Liste von Beamten, die vom Dienst suspendiert werden sollen, gemeinsam mit den Mathematikern Richard Courant und Emmy Noether. Am Abend darauf beginnen die Drohanrufe bei Borns.

Born macht lange Spaziergänge durch die Wälder, grübelnd. Was soll er tun? Wo soll er hin? Klar ist nur: Weitermachen ist keine Option. »Mich überläuft ein Schauder«, schreibt er an Ehrenfest, »wenn ich mir vorstellte, ich müsste aus irgendwelchen Gründen noch einmal vor die Studenten treten, die mich herausgeworfen haben, oder unter den ›Kollegen‹ leben, die sich damit so leicht abgefunden haben«.

Langsam reift der Entschluss, und schließlich verlassen die Borns Göttingen, die Stadt, in der Max Born den größten Teil seines Erwachsenenlebens verbracht hat, in der er ein Zentrum der Physik geschaffen hat, in der Hedi Born geboren ist, in der sie ihren Sohn Gustav zur Welt gebracht hat. Am 15. Mai steigen sie mit leichtem Gepäck in den Zug. »Alles, was ich in zwölf Jahren harter Arbeit in Göttingen aufgebaut hatte, war vernichtet«, schreibt Born später. »Es kam mir vor wie das Ende der Welt.«

Borns fahren nach Südtirol, ins Grödner Tal in den Dolomiten. Bei dem Bauern und Holzschnitzer Perathoner in Wolkenstein finden sie Quartier. Der Frühling bricht an, die Sonne steigt höher über die schroffen Dolomitenstöcke, der Schnee beginnt zu schmelzen. Hermann Weyl kommt zu Besuch nach Wolkenstein, dann auch seine Geliebte Annie Schrödinger, die sich in der Nähe mit ihrem Mann Erwin von den Berliner Schrecknissen erholt. Wolfgang Pauli reist an mit seiner Schwester Hertha, einer Journalistin und Schauspielerin, die unter den Nazis ihre Arbeit in Berlin verloren hat. Zwei Studenten Borns machen ihn in Wolkenstein ausfindig und folgen ihm nach. Born hält ihnen Vorlesungen auf einer Bank vor dem Haus oder im Wald. Er ist stolz auf seine »kleine Selva-Universität«. Ein vergänglicher Hauch von Idylle kommt auf.

Einer jedoch erscheint nicht: Werner Heisenberg. Er versucht in einem Brief, Born davon zu überzeugen, nach Deutschland zurückzukehren. In Deutschland sei er sicher, weil »durch das Gesetz nur die Allerwenigsten betroffen werden«, schreibt er nach Wolkenstein. Ganz bestimmt, Adolf Hitler habe es Max Planck versprochen.

Heisenberg spricht später davon, dass im Jahr 1933 das »Goldene Zeitalter der Atomphysik« endete. Die wenigen Jahre, in denen es sich unbeschwert über Atome, Elektronen, Wellen und Matrizen nachdenken ließ, sind schon wieder vorbei, es wird dunkel, auch in Heisenbergs Augen. Freunde beobachten, dass seine Augen ihren strahlenden Glanz von einst verlieren. Er zieht sich immer mehr in sich selbst zurück.

Werner Heisenberg versucht, sich zu arrangieren. Er bleibt Staatsdiener im Dritten Reich. Wie alle »arischen« Professoren, die ausharren, wie auch Planck, muss er die Heirats- und Geburtsurkunden seiner Eltern zur Überprüfung einreichen, nationalsozialistische Indoktrinationslager besuchen, einen Eid auf seine Treue zu Hitler schwören und seine Vorlesungen mit »Heil Hitler« beginnen. Heisenberg erwägt, aus Protest von seinem Lehrstuhl zurückzutreten, fragt Planck um Rat. Sinnlos, sagt dieser, dann rücke nur ein strammer Nazi und schlechter Physiker nach. Planck und Heisenberg hoffen weiter, dass die politische Revolution ohne Schaden für die Wissenschaft vonstattengehen wird und die Dinge sich irgendwann beruhigen werden.

Doch der Schaden ist bereits angerichtet. Binnen weniger Wochen verwandeln die Nazis die Universität Göttingen, die Wirkungsstätte von Carl Friedrich Gauß, Georg Christoph Lichtenberg und David Hilbert, die Wiege der Quantenmechanik, in eine zweitklassige Hochschule. Als Hilbert, der gefeierte Mathematiker, im Jahr 1934 von Bernhard Rust, dem Reichsminister für Wissenschaft, Erziehung und Volksbildung, gefragt wird, ob es stimme, dass sein Institut »unter dem Weggang der Juden und Judenfreunde« gelitten habe, antwortete er: »Das Institut – das gibt es doch gar nicht mehr.«

Das Physikalische Institut der Universität Heidelberg wird am 13. Dezember 1935 mit einer Zeremonie, an der Minister Rust wegen einer Krankheit nicht teilnehmen kann, in Philipp-Lenard-Institut umbenannt, nach seinem Direktor, der ein Buch mit dem Titel *Deutsche Physik in vier Bänden* geschrieben hat. Lenard behauptet, die Wissenschaft sei eine Sache der Rasse, des Bluts, wie alles Menschenwerk. Die Juden hätten eine eigene Physik, eine ganz und gar andere als die »deutsche«, »arische« oder »nordische« Physik. Worin der Unterschied besteht und woher er kommt, kann Lenard in den vier Bänden nicht erklären. »Jüdische« Physik ist, was er und seine Mitstreiter so nennen. Johannes Stark, Präsident der Reichsanstalt und einer dieser Mitstreiter, eifert in seiner Rede gegen die Anhänger Albert Einsteins und beklagt, dass Max Planck noch immer der Kaiser-Wilhelm-Gesellschaft vorsitze. Die Zeremonie schließt mit »Sieg-Heil« und dem Horst-Wessel-Lied.

Max Born ist nicht so naiv wie Heisenberg. Er will mit seiner Familie nach England gehen, weil »die Engländer in großzügigster und vornehmster Weise sich der Vertriebenen anzunehmen scheinen«. Born ist vom Dienst suspendiert, aber frei. Er gehört zu den wenigen deutschen Wissenschaftlern, deren Ruhm groß genug ist, um weltweit anerkannt zu werden.

Die Universität Cambridge bietet ihm einen Dozentenvertrag auf drei Jahre an, den er annimmt, nachdem er sich versichert hat, dass die Stelle eigens für ihn geschaffen wird, denn er möchte sie keinem englischen Wissenschaftler wegnehmen. Es beginnt eine unsichere Zeit für die Familie Born. Nach den drei Jahren in Cambridge verschlägt es sie nach Bangalore in Indien, wo Max Born am *Indian Institute of Sciences* gastiert. Doch die Institutsleitung hält seine theoretische Forschung für praktisch nutzlos und gibt ihm keine unbefristete Stelle. Bereits nach sechs Monaten müssen die Borns erneut weiterziehen. Born erwägt schon, eine Stelle in Moskau anzunehmen, als ihm im Jahr 1936 der Lehrstuhl für Naturphilosophie der Universität Edinburgh angeboten wird.

Die Schrecken des Zweiten Weltkriegs belasten ihn schwer, auch wenn er physisch in Sicherheit lebt. Adolf Hitler muss besiegt werden, davon ist er überzeugt. Nur wie? Born ist klar, dass es nur mit Gewalt geht. Gleichzeitig erschreckt ihn der Luftkrieg der Alliierten, bei dem ganze Städte in Schutt und Asche gelegt werden: »Die Idee, Hitler zu stürzen, indem man Frauen und Kinder tötete und ihre Heime zerstörte, erschien mir absurd und abscheulich«, wird er später schreiben. Gegen Ende des Krieges leidet Max Born unter so schweren Depressionen, dass er nicht mehr arbeiten kann. Der Krieg zerstört alles. Die Welt ist unscharf geworden, nicht nur für Quantenphysiker. Die Konturen des lange Vertrauten, des sicher Geglaubten, beginnen zu verschwimmen.

AMSTERDAM 1933
EIN TRAURIGES ENDE

Leiden, 1933. Paul Ehrenfest beobachtet mit Angst und Entsetzen Adolf Hitlers Aufstieg zur Macht und den Verfall der deutschen Wissenschaft. Seine Freunde kommen ihm abhanden, einer nach dem anderen. Hendrik Lorentz ist gestorben. Max Planck gerät immer tiefer in das Dilemma, die Forschung eines Landes zu repräsentieren, dessen Handeln er missbilligt. Albert Einstein, mit dem Ehrenfest einige der glücklichsten Momente seines Lebens verbracht hat, ist vor den Nazis ins Ausland geflohen. Es ist der schlimmste Verlust für Ehrenfest. Er ahnt, dass er Einstein nie wiedersehen wird.

Auch in Forschung und Lehre findet Ehrenfest keinen Trost mehr. Er, der in jüngeren Jahren einer der angesehensten Theoretiker der Welt war. Er, den Hendrik Lorentz sich als Nachfolger auf seinem Leidener Lehrstuhl wünschte. Eine ganze Weile findet er nicht mehr die Kraft, den aktuellen Entwicklungen der Atomphysik zu folgen.

Paul Ehrenfest, geboren 1880 in Wien, hat bei dem großen Ludwig Boltzmann studiert. Gemeinsam mit seiner Frau Tatjana Ehrenfest-Afanassjewa, einer Mathematikerin aus Russland, hat er eine Reihe bedeutender Arbeiten über statistische Mechanik geschrieben, während das Paar durch Europa zog: Wien, Göttingen, St. Petersburg, immer am Rand der Armut. Bis Ehrenfest im Jahr 1912 auf den Lehrstuhl für Physik in Leiden berufen wird, auf Empfehlung Albert Einsteins, der selbst lieber nach Zürich geht.

Ehrenfest macht Leiden zu einem Zentrum der theoretischen Physik. Einstein, sein guter Freund, nennt ihn »den besten Lehrer unseres Faches, den ich kennengelernt habe«. Wenn ihm der Wirbel in Berlin zu viel wird, flieht Einstein gern nach Leiden in die warme, liebevolle Atmosphäre des Hauses Ehrenfest. Paul und Tatjana rauchen nicht und trinken nicht, aber Einstein darf in seinem Gästezimmer seine Tabakpfeife anzünden.

Mit seinem Witz und seinem Herz gehört Ehrenfest zu den wenigen, die allseits gemocht werden. Bei den Bohr-Festspielen im Jahr 1922 begegnet er Wolfgang Pauli. Beide haben einen Artikel in der *Enzyklopädie der mathematischen Wissenschaften* geschrieben, und beide haben den gleichen Humor. »Herr Pauli, Ihr Enzyklopädieartikel gefällt mir besser als Sie selbst!«, sagt Ehrenfest. »Das ist doch komisch, mir geht es mit Ihnen gerade umgekehrt!«, antwortet Pauli. Es ist der Beginn einer tiefen Freundschaft und eines »Witzkriegs«, den die beiden mündlich und per Brief ausfechten. Ehrenfest schreibt seine Briefe an den »Lieben fürchterlichen Pauli« oder an »Sanct Pauli«, womit er auf das von Pauli gern besuchte Hamburger Vergnügungsviertel anspielt. Er nennt seinen neuen jungen Freund »Geißel Gottes«, worauf Pauli so stolz ist, dass er seine Briefe an Ehrenfest mit »Viele Grüße von der GG« unterschreibt. Ehrenfest unterschreibt seine Briefe an Pauli mit »Ihr sehr ergebener Schulmeister«.

Doch in Paul Ehrenfest bahnt sich etwas an, von dem nur wenige etwas ahnen. In einem Brief an Niels Bohr schreibt er im Jahr 1931, dass er sich von den voranstürmenden jungen Physikern abgehängt fühle: »Ich habe den Kontakt zur theoretischen Physik völlig verloren.« Am 15. August 1932 bekennt er in einem Brief an sieben »liebe Freunde«, unter ihnen Bohr und Einstein, seine »Lebensmüdigkeit« und seinen Entschluss, seinen »Leidener Platz frei zu machen«: »Mein Interesse für das Begreifen der fortschreitenden physikalischen Erkenntnisse und die große Freude, an andere weiterzugeben, war das eigentliche Rückgrat meines

Lebens. Ich habe es schließlich nach immer nervöseren, zerfetzter werdenden Versuchen verzweifelt aufgegeben. Dieses bedeutet eine unheilbare, vernichtende Erkrankung gerade im Kern meines Lebens.« Er schickt den Brief nicht ab.

Ehrenfest ist auf der Suche nach einem neuen Platz für sich in der Physik. Im Sommer 1932 veröffentlicht er in der *Zeitschrift für Physik* einen Artikel mit dem Titel »Einige die Quantenmechanik betreffende Erkundigungsfragen«. Mehr als ein Jahr habe er »an dem Entschluss herumgewürgt«, schreibt er an Pauli, bis ihn »schließlich eine Art Verzweiflung dazu trieb«. Er fühlt sich hilflos als »Schulmeister« seiner Studenten, die überzeugt sind, dass er »alles wissen und alles verstehen muss«. Nun schreibt er sich also von der Seele, was ihn an der Quantenmechanik plagt. Wolfgang Pauli antwortet als wahrer Freund. Er freue sich über Ehrenfests Fragen, schreibt er in einem langen Brief, und versucht, sie so gut wie möglich zu beantworten.

Paulis Antwort tut Ehrenfest gut, doch die Wirkung verfliegt rasch. Ehrenfest leidet unter der Behinderung seines sechzehnjährigen Sohns Wassili am Down-Syndrom. Die Ehe von Paul und Tatjana zerbricht. Im Herbst 1932 kehrt Tatjana nach Russland zurück, um in einer kleinen Stadt im Kaukasus eine Stelle anzutreten. Ehrenfest selbst erwägt, ihr zu folgen, reist zum Jahresende nach Russland, erlebt die miserable Versorgung der Menschen dort. Er folgt ihr nicht.

An Ostern 1933 schreibt er in einem Brief an seinen früheren Studenten Hendrik Casimir, jetzt Assistent von Pauli in Zürich: »Ach, Caasje, setze deine breiten Schultern unter den Karren der Leidener Physik.« Casimir und Pauli wundern sich. Was meint Ehrenfest? Er will seine Nachfolge in Leiden regeln, wie es Hendrik Lorentz zwei Jahrzehnte zuvor tat.

Im Mai 1933 reist Ehrenfest nach Berlin. Er besucht Max Planck. Planck hat sich verändert. »Als Planck mit mir sprach, sah ich, wie dieser Mann leidet. Ich traf in diesen Tagen niemanden, der sich so sehr nach der Erlösung durch den Tod sehnt.« Das schreibt Ehrenfest am 10. Mai 1933 an Einstein. Er schreibt von sich selbst.

Am 25. September 1933 besucht Paul Ehrenfest seinen 16-jährigen Sohn Wassili in einem Amsterdamer Krankenhaus. Er schießt auf Wassili, will verhindern, dass sein Sohn nach seinem Tod ohne Versorgung zurückbleibt. Dann schießt er auf sich selbst und stirbt. Wassili überlebt, auf einem Auge erblindet.

Albert Einstein erfährt in Norfolk vom Suizid seines Freundes, doch er hat nicht viel Zeit zu trauern. Auf der Flucht vor den Häschern der Nazis muss er um sein eigenes Leben fürchten.

OXFORD 1935
DIE KATZE, DIE ES NICHT GIBT

Oxford, 4. November 1933. Erwin und Annie Schrödinger kommen in der englischen Universitätsstadt an. Sie wollen bleiben, Ruhe finden vor den Nazis, die ihnen Berlin unerträglich gemacht haben. Erwin Schrödinger hat eine Stelle am Magdalen College in Oxford bekommen. Er und Annie mieten ein großes Haus, 24 Northmoor Road. Schrödingers Freund, der Südtiroler Physiker Arthur March, zieht mit seiner Frau Hilde in ein kleineres Haus in der 86 Victoria Road, nur 20 Minuten zu Fuß entfernt. Schrödinger hat dafür gesorgt, dass March eine Gastprofessur in Oxford erhält. Hilde March ist schwanger: allerdings von Schrödinger.

Schrödinger und die Frauen, das ist ein weites Feld und (fast) so kompliziert wie die Quantenmechanik. Den Sommer 1932 hat Schrödinger in Berlin gemeinsam mit Itha Junger verbracht, die einst seine fröhliche 14-jährige Nachhilfeschülerin war, jetzt eine schöne 21-jährige Frau und seit vier Jahren seine treue Geliebte ist. Als der Herbst nahte, zeigte sich, dass sie schwanger war. Schrödinger nahm die Situation auf seine Weise. Er beendete die Affäre, um eine weitere, mit Hilde March, zu beginnen. Arthur March hatte er zu seinem Assistenten ernannt, um Hilde näherzukommen. Während Annie Schrödinger im Sommer 1933 mit Hermann Weyl bei Max Born in Wolkenstein war, begab sich Erwin Schrödinger mit Hilde March auf eine Fahrradtour.

Gleichzeitig sehnte er sich nach einem Kind und hoffte, dass Itha ihm einen Sohn schenken würde. Sie tat es nicht, ließ den Fötus abtreiben, verließ Berlin und lebte fernab der Städte, in denen sie

Erwin Schrödinger, Mitbegründer der Wellenmechanik, 1933.

aufgewachsen war und sich mit Schrödinger niedergelassen hatte. Nach der Verletzung, die sie durch die Trennung von Schrödinger erfahren hatte, blieb sie nach einer Reihe von Fehlgeburten kinderlos. Hilde March hingegen ist seit der Fahrradtour schwanger.

Im September begegnete Schrödinger in einem Lebensmittelgeschäft am Gardasee Hansi Bauer, die er schon in Wien als junges Mädchen kannte. Inzwischen war sie 26 Jahre alt, in den Flitterwochen und bereits unglücklich in ihrer Ehe. Eine weitere Affäre nahm ihren Lauf.

Die Schrödingers sind gerade in Oxford angekommen, da erfährt Erwin, dass er – gemeinsam mit Paul Dirac – den Nobelpreis 1933 erhalten soll. Eine neue, bessere Lebensphase scheint sich abzuzeichnen. Die Zeremonie in Stockholm findet am 10. Dezember, dem Todestag Alfred Nobels, statt. Am 8. Dezember treffen Erwin und Annie Schrödinger an der Stockholmer Centralstation ein. Dirac reist mit seiner Mutter aus Cambridge an, Werner Heisenberg, der verspätet den Preis für das Jahr 1932 erhält, mit seiner Mutter aus Leipzig. Seine Rede beim Festbankett schließt Erwin Schrödinger mit: »Ich hoffe recht bald einmal – und nicht nur einmal, sondern oft – hierher zurückzukehren. Es wird wohl nicht zu Festen sein in flaggengeschmückten Hallen und Sälen und nicht mit so viel Gesellschaftskleidern im Koffer, sondern mit zwei langen Brettern auf der Schulter und einem Rucksack auf dem Rücken.« Paul Dirac hält eine wirre Rede über die Ähnlichkeiten zwischen der Atomphysik und den ökonomischen Problemen der Zeit. Werner Heisenberg hält keine Rede, er bedankt sich nur für die Gastfreundschaft. Schrödinger deponiert sein Preisgeld von 100 000 Kronen vorsichtshalber bei einer schwedischen Bank. Ein Friedensnobelpreis wird in diesem Jahr nicht verliehen.

In Oxford sorgt die Ankunft Schrödingers mit seiner weiblichen Entourage für Befremden. Umgekehrt ist auch Schrödinger befremdet von den Sitten, die in Oxford herrschen. Die Colleges seien »Hochschulen der Homosexualität«, schreibt er an Max

Born. Frauen sind fremde Wesen in dieser Welt der rein männlichen Professorendinners, und Schrödinger lebt mit zweien. Mit der schwangeren Hilde March spaziert er durch Oxford, macht kein Geheimnis aus ihrer Beziehung. Er spürt die Blicke der Passanten und wird sich in Oxford nie zuhause fühlen.

Hilde March bringt ihre und Schrödingers Tochter Ruth zur Welt, die erste von drei Töchtern, die Schrödinger mit drei seiner Geliebten bekommt. Marchs und Schrödingers sorgen gemeinsam für Ruth. Doch Hilde leidet unter dem sozialen Stigma als Schrödingers »Zweitfrau« und Mutter seiner Tochter. Im Jahr 1935 läuft Arthur Marchs Gastprofessur in Oxford nach zwei Jahren aus. Er kehrt mit Hilde und der kleinen Ruth nach Innsbruck zurück, wo Hilde einige Monate in einem Sanatorium verbringt, um sich von den anstrengenden letzten Jahren zu erholen. Schrödingers Stelle ist um weitere zwei Jahre verlängert worden. Er bleibt in Oxford.

Inzwischen ist Hansi mit ihrem Mann Franz Bohm, beide jüdischer Herkunft, vor den Nazis nach London geflohen. Eine glückliche Fügung für Schrödinger: Auch er hat mit Annie eine Wohnung in London, die dafür gedacht war, dass Annie ihren Mann mit Hilde in Oxford alleinlassen kann. Nun nutzt Erwin die Wohnung, um mit Hansi allein zu sein. Mit Hansi reist er im Sommer 1935 in die Ferien.

Erstaunlich, dass Schrödinger überhaupt noch Zeit für die Physik bleibt. Mit Albert Einstein vertieft er sich in eine Diskussion über die Grundlagen der Quantenmechanik, geführt per Post. Beide sind sich einig: Die Grundlagen sind schwach. Schrödinger und Einstein sind die letzten großen Dissidenten der Quantenmechanik. »Lieber Schrödinger, Du bist faktisch der einzige Mensch mit dem ich mich wirklich gern auseinandersetze«, schreibt Einstein aus Princeton. »Fast alle Kerle sehen nämlich nicht von den Tatbeständen aus die Theorie, sondern nur von der Theorie aus die Tatbestände.«

Schrödinger ist heimatlos geworden, geographisch und wissenschaftlich. Die Quantenmechanik, deren Entwicklung er entscheidend vorangetrieben hat, ist ihm fremd geworden. »Immer, immer wieder muss ich hier, wenn ich mit den hochbegabten Jungen spreche«, schreibt er aus Berlin an Ehrenfest, »das Gefühl haben: sie verstehen es nicht, was mir an dem üppig aufschießenden Theorienwalde der letzten Jahre so ganz und gar unerträglich ist.« Einstein versteht es. Gemeinsam legen sie offen, was sie an der Quantenmechanik stört.

Einstein versucht in seinem Brief an Schrödinger, »die von uns empfundenen Übelstände« mit einem Beispiel zu illustrieren: einem vorgestellten »Haufen Schießpulver, der sich durch innere Kräfte entzünden kann, wobei die mittlere Lebensdauer von der Größenordnung eines Jahres sei«. Im Verlauf dieses Jahres beschreibt die »Ψ-Funktion«, also die Wellenfunktion des Pulverhaufens, dann »eine Art Gemisch von noch nicht und von bereits explodiertem System«. Absurd, findet Einstein. »In Wahrheit gibt es eben zwischen explodiert und nicht-explodiert kein Zwischending.«

Angeregt durch seinen Briefwechsel mit Albert Einstein, schreibt Erwin Schrödinger einen langen Artikel mit dem Titel »Die gegenwärtige Situation in der Quantenmechanik«, der im November und Dezember 1935 in der Zeitschrift *Die Naturwissenschaften* erscheint. Darin fasst er sein Verständnis der Theorie zusammen, die er mitgeschaffen hat, und setzt einen Begriff in die Welt, der fortan zum Kern der Quantenmechanik gehören wird: »Verschränkung«. Und er erfindet eine Katze:

»Man kann auch ganz burleske Fälle konstruieren. Eine Katze wird in eine Stahlkammer gesperrt, zusammen mit folgender Höllenmaschine (die man gegen den direkten Zugriff der Katze sichern muss): in einem Geigerschen Zählrohr befindet sich eine winzige Menge radioaktiver Substanz, *so* wenig, dass im Lauf einer Stunde *vielleicht* eines von den Atomen zerfällt, ebenso wahrscheinlich aber auch keines; geschieht es, so spricht das Zählrohr an und betätigt über ein Relais ein Hämmerchen, das ein Kölbchen mit Blausäure zertrümmert. Hat man dieses ganze System eine Stunde lang sich selbst überlassen, so wird man sich sagen, dass die Katze noch lebt, *wenn* inzwischen kein Atom zerfallen ist. Der erste Atomzerfall würde sie vergiftet haben. Die Ψ-Funktion des ganzen Systems würde das so zum Ausdruck bringen, dass in ihr die lebende und die tote Katze zu gleichen Teilen gemischt oder verschmiert sind.

Das Typische an diesen Fällen ist, dass eine ursprünglich auf den Atombereich beschränkte Unbestimmtheit sich in grobsinnliche Unbestimmtheit umsetzt, die sich dann durch direkte Beobachtung *entscheiden* lässt.«

Sprich: Laut der von Niels Bohr und Werner Heisenberg verbreiteten Deutung der Quantenmechanik ist die Katze sowohl tot als auch lebendig – oder auch: weder tot noch lebendig. So etwas gibt es nicht, sind sich Einstein und Schrödinger einig. Es gibt keine Katzen in einem »verwaschenen« Zustand zwischen Tod und Leben. Es gibt keine Pulverhaufen, die gleichzeitig explodiert und nicht-explodiert sind. Die Quantenmechanik stellt nicht die Wirklichkeit dar.

Doch Schrödinger ist beunruhigt. Er macht sich Sorgen um die Altersvorsorge für Annie und sich selbst. Die deutsche Pension wird nicht für alle reichen, von der Schrödinger-Gleichung werden sie nicht leben können. »Es ist nicht, dass ich an keinem Ort auf die Dauer aushalte«, schreibt er im Mai 1935 an Albert Einstein. »Es hat mir bisher noch überall gefallen, wo ich war, außer in N...deutschland. Es ist auch nicht, dass man hier nicht sehr nett und freundlich gegen mich wäre. Aber es verstärkt sich trotzdem das Gefühl, kein Amt zu haben und von der Generosität anderer zu leben.« Er sucht eine dauerhafte Stelle. Nur wo? Die Princeton University, die er im Jahr 1934 besucht hat, hätte eine für ihn, ist ihm aber zu weit weg. Die Universität Madrid lockt ihn, doch dann bricht in Spanien der Bürgerkrieg aus.

Schrödinger erhält ein Angebot für eine Professur in Edinburgh. Er würde es annehmen, wenn Hansi mitkäme, sagt er ihr, doch sie will nicht. Also geht er nach Graz. In die Nähe Hildes und Ruths, aber auch in die Nähe der Nazis.

Im Jahr 1938 annektieren die Nationalsozialisten Österreich. Die Universität Graz wird geschlossen, der Rektor und zahlreiche Lehrende werden entlassen. Viele Juden unter ihnen werden verhaftet, manche lassen all ihre Habseligkeiten zurück und retten sich ins Ausland. Erwin Schrödinger kann bleiben. Er ist nicht jüdischer Abstammung und versucht, sich zu arrangieren. Doch die Nazis wissen, dass er keiner von ihnen ist. Seine eilige Abreise aus Berlin vor fünf Jahren ist nicht vergessen. Als die Universität ihre Tore wieder öffnet, drängt der neue Rektor Schrödinger, sich öffentlich zu den Nazis zu bekennen, und Schrödinger kommt seiner Aufforderung nach. Am 30. März 1938, kurz vor der Volksabstimmung über den bereits erfolgten »Anschluss«, erscheint in der *Grazer Tagespost* seine Erklärung mit dem Titel »Die Hand jedem Willigen. Bekenntnis zum Führer – Ein hervorragender Wissenschaftler meldet sich zum Dienst für Volk und Heimat«:

»Inmitten der jubelnden Freude, die unsere Lande durchzieht, stehen heute auch solche, die diese Freude zwar voll teilen, aber nicht ohne tiefe Scham, weil sie bis zum Letzten den rechten Weg verkannt hatten. Dankbar hören wir das echt deutsche Friedenswort: Die Hand jedem Willigen. Sie möchten die großmütig ausgestreckte Hand gern ergreifen, indem sie versichern, dass sie sehr glücklich sein werden, wenn sie in treuer Mitarbeit und gehorsam dem Willen des Führers das Wort ihres jetzt vereinigten Volkes mit allen Kräften fördern dürfen. Es ist eigentlich selbstverständlich, dass für einen alten Österreicher, der seine Heimat liebt, keine andere Stellungnahme in Frage kommen kann; dass – um es ganz grob auszudrücken – jedes Nein in der Wahlurne dem völkischen Selbstmord gleichkäme. Es darf – wir bitten alle darum – in diesem Land nicht mehr wie ehedem Sieger und Besiegte geben, sondern ein einiges Volk, das seine ganze ungeteilte Kraft für die gemeinsamen Ziele aller Deutschen einsetzt.

Wohlwollende Freunde, welche die Wichtigkeit meiner Person überschätzen, finden es richtig, dass ich das ihnen gemachte reumütige Bekenntnis öffentlich ablege: Auch ich gehöre zu denen, die nach der Friedenshand greifen, weil ich an meinem Schreibtisch den wahren Willen und die wahre Bestimmung meiner Heimat bis zuletzt verkannt hatte. Ich lege das Bekenntnis gern und freudig ab. Ich glaube, es ist aus dem Herzen vieler gesprochen, und ich hoffe, damit meiner Heimat zu nützen.

E. Schrödinger.«

Schrödinger liefert den Nazis ein prächtiges Stück Propaganda, was große Verwunderung bei seinen Freunden im Ausland auslöst. Später bereut er sein Reuebekenntnis, entschuldigt sich bei Einstein für das »feige Schreiben« und begründet seine »Doppelzüngigkeit« damit, dass er seine Ruhe vor den Nazis haben wollte.

Es nutzt ihm nichts. Als er mit Hilde aus dem Sommerurlaub in den Dolomiten zurückkehrt, erfährt er, dass seine Stelle neu ausgeschrieben wurde. Er wird wegen »politischer Unzuverlässigkeit« fristlos entlassen. Die Universitätsführung nennt ihn in einer Aktennotiz zwar »fachlich hervorragend«, aber »im Verhalten widersprüchlich« und »semitophil«.

Schrödinger sucht wieder das Weite. Er und Annie packen hastig drei Koffer, besteigen einen Zug nach Rom, bevor ihnen die Pässe abgenommen werden. Die Nobelpreis-Medaille lassen sie zurück. Sie irren durch Europa, über Genf durch Frankreich nach England. In Oxford erfährt Schrödinger, dass er nach seinem Bekenntnis zu Hitler nicht mehr erwünscht ist. Schließlich nimmt ihn die Universität Gent in Belgien als Gastprofessor auf, und Hilde March kommt mit Ruth zu ihm nach Gent. Der Zweite Weltkrieg bricht aus. Wenige Monate bevor deutsche Truppen Belgien besetzen, verschafft der irische Premierminister Éamon de Valera

Schrödinger eine dauerhafte Stelle am neu gegründeten *Institute for Advanced Studies* in Dublin. Endlich ein Ort, an dem er mit seiner aus zwei Frauen und einer Tochter bestehenden Familie bleiben kann. Eine Katze hat Schrödinger nie.

PRINCETON 1935

EINSTEIN STELLT DIE WELT WIEDER SCHARF

Princeton, 1935. In Albert Einsteins wechselvolles Leben ist Ruhe eingekehrt. Seine großen Entdeckungen liegen hinter ihm. Seit zwei Jahren ist er der Starwissenschaftler am *Institute for Advanced Study* in Princeton, das vor allem für ihn gegründet wurde und die letzte Station seiner Laufbahn bleiben wird. »Princeton ist ein wundervolles Stückchen Erde und dabei ein ungemein drolliges zeremonielles Krähwinkel winziger stelzbeiniger Halbgötter«, schreibt er der belgischen Königin Elisabeth.

Die wenig geliebte und von ihm abgelehnte Quantenmechanik lässt ihn jedoch nicht los. Er kann dieses »Hexeneinmaleins« so nicht stehenlassen und bleibt fest in seinem Glauben, dass die Welt unabhängig von der menschlichen Wahrnehmung ist, und doch zugänglich für die menschliche Erkenntnis.

Immer wieder versucht Einstein mit seinem liebsten Instrument, dem Gedankenexperiment, die Schwachstellen der Quantenmechanik aufzudecken, schreibt lange Briefe an Schrödinger, füllt die Tafel mit Formeln, in seinem Büro, 209 Fine Hall, spielt in seiner Vorstellung mit Lichtteilchen, Blenden, Kisten, Waagen, Schießpulverhaufen und Katzen. Er versucht, seine Vorstellungen zu scharfen Argumenten zu schmieden, doch es fehlt ihm an Unterstützung. Sein Assistent Walther Mayer, genannt »Einsteins Rechner«, sträubt sich dagegen, weiterhin gemeinsam mit seinem Chef gegen die Quantenmechanik ins Feld zu ziehen.

Eines Tages, früh im Jahr 1934, beim traditionellen Nachmittagstee, kommt Albert Einstein ins Gespräch mit dem Physiker Nathan Rosen aus Brooklyn. Rosen ist 25, sieht jünger aus, hat gerade die Frau geheiratet, mit der er seit der Schulzeit liiert ist, und brennt darauf, sich als Wissenschaftler zu beweisen. Es entspinnt sich eine Diskussion über die Quantenmechanik. Ein weiterer Mitarbeiter des Instituts gesellt sich hinzu, der 37-jährige Russe Boris Podolsky, der schon mit Paul Dirac zusammengearbeitet hat.

Einstein gewinnt Podolsky und Rosen als Verbündete für einen Angriff gegen die Quantenmechanik. Die drei, die bald nach den Anfangsbuchstaben ihrer Nachnamen »EPR« genannt werden, tüfteln eines der Gedankenexperimente von Einstein aus, das die seltsamste der Seltsamkeiten der Quantenmechanik offenlegt: die »Verschränkung«, wie Erwin Schrödinger sie nennt. Sie passt nicht in das hergebrachte physikalische Weltverständnis. Zwei verschränkte Objekte sind trotz räumlicher Entfernung miteinander verbunden, als könnten sie telepathisch miteinander sprechen, über tausende Kilometer, ja sogar über Lichtjahre hinweg.

Man stelle sich ein Paar von Lichtteilchen vor, die gemeinsam erzeugt und dann getrennt werden. Zum Beispiel könnte ein »angeregtes« Atom – ein Atom, das in ein höheres Energieniveau versetzt wurde – seine überschüssige Energie in zwei Lichtteilchen abstrahlen, die in entgegengesetzte Richtungen auseinanderfliegen, zu gegenüberliegenden Rändern des Sonnensystems und darüber hinaus. Laut der Quantenmechanik sind die Teilchen miteinander verschränkt: Ihre Eigenschaften hängen zusammen, egal wie weit sie voneinander getrennt sind. Man kann es sich mit Farben vorstellen: Wenn das eine Teilchen rot ist, dann ist auch das andere rot. Ist das eine blau, dann auch das andere.

»Was ist daran so seltsam?«, könnte man fragen. Es scheint nicht rätselhafter als ein Paar Socken, von denen man einen nach London schickt und einen nach Moskau. Auch ihre Eigenschaften hängen zusammen: Wer sieht, dass die Londoner Socke schwarz ist, weiß sofort, dass auch die Moskauer Socke schwarz ist.

Doch im Unterschied zu Socken werden die Eigenschaften von Quantenobjekten erst eindeutig, wenn jemand hinschaut. Die beiden Lichtteilchen sind in einem Überlagerungszustand von »beide rot« und »beide blau«. Erst in dem Moment, in dem eines der Teilchen beobachtet wird, nimmt es eine bestimmte Farbe an, und gleichzeitig, wie durch Magie, auch das andere Teilchen, weit entfernt, dieselbe Farbe.

Das ist wirklich seltsam: Wie können die Teilchen dieselbe Farbe annehmen? Niels Bohr und Werner Heisenberg behaupten in ihrer Kopenhagener Deutung der Quantenmechanik, dass jedes der beiden Lichtteilchen bis zur Messung weder eindeutig rot noch eindeutig blau ist. Es ist Zufall, welche Farbe man beobachtet. Doch wenn das stimmt, wie kann die zufällige Farbe in London dieselbe sein wie in Moskau? Wenn man in London eine Münze wirft und eine andere in Moskau, dann beeinflusst das Ergebnis in einer Stadt nicht das Ergebnis in der anderen Stadt.

Wie kann das sein? Vielleicht übermittelt ein sehr, sehr schnelles Signal die Farbe, sobald sie festgelegt ist, von einem Teilchen zum anderen. »Spukhafte Fernwirkung« nennt Einstein diese Vorstellung, die er für so glaubhaft hält wie Gespenstergeschichten. Es wäre ein Widerspruch zum Grundprinzip seiner Relativitätstheorie, nach dem sich keine Wirkung schneller als Licht ausbreitet: dem Prinzip der Lokalität. Etwas ist faul in Kopenhagen.

Aber dann bleibt nur eine Erklärung für das choreographierte Verhalten der Teilchen: Die Farbe steht schon die ganze Zeit fest, wie bei den Socken. Daran glaubt Einstein, und davon überzeugt er Podolsky und Rosen. Die Quantenmechanik, folgern die drei Physiker in Princeton, ist eine unvollständige Theorie. Ihr entgeht die tiefere Ursache dafür, dass beide Teilchen dieselbe Farbe haben. Sie gibt kein scharfes Bild einer unscharfen Wirklichkeit, wie Bohr und Heisenberg behaupten, sondern ein unscharfes Bild einer scharfen Wirklichkeit.

Podolsky verfasst das Papier, »aus Sprachgründen«, erklärt Einstein in einem Brief an Schrödinger. Einsteins Englisch ist zu schlecht. Doch Podolskys Englisch ist auch nicht viel besser. »Can Quantum-Mechanical Description of Physical Reality Be Considered Complete?« lautet der Titel des Papiers: »Kann man die quantenmechanische Beschreibung der Wirklichkeit als vollständig betrachten?« Da fehlt ein »the« nach dem »Can«, fällt Lesern auf. Im Russischen, der Muttersprache Podolskys, gibt es keine Artikel.

Der Beitrag umfasst nur vier Seiten und schließt mit den Sätzen: »Während wir damit gezeigt haben, dass die Wellenfunktion keine vollständige Beschreibung der physikalischen Wirklichkeit gibt, haben wir die Frage offengelassen, ob eine solche Beschreibung existiert oder nicht. Wir glauben jedoch, dass solch eine Theorie möglich ist.«

Es bleibt keine Zeit für Korrekturen. Podolsky reicht das Manuskript eilig ein, bevor Einstein es gesehen hat, und entschwindet nach Kalifornien. Am 4. Mai 1935, elf Tage bevor der Artikel im *Physical Review* erscheint, liest Einstein in einer Schlagzeile der Samstagsausgabe der *New York Times* seinen eigenen Namen: »EINSTEIN ATTACKIERT DIE QUANTENTHEORIE – Der Wissenschaftler und zwei Kollegen finden heraus, dass sie, obwohl ›korrekt‹, nicht ›vollständig‹ ist.« Darunter eine einspaltige Zusammenfassung des Artikels mit Zitaten von Boris Podolsky. Der berühmteste Wissenschaftler der Welt rüttelt an einer neuen, mit sechs Nobelpreisen ausgezeichneten Theorie, das ist Skandalstoff, auch wenn kaum jemand versteht, worum es geht.

Einstein gerät in Wut. Podolsky erzählt ihre Forschungsergebnisse herum, bevor sie veröffentlicht sind. Am 7. Mai erscheint eine Stellungnahme Einsteins in der *New York Times,* in der er erklärt, Podolsky habe die Resultate »ohne meine Autorisierung weitergegeben. Es ist meine unveränderliche Praxis, wissenschaftliche Fragen nur im angemessenen Forum zu diskutieren, und ich missbillige die Vorabveröffentlichung jeglicher Ankündigungen zu solchen Fragen in der Publikumspresse«. Einstein wird nach diesem Zwischenfall nie wieder mit Podolsky sprechen.

Die Plauderei mit der Presse ist nicht der einzige Grund für Albert Einsteins Zorn gegen Boris Podolsky. Der Russe hat sich in dem Artikel eine Eigenmächtigkeit erlaubt, der Einstein niemals zugestimmt hätte – hätte er sie rechtzeitig gesehen.

Nach dem Argument für die Unvollständigkeit der Quantenmechanik geht Podolsky noch weiter und versucht, mit einem dubiosen Argument Heisenbergs Unschärferelation zu widerlegen. Damit geht er zu weit und macht die Ausführungen angreifbar. Er verdunkelt Einsteins Pointe. Das EPR-Papier liest sich auf den ersten Blick wie ein unbeholfener Versuch, die Unschärferelation auszutricksen. Doch die Unschärferelation ist Einstein egal. Er hat längst aufgegeben, die Quantenmechanik zu widerlegen, obwohl er dies gerne würde. »Es ist aber doch nicht so gut herausgekommen, was ich eigentlich wollte«, schreibt ein enttäuschter Einstein an Schrödinger, »sondern die Hauptsache ist sozusagen durch Gelehrsamkeit verschüttet.«

Ausgerechnet in diesem Papier. Es ist Albert Einsteins letzte Veröffentlichung von bleibender Bedeutung, und seine meistzitierte. Das EPR-Papier verursacht gewaltigen Wirbel unter den Kollegen beiderseits des Atlantiks. »Jetzt müssen wir ganz von vorn anfangen, weil Einstein gezeigt hat, dass es nicht funktioniert«, jammert Paul Dirac. Wolfgang Pauli nennt das Papier eine »Katastrophe« und drängt Werner Heisenberg, eine Erwiderung im *Physical Review* zu schreiben, um »durch die Publikation eine gewisse Gefahr einer Verwirrung der öffentlichen Meinung – namentlich in Amerika – abzuwenden«. Doch Heisenberg erfährt, dass Niels Bohr bereits an einer Antwort arbeitet, und bricht seinen eigenen Entwurf ab. Der Meister selbst soll diese Ketzerei niederschlagen.

In Kopenhagen schlägt das EPR-Papier ein »wie ein Blitz aus heiterem Himmel«, sagt Bohrs Kollege Léon Rosenfeld. »Wir ließen alles liegen. Wir mussten solch ein Missverständnis sofort ausräumen.« Bohr und Rosenfeld ringen Tag für Tag, Woche für Woche um eine schlagende Riposte. Bohr hat Mühe, die Argumente aus Princeton zu verstehen. »Was könnten sie meinen?«, fragt er Rosenfeld. »Verstehst du es?« Mit Rosenfelds Hilfe gelingt es Bohr, binnen sechs Wochen eine Antwort zu formulieren und diese an die Herausgeber des *Physical Review* zu schicken – ungewöhnlich schnell für seine Verhältnisse.

Bohr nimmt das EPR-Gedankenexperiment gründlich auseinander, auf seine Art. Nicht mit Formeln, sondern mit Metaphern. Nein, stellt er fest, »keine Frage«, die weit voneinander entfernten Teilchen können sich gegenseitig nicht »mechanisch stören«. Doch da ist immer noch »die Frage eines Einflusses auf gerade die Bedingungen, die die möglichen Arten von Vorhersagen bezüglich des künftigen Verhaltens des Systems betreffen«. Bohr unterscheidet also zwischen »beeinflussen« (»influence«) und »mechanisch stören« (»mechanical disturbance«). Was meint er? Dass ein »Einfluss« über weite Entfernungen augenblicklich wirken kann, eine »Störung« aber nicht? Vielleicht. Dass die Quantenmechanik dem Prinzip der Lokalität widerspricht, auf das Einstein die Relativitätstheorie gründete? Vielleicht. Niemand versteht es genau. Nicht einmal Bohr selbst.

Später wird er gestehen, dass er Mühe hat, seine eigenen Argumente zu verstehen, und seine Erwiderung ist ein weiteres Prachtstück Bohrscher Unverständlichkeit, voller Schachtelsätze und obskurer Analogien. Zwar wird er sich für die »Ausdrucksschwäche« seiner Antwort auf das EPR-Paradox entschuldigen, doch nie versuchen, diese Schwäche zu beheben.

Nur wenige Physiker wühlen sich durch das Wirrwarr von Bohrs Worten. Viele sind des altmodischen philosophischen Disputs überdrüssig. Die bloße Tatsache, dass Bohr geantwortet hat, beseitigt ihre Zweifel.

Nur Schrödinger stimmt Einstein zu. Am 7. Juni schreibt er aus Oxford nach Princeton: »Ich hab mich sehr gefreut, dass Du in der eben erschienenen Arbeit im Phys. Rev. die dogmatische Quantenmechanik auch öffentlich bei dem Schlafittchen erwischt hast, über das wir in Berlin schon so viel discutiert hatten.« Wenn es nur auch andere Physiker einsähen. Einsteins Befürchtung, der Kern seiner Kritik an der Quantenmechanik sei in Podolskys Darstellung untergegangen, bestätigt sich. Er erhält eine Menge Briefe von Physikern, die Bohrs Deutung der Quantenmechanik verteidigen und Fehler im EPR-Papier gefunden haben wollen. Aber sie widersprechen sich darin, wo diese Fehler liegen. Das Dilemma der Quantenmechanik, dass sie entweder nichtlokal oder unvollständig sein muss, entgeht den meisten.

In einem Brief an Einstein macht Schrödinger seinem Unmut über die »wenig geistreichen« Reaktionen auf das EPR-Papier Luft: »Es ist so, wie wenn einer sagt: in Chicago ist es bitter kalt, und ein anderer antwortet: das ist ein Trugschluss, es ist sehr heiß in Florida.«

Einer der Physiker, deren Reaktion Schrödinger für »wenig geistreich« hält, ist Max Born. Er ist »schwer enttäuscht« von der Einstein-Podolsky-Rosen-Arbeit, von der er schon »Sensationelles« gehört hat. Andererseits missfällt Born auch, dass Bohr »oft im Ausdruck nebelhaft und dunkel« ist.

All dieses philosophische Hickhack wird ihm und anderen zu mühsam. Wozu überhaupt? Die Quantenmechanik funktioniert doch. Viele Physiker der jüngeren Generation wollen mit ihr rechnen, sie auf die Welt anwenden, nicht über sie grübeln. Das Philosophieren überlassen sie den Philosophen. Es gibt schließlich Dinge zu erforschen. Weniger als vier Jahre nach dem EPR-Papier bricht ein Weltkrieg aus, in dem ihre Berechnungen eine gewaltige Rolle spielen werden.

GARMISCH 1935
SCHMUTZIGER SCHNEE

Im Jahr 1936 richtet Deutschland zweimal Olympische Spiele aus, im Winter in Garmisch-Partenkirchen, im Sommer in Berlin. Die Winterspiele sind die Generalprobe für den Sommer. Deutschland steht unter internationaler Beobachtung. In den USA, in England, Frankreich und den Niederlanden formiert sich eine Boykottbewegung gegen die brutale nationalsozialistische Rassenpolitik. Die deutschen Sportfunktionäre wissen: Wenn es in Garmisch schiefgeht, wird nichts aus Berlin. Die Nazis wollen die Chance nutzen, der Welt ihre Friedfertigkeit und ihre Überlegenheit zu demonstrieren. Sie unterbinden antisemitische Übergriffe in Garmisch und entfernen die Schilder »Juden unerwünscht«. Die Propagandamaschine bestimmt die Organisation der Spiele bis ins Detail, von der Eröffnungsfeier bis zu den Speiseplänen der Athleten. Viele Besucher lassen sich von der Inszenierung täuschen und glauben sie – nur zu gern. Na gut, zugegeben, die Nazis mögen manchmal übereifrig sein, aber aus der Nähe betrachtet sind sie gar nicht so übel.

Zur Eröffnungsfeier am 6. Februar 1936 marschiert der Zug der Athleten durch starken Schneefall ins neue, mit 60 000 Zuschauern gefüllte Olympiastadion von Garmisch-Partenkirchen ein. Als das Olympische Feuer entzündet wird, zum ersten Mal bei Winterspielen, erstrahlen dazu Scheinwerfer von den Bergen. Geschütze der Wehrmacht schießen Salut. Es erklingt die Olympische Fanfare, komponiert von Richard Strauss, Adolf Hitler erklärt die Spiele für eröffnet.

Wenn die deutsche Eishockey-Mannschaft spielt, verlässt Adolf Hitler demonstrativ die Halle. In der Mannschaft spielt Rudi Ball, der nach den fünf Monate zuvor erlassenen Nürnberger Gesetzen als »Halbjude« gilt.

Eine halbe Million Zuschauer kommen nach Garmisch. 30 000 jubeln der Deutschen Christl Cranz zu, als sie im Torlauf für Damen in ihrem ruhigen, rhythmischen Stil in beiden Läufen die Bestzeit fährt und damit die Goldmedaille in der alpinen Kombination gewinnt, obwohl sie im Abfahrtslauf gestürzt ist. Viele Besucher der Spiele treiben selbst den Modesport Alpinski. Die stählernen Beschläge der Skistiefel klappern über das Garmischer Pflaster, in den Bussen und Bahnen drängen sich die Skifahrer mit Rucksäcken und Holzlatten.

Der amerikanische Journalist und Deutschlandkorrespondent William Shirer genießt den Aufenthalt in Garmisch-Partenkirchen zu seiner eigenen Überraschung, »die herrliche Szenerie der Bayerischen Alpen, besonders bei Sonnenaufgang und Sonnenuntergang, die berauschende Bergluft, die attraktiven rotbackigen Mädchen in ihren Skianzügen, die spannenden Spiele, besonders das halsbrecherische Skispringen, die Bobrennen, die Eishockeymatches und Sonja Henie«. Henie, die norwegische Eiskunstläuferin, streckt dem Reichskanzler den Arm zum Hitlergruß entgegen, mit solcher Begeisterung, dass norwegische Zeitungen fragen: »Ist Sonja Nazi?« Henie gewinnt die Goldmedaille und flirtet mit Nazi-Bonzen. Nach den Spielen lädt Hitler sie zum Mittagessen in sein Ferienhaus auf dem Obersalzberg ein und überreicht ihr eine Photographie von sich mit Widmung.

Im März 1936, drei Wochen nach den Olympischen Spielen, marschieren deutsche Truppen ins entmilitarisierte Rheinland. Damit bricht Adolf Hitler die Locarno-Verträge, die Deutschland nach dem Ersten Weltkrieg zurück in die Völkergemeinschaft brachten und den deutschen Physikern aus der Isolation halfen.

Hitlers Regime hat Deutschland fest im Griff, niemand kann

sich seinem Einfluss entziehen. Auch Werner Heisenberg nicht. Er würde gern seinem Lehrer Arnold Sommerfeld auf den Münchner Lehrstuhl für Physik nachfolgen. Sommerfeld wurde im Frühjahr 1935 in den Ruhestand versetzt und wünscht sich Heisenberg als Nachfolger. Doch Johannes Stark, der mächtige Präsident der Physikalisch-Technischen Reichsanstalt und der Deutschen Forschungsgemeinschaft, hat etwas dagegen. Er nennt Heisenberg den »Geist vom Geiste Einsteins« und lanciert eine Kampagne gegen ihn und die theoretische Physik. Im Jahr 1936 schreibt er in den *Nationalsozialistischen Monatsheften:* »Auf die Sensationen und die Reklame der Einsteinschen Relativitätstheorie folgte die Matrizentheorie Heisenbergs und die sogenannte Wellenmechanik Schrödingers, die eine so undurchsichtig und formalistisch wie die andere.«

Werner Heisenberg gerät in den Ruf, nicht ausreichend gegen die Juden Stellung bezogen zu haben, selbst ein »Weißer Jude« zu sein, »undeutsche«, theoretische Physik zu betreiben. Er versucht sich zu verteidigen, worauf ihn manche außerhalb Deutschlands für einen willigen Unterstützer des Nazi-Regimes und schweigenden Dulder der Judenverfolgung halten. Max Born nennt ihn später »angenazit«.

Im Juli 1937 veröffentlicht Johannes Stark in der SS-Zeitung *Das Schwarze Korps* einen Artikel mit der Überschrift »Weiße Juden in der Wissenschaft«, der sich vor allem gegen Werner Heisenberg richtet. Stark nennt Heisenberg einen »Statthalter des Einsteinschen Geistes im neuen Deutschland« und den »Ossietzky der Physik« und beklagt, dass nach der »Ausschaltung« jüdischer Wissenschaftler diese nun »Verteidiger und Fortsetzer in den arischen Judensgenossen und Judenzöglingen« fänden.

Carl von Ossietzky, der Publizist, Pazifist und wortgewandte Nazi-Kritiker, sitzt seit der Machtergreifung in Haft. Im November 1936 wurde ihm der Friedensnobelpreis für 1935 zugesprochen, doch die Gestapo lässt ihn nicht nach Oslo zur Verleihung reisen.

Im Mai 1938 stirbt Ossietzky an den Folgen der Folter in den Konzentrationslagern und der Tuberkulose, die er sich dort eingefangen hat.

Heisenberg sieht seine Karriere in Gefahr. Er fürchtet, im deutschen Wissenschaftsbetrieb ins Abseits zu geraten, und tut alles, um den Vergleich mit Ossietzky loszuwerden und nicht als »Weißer Jude« dazustehen. Er wendet sich mit der Bitte um Schutz an Heinrich Himmler, den »Reichsführer SS«. Die Himmlers und die Heisenbergs kennen sich schon aus früheren Zeiten, der Vater Himmlers und der Großvater Heisenbergs waren Mitglied im selben Wanderverein. Ein Jahr lang muss Heisenberg auf Himmlers Antwort warten, er entwickelt schon Emigrationspläne. Himmler entlastet Heisenberg und missbilligt den »Angriff« im *Schwarzen Korps*. »Ich habe, gerade weil Sie mir durch meine Familie empfohlen wurden, Ihren Fall besonders korrekt und besonders scharf untersuchen lassen«, schreibt Himmler an Heisenberg und erklärt, »dass ich den Angriff des *Schwarzen Korps* nicht billige und dass ich unterbunden habe, dass ein weiterer Angriff gegen Sie erfolgt«. Darunter setzt er noch ein »P.S. Ich halte es allerdings für richtig, wenn Sie in Zukunft die Anerkennung wissenschaftlicher Forschungsergebnisse von der menschlichen und politischen Haltung des Forschers klar vor Ihren Hörern trennen«. Heisenberg folgt der Empfehlung und distanziert sich von Einstein: »Den Rat Himmlers habe ich schon von selbst befolgt, da mir Einsteins Haltung der Öffentlichkeit gegenüber niemals sympathisch war.«

Doch auch Himmler kann den Schaden nicht ganz abwenden. So geht der begehrte Münchner Lehrstuhl nicht an Heisenberg, sondern an den zweitklassigen Physiker Wilhelm Müller, Mitglied der NSDAP, Verfechter der »Deutschen Physik« und laut Sommerfeld der »denkbar schlechteste Nachfolger«.

Werner Heisenberg muss also wohl oder übel in Leipzig bleiben. Die politische Lage schlägt ihm auf Leib und Seele. Viele seiner Kollegen sind ins Exil geflohen, er sucht die Flucht ins Private.

Am 28. Januar 1937 veranstaltet er im Haus der Verlegerfamilie Bücking ein Hauskonzert, gemeinsam mit dem Hausherrn und einem Geiger wird das Klaviertrio op. 1,2 von Ludwig van Beethoven gegeben. Im Publikum lauscht Elisabeth Schumacher, 22, die gerade ein Studium der Kunstgeschichte in Freiburg abgebrochen hat, nach Leipzig gekommen ist und eine Buchhändlerlehre begonnen hat. Beim zweiten Satz »Largo con espressione« schmilzt Elisabeths Herz, und schon zwei Wochen später schreibt Werner Heisenberg an seine Mutter: »Ich habe mich gestern – Dein Einverständnis vorausgesetzt – verlobt.« Im April ist Hochzeit. Acht Monate später bringt Elisabeth die Zwillinge Wolfgang und Maria zur Welt.

Im Jahr darauf stößt Heisenberg auf ein leerstehendes Holzhaus in Urfeld am Walchensee. Er kauft es für 26 000 Mark von Wilhelmine Corinth, der Tochter des Malers Lovis Corinth, als Fluchtort für seine Familie, falls ein Krieg ausbrechen sollte. Es sollte nur ein Jahr dauern, bis er ausbrach: der nächste Weltkrieg. Werner Heisenberg erhält einen Einberufungsbefehl nach Berlin. Im nationalsozialistischen Deutschland gibt es nichts Privates, das nicht von diesem Staat vereinnahmt würde.

MOSKAU 1937
AUF DER ANDEREN SEITE

Princeton, 1935. Paul Dirac ist auf dem Höhepunkt seines Schaffens. Sein Büro am *Institute for Advanced Study* liegt auf demselben Gang wie das Büro Albert Einsteins, nur zwei Türen weiter. Er legt letzte Hand an die zweite Auflage seines Meisterwerkes *The Principles of Quantum Mechanics,* der »Bibel der modernen Physik«, wie manche Kollegen es nennen. Im Jahr 1936 stirbt Diracs Vater, zu dem er ein so schwieriges Verhältnis hatte. Trauer empfindet Dirac nicht. »Ich fühle mich jetzt viel freier«, schreibt er an Margit Wigner, die Schwester des ungarischen Physikers Eugene Wigner. Margit ist offen, mitteilsam und redefreudig und schätzt den scheuen Dirac. Paul nennt sie Manci. 1937 heiraten sie, und Paul adoptiert Gabriel und Judy, Mancis Kinder aus ihrer ersten Ehe. »Du hast mein Leben auf wunderbare Weise verändert«, sagt Dirac seiner Frau nach der Hochzeit. »Du hast mich menschlich gemacht.«

Doch da ist etwas, das Dirac keine Ruhe lässt. Kurz vor Weihnachten 1934 hat ihn ein Brief aus Cambridge erreicht, von Anna Kapitza, der Frau seines besten Freunds. Es ist ein Hilferuf. Peter Kapitza sitzt bereits seit Monaten in der Sowjetunion fest. »Ich schreibe Dir als einem Freund von K. und von Russland, und Du wirst die unmögliche Situation verstehen«, wendet sich Anna an Dirac, und der ist alarmiert.

Peter Kapitza kam 1921 aus Russland, dem von Krieg und Revolution zerrütteten riesigen Land, nach England, um Experimentalphysik zu lernen. Er wirkte, wie ein Kollege es formulierte, »wie ein trauriger Prinz«. Im Jahr 1919 hatte er binnen vier Monaten vier seiner engsten Verwandten verloren. Sein Sohn starb an Scharlach. Dann seine Tochter, seine Frau und sein Vater an der Spanischen Grippe. Auch Kapitza steckte sich an, er überlebte die Krankheit jedoch. Während des Krieges diente er zwei Jahre lang als Notarztfahrer.

Der Witwer Kapitza geht nach Cambridge, und er weiß genau, was er will: zu Ernest Rutherford ins Cavendish-Labor. Rutherford lehnt ihn ab, doch Kapitza bleibt hartnäckig, und Rutherford nimmt ihn schließlich doch an. Kapitza entwickelt eine Methode, äußerst starke Magnetfelder zu erzeugen, indem er Starkstrompulse durch speziell konstruierte Spulen schickt.

Er bewundert Rutherford und vergöttert ihn. Rutherford lässt sich darauf ein, lässt Kapitza viel näher an sich heran, als es für einen Dozenten und seinen Studenten üblich ist und den sozialen Regeln entspricht. Kapitza wird der Sohn, den Rutherford niemals hatte.

Wenn Rutherford außer Hörweite ist, nennt Kapitza ihn »das Krokodil«. Ein größeres Kompliment hat er nicht zu vergeben, ist doch das Krokodil sein Lieblingstier. Er sammelt Gedichte über Krokodile. Er schweißt ein metallenes Krokodil an den Kühlergrill seines Autos. Auch oder gerade Physiker pflegen mitunter merkwürdige Vorlieben.

Als Paul Dirac im Jahr 1921 kurz nach Peter Kapitza nach Cambridge ans Cavendish-Labor kommt, hat sich der »traurige Prinz« in einen der bekanntesten, beliebtesten und lebendigsten Menschen der Stadt verwandelt. Der stämmig gebaute Russe beherrscht keine Sprache wirklich und spricht auch keine gut, weder Englisch noch Französisch, ja nicht einmal seine Muttersprache Russisch. Also spricht er sie alle durcheinander, spricht »Kapitzaisch«, und er spricht gerne. Er sprudelt über von Worten, erzählt Geschichten, erklärt Kartentricks. Kapitza ist das Gegenteil des schweigsamen Dirac. Kapitza liebt Geplauder, Dirac schweigt am liebsten. Kapitza geht gern ins Theater, Dirac hält dies für Zeitverschwendung. Doch sie teilen das Interesse am Wissen, an den Grundgesetzen der materiellen Welt. Kapitzas Mut und Kühnheit beeindrucken Dirac. Sie werden die besten Freunde.

Peter Kapitza ist begeisterter Kommunist, so begeistert, dass Rutherford ihm schon an seinem ersten Tag im Cavendish-Labor verbietet, kommunistische Propaganda zu verbreiten. Kapitza tritt niemals der Kommunistischen Partei bei, doch er engagiert sich für die Sache der Revolution und fährt jedes Jahr heim in die Sowjetunion, um für das Industrialisierungsprogramm Josef Stalins zu arbeiten. »Ich sympathisiere vollständig mit dem sozialistischen Wiederaufbau durch die Arbeiterklasse und mit dem breiten Internationalismus der sowjetischen Regierung unter der Führung der Kommunistischen Partei«, sagt er.

Es ist ein gefährliches Spiel, nach Cambridge zurückkehren zu dürfen, und es wird Jahr für Jahr gefährlicher. In den 1920er Jahren geht in England die Kommunistenangst um. Kapitzas Ruf, ein »Bolshie« zu sein, spricht sich herum. Der Geheimdienst MI5 nimmt ihn ins Visier, und eine Spezialabteilung der Polizei beschattet ihn.

Als der Ökonom John Maynard Keynes im Oktober 1925 erfährt, dass Kapitza schon wieder auf dem Weg in die Sowjetunion ist, um die Volkskommissare bei der Elektrifizierung des Landes zu beraten, warnt er: »Ich fürchte, dass sie ihn früher oder später festsetzen werden.« Ach was, sagt Kapitza. Er vertraut dem Versprechen des sowjetischen Staatsapparats, immer wieder ausreisen zu dürfen.

Auch in Cambridge zettelt Peter Kapitza eine Revolution an. Die Unterwürfigkeit der jungen Physiker gegenüber den Professoren missfällt ihm. Im Oktober 1922 gründet er den Kapitza-Club, in dem offen und hierarchiefrei über Physik diskutiert wird. Der Kapitza-Club trifft sich dienstagabends in irgendeinem Zimmer im Trinity College – Zutritt nur auf Einladung. Wer sich traut, erzählt von seiner Forschung, ohne Manuskript, mit einem Stück Kreide und einer Tafel auf einer Staffelei. Zwischenfragen erlaubt. Im Kamin brennt ein Feuer, es gibt einige wenige Stühle. Die meisten sitzen auf dem Boden. Manchmal wird abgestimmt, ob der Vortragende recht hat oder nicht. Werner Heisenberg spricht im Jahr 1925 im Kapitza-Club, Erwin Schrödinger im Jahr 1928.

Im September 1934, als Kapitza mit seiner Familie seine Mutter besucht, wird ihm der Reisepass abgenommen. Seine Frau Anna darf mit den Söhnen, dem sechsjährigen Sergej und dem dreijährigen Andrej, zurück nach Cambridge reisen, er selbst sitzt in einem trist möblierten Hotelzimmer in Moskau fest. Drei Monate vergehen. Anna ist verzweifelt. In der Sowjetunion, für die er so viel getan hat, festgehalten zu werden, sei »ein schrecklicher Schlag« für ihren Mann, schreibt sie an Dirac, »wohl der schlimmste seines Lebens«. Sie fürchtet, dass die Sache an die Presse dringt, dass »die Leute reden werden« und damit die Chancen, ihren Mann wiederzusehen, zunichtewerden. Sie fleht Dirac an, der im selben Jahr den Nobelpreis erhalten hat, beim russischen Botschafter in Washington ein Wort für Peter einzulegen. »Ich denke, dass dies der einzige Weg ist, überhaupt etwas tun zu können.«

Dirac setzt eine Kampagne zur Befreiung Kapitzas in Gang. Er berät sich mit Albert Einstein und Abraham Flexner, dem Direktor des *Institute for Advanced Study*, und drängt Ernest Rutherford, »das Krokodil«, sich für Kapitza einzusetzen. Rutherford aktiviert daraufhin alle seine diplomatischen Verbindungen, doch vergeblich. »Ich fühle mich wie eine Jungfrau, die vergewaltigt wurde, als sie glaubte, sich in Liebe hinzugeben«, klagt Kapitza in einem Brief aus der Sowjetunion. Mit solchen Sätzen riskiert er eine Deportation in ein Arbeitslager. Die sowjetische Zensur liest seine Briefe, der britische Geheimdienst liest sie mit.

Paul Dirac vertritt in Cambridge die Vaterstelle bei Sergej und Andrej. Er unternimmt Ausflüge mit Kapitzas Söhnen in seinem klapprigen Auto, veranstaltet für sie ein Feuerwerk zum Gedenken an den Gunpowder Plot, den Versuch britischer Katholiken im Jahr 1605, das Parlament samt der Regierung und der Königsfamilie mit Schwarzpulver in die Luft zu sprengen. Monatelang stellt er für sie seine Arbeit ein. Und als alles nichts hilft, macht er sich im Sommer 1937 auf in die Sowjetunion, gegen den Rat seiner Freunde, gemeinsam mit Manci. Gerade haben sie geheiratet.

Viele Bürger der Sowjetunion erleben das Jahr 1937 als den schlimmsten Schrecken: den Höhepunkt der »Großen Säuberung«, Verhaftungen, Folter und Morde, Stalins chaotische und brutale Kampagne zur Einschüchterung der Menschen. Ende 1937 sind durch die Große Säuberung ungefähr vier Millionen Menschen gestorben. Weder Dirac noch Kapitza kennen das Ausmaß dieses Schreckens und Grauens. Der Sozialismus bleibt ihr politisches Ideal.

Im Juli 1937, nur Tage bevor Josef Stalin die Folterung mutmaßlicher Volksfeinde legalisiert, kommen die Diracs in der Datscha der Kapitzas in Bolshevo nordöstlich von Moskau an. Es ist drückend heiß.

Paul und Manci bleiben drei Wochen. Peter und Paul fällen in der Morgenkühle Bäume und pflücken Erdbeeren. Im Schatten der Veranda erzählt Paul Geschichten vom »Krokodil« Rutherford. Manci kämpft mit der Kargheit der Datscha, in der es nicht einmal Toilettenpapier gibt. Niemand von ihnen ahnt, dass in den Wäldern in der Nähe Menschen gefoltert, getötet und verscharrt werden. Die Diracs müssen wieder abreisen.

Peter Kapitza muss in Moskau bleiben. In einem Institut, das der Staat eigens für ihn baut, setzt er die Experimente fort, die er in Cambridge liegenlassen musste. Kurz nach dem Besuch der Diracs entdeckt Peter das »superflüssige« Helium, das bei sehr niedrigen Temperaturen allen Reibungswiderstand verliert und gegen die Schwerkraft Wände hinauffließt. Sein seltsames Verhalten lässt sich nur mit der Quantenmechanik erklären. Kapitza ist der Vater der Tieftemperaturphysik.

Dirac und Kapitza ahnen nicht, dass 29 Jahre vergehen sollten, bis sie einander wiedersehen würden: im Jahr 1966, in einer ganz anderen Zeit, in der das Atomzeitalter und der Kalte Krieg längst begonnen haben.

BERLIN 1938
ZERPLATZENDE KERNE

Berlin, 1907. Der Chemiker Otto Hahn, 28, ist ein Sonderling am Chemischen Institut der Universität. Er beschäftigt sich mit Radioaktivität. »Ist das überhaupt Chemie?«, fragen alteingesessene Kollegen. »Oder eher Alchemie?« – Hahn ist Spezialist dafür, neue Elemente im Labor herzustellen. Das hatte doch schon viel früher im 18. Jahrhundert der Hochstapler und Alchemist Cagliostro versucht? Jetzt sitzt Hahn im Büro von Emil Fischer, dem Institutsleiter und Nobelpreisträger, und bittet um etwas Unerhörtes. Er will Lise Meitner zu sich ins Labor holen. Eine Frau und Physikerin, die nicht einmal Chemikerin ist. Fischer duldet keine Studentinnen in seinen Vorlesungen, und schon gar keine Forscherinnen in seinem Institut, das höchstens Putzfrauen betreten dürfen. »Auf keinen Fall fange ich eine Weiberwirtschaft an!«, erwidert Fischer.

Doch Hahn ringt Fischer die Erlaubnis ab, mit Meitner zusammenarbeiten zu dürfen – unter strengen Auflagen. Das Labor von Hahn und Meitner ist in einer ehemaligen Holzwerkstatt im Souterrain des Instituts untergebracht. Ungefragt darf sich Frau Meitner nicht im Institut blicken lassen. Das Labor hat einen separaten Eingang, über den Meitner es betreten muss. Eine Damentoilette gibt es nicht, Meitner muss in eine nahegelegene Gastwirtschaft gehen. Manchmal versteckt sie sich in einem Hörsaal unter einer Bank, um eine Vorlesung zu hören. Sie arbeitet als »unbezahlter Gast«, bekommt kein Gehalt, ist weiterhin auf das Geld ihrer Eltern angewiesen, das sie ihr aus Wien zukommen lassen. Lise Meitner ernährt sich von Brot und schwarzem Kaffee.

Mit solchen Ungerechtigkeiten lebt sie schon seit drei Jahrzehnten. Sie wurde 1878 in Wien geboren, in einer Zeit, in der Mädchen das Recht auf höhere Bildung abgesprochen wurde. Junge Frauen sollen Kinder kriegen. Wenn sie ausnahmsweise arbeiten, dann allenfalls als Lehrerin. Lise, die sich schon als Schülerin für Naturwissenschaft interessiert, darf keine höhere Lehranstalt besuchen. Nach acht Jahren Mädchenschule beginnt sie eine Ausbildung zur Französischlehrerin, bereitet sich auf eigene Faust auf die externe Matura vor und besteht die Prüfung mit 22 Jahren. Immerhin nimmt die Universität Wien nun neuerdings auch Studentinnen auf. Lise Meitner erhöht das Tempo. Sie schreibt sich in Mathematik, Philosophie und Physik ein, studiert bei Ludwig Boltzmann, promoviert nach nur acht Semestern, als zweite Frau an der Universität Wien. Als sie 28 Jahre alt ist, bricht sie nach Berlin auf, in die Hauptstadt der Physik, wo sie 30 Jahre lang bleiben wird. Sie will noch mehr lernen, bei Max Planck studieren. Aber Frauen dürfen in Berlin noch nicht studieren. Lise Meitner wagt es, bei Geheimrat Planck vorzusprechen, erklärt ihm, sie sei nach Berlin gekommen, um »ein wirkliches Verständnis von der Physik« zu gewinnen. Der fragt die zierliche, auf den ersten Blick scheu wirkende Frau erstaunt: »Sie haben doch einen Doktortitel, was wollen Sie noch?« Planck denkt traditionell, hat sich gegen »weibliche Amazonen« in der Wissenschaft ausgesprochen. Aber er lässt mit sich reden, denn er erkennt, dass Lise Meitner eine Ausnahme verdient. Sie darf sich für seine Vorlesungen einschreiben.

Lise Meitner protestiert nicht gegen die Benachteiligung. Sie antwortet mit Taten auf die Vorurteile gegen Frauen, die fest in vielen Männerköpfen stecken. Im ersten Jahr ihrer gemeinsamen Experimente stellen Hahn und Meitner eine Reihe neuer Isotope her: neue Atome bekannter Elemente mit anderer Masse. Meitners Talent spricht sich schon bald herum. Im Jahr 1909 trägt sie auf einem Kongress in Wien über Beta-Strahlung vor, ein Jahr später trifft sie in Brüssel Marie Curie, die Nobelpreisträgerin. Später wird sie die Jahre im Institutskeller ihre glücklichste Zeit nennen. »Wir waren jung, vergnügt und sorglos, vielleicht politisch zu sorglos.«

Nach ein paar Jahren macht Max Planck sie zur ersten Universitätsassistentin in Preußen. Die Stelle ist für Lise Meitner »wie ein Reisepass« in die sonst für Frauen so schwer zugängliche wissenschaftliche Gemeinschaft und »eine große Hilfe, die bestehenden Vorurteile gegen Akademikerinnen zu überwinden«. Albert Einstein nennt sie »die deutsche Marie Curie«.

Ihre Arbeiten in der *Naturwissenschaftlichen Rundschau* zeichnet sie nur mit ihrem Nachnamen, worauf viele Leser annehmen, die Veröffentlichungen eines Mannes vor sich zu haben. Die Brockhaus-Redaktion schreibt dem vermeintlichen »Herrn Meitner«, um ihn als Verfasser eines Lexikon-Artikels zu gewinnen. Als Lise Meitner sich als Frau zu erkennen gibt, hat die Redaktion kein Interesse mehr an dem Beitrag.

Vielleicht wäre Lise Meitner als »unbezahlter Gast« in Otto Hahns Forschungsgruppe versauert, wenn nicht die Universität Prag ihr eine Stelle als Dozentin angeboten hätte. Da fällt den Preußen ein, wen sie an Meitner haben. Mit 35 Jahren wird sie 1913 am Kaiser-Wilhelm-Institut für Chemie fest angestellt, freut sich an der »Wunderbarkeit der Wissenschaft« und kann ihren Kaffee nun endlich selbst bezahlen.

Dann bricht der Erste Weltkrieg aus, und es gibt Wichtigeres als Wissenschaft. Lise Meitner meldet sich freiwillig als Röntgenschwester an die österreichische Ostfront. Tief getroffen vom Kriegselend, kommt sie 1916 zurück und setzt durch, gemeinsam mit Otto Hahn in ihrem alten Labor weiterforschen zu dürfen – wenn Otto Hahn in Berlin sein sollte. Otto Hahn dient im »Gasregiment«, entwickelt Giftgas in der »Spezialeinheit für chemische Kriegsführung«, die Fritz Haber leitet. Hahn bildet Soldaten für Gasangriffe aus, pendelt zwischen den Fronten im Osten, Westen und Süden und den Forschungseinrichtungen in Berlin und Leverkusen. Nur im Heimaturlaub hat er Zeit, zu Lise Meitner ins Labor zu kommen. Und so ist es vor allem Meitners Verdienst, dass es beiden kurz vor Kriegsende gelingt, 1917 das neue Element *Protoactinium* herzustellen: Es ist stabil, radioaktiv und erhält die Nummer 91 im Periodensystem.

Das Ende der Hohenzollernherrschaft, der Beginn der Republik am 9. November 1918, bedeutet in mancher Hinsicht eine Befreiung für Frauen, so auch für Lise Meitner. Seit 1920 dürfen sich Frauen habilitieren. Meitner erhält die Lehrerlaubnis sofort, dank ihrer bisher geleisteten Arbeit, 13 Jahre nach dem gleichaltrigen Otto Hahn. Ihre Antrittsvorlesung hält sie über »die Bedeutung der Radioaktivität für kosmische Prozesse«. Ein Reporter macht daraus »kosmetische Prozesse«. Über die Peinlichkeiten solch männlicher Rollenträgheit kann sie nun lachen. Sie überholt einen männlichen Konkurrenten nach dem anderen, leitet bald eine eigene Abteilung am Kaiser-Wilhelm-Institut, erforscht den Beta-Zerfall und die Gamma-Strahlung, reist zu Kongressen in aller Welt, zieht in eine große Wohnung in der Direktorenvilla des Kaiser-Wilhelm-Instituts in Dahlem. Im Jahr 1926 erhält sie eine außerordentliche Professur für Kernphysik und wird zur ersten Physikprofessorin in Deutschland.

Hahn und Meitner sind ein seltsames Paar: ein rein wissenschaftliches. Sie arbeiten 30 Jahre lang eng zusammen, ermutigen und unterstützen einander. Niemals essen sie gemeinsam, außer bei offiziellen Terminen, sie unternehmen keine gemeinsamen Spaziergänge und besuchen einander zuhause nie. Bis weit in die 1920er Jahre bleiben sie beim distanzierten »Sie«. Hahn heiratet im Jahr 1913.

Meitner nie.

Ehe und Kinder vermisst sie nicht. »Dafür hatte ich einfach keine Zeit«, sagt sie. Ihre Mitarbeiter sind ihre Familie. Feminismus? Braucht sie nicht. Jahre später sieht sie ein, »wie irrtümlich diese meine Auffassung war und wie viel Dank jede in einem geistigen Gebiet tätige Frau den Frauen schuldig ist, die um die Gleichberechtigung kämpfen«.

Die Wissenschaft ist ihr Leben, und es läuft bestens. Bis zum Jahr 1933, dem Jahr der Machtergreifung der Nationalsozialisten. Viele jüdischstämmige Kollegen verlassen das Land. Lise Meitner ist evangelisch getauft, liberal erzogen, doch im Geburtsregister ist sie mit jüdischer Abstammung eingetragen. Damit fällt sie unter die Nazi-Definition von »nichtarisch«. Sie ist jetzt 55 Jahre alt und weigert sich, ihr Lebenswerk in Berlin zurückzulassen. Angebote aus dem Ausland lehnt sie ab, harrt in Berlin aus und wird dies später bereuen: »Heute weiß ich«, sagt sie nach dem Krieg, »dass es nicht nur dumm, sondern ein großes Unrecht war, denn letzten Endes habe ich durch mein Bleiben doch den Hitlerismus unterstützt.«

Immerhin schützt Meitners österreichische Staatsbürgerschaft sie vor noch schlimmerer Diskriminierung. Sie forscht weiter, überredet Hahn, wieder mit ihr zusammenzuarbeiten. Ihr Ziel ist es, Atome herzustellen, die noch schwerer als das schwerste bekannte Element Uran sind: Transurane. Sie wollen die Lücke schließen, die sich jenseits des Urans im Periodensystem auftut.

Dazu schießen Meitner und Hahn Neutronen, jüngst entdeckt im Cavendish-Labor in Cambridge, auf Uranatome, in der Hoffnung, die Neutronen in die Kerne hineinzubefördern. Im Jahr 1935 beginnen Lise Meitner, Otto Hahn und der junge Chemiker Fritz Straßmann mit Experimenten, deren buchstäbliche Sprengkraft niemand absehen kann. Experimente, die den Lauf der Weltgeschichte verändern werden.

Vorher aber verändert die Weltgeschichte den Verlauf der Experimente. Mit dem »Anschluss« Österreichs an das Deutsche Reich verfällt Lise Meitners österreichischer Pass. Als »reichsdeutsche Jüdin« droht ihr, von einem Tag auf den anderen schutzlos verfolgt zu werden. Sie darf nicht mehr arbeiten, keinesfalls aber ins Ausland reisen. Der Chemiker Kurt Heß, NSDAP-Mitglied und Widersacher Lise Meitners, zeigt sie wegen »Gefährdung des Instituts« an. Sie versucht, das Innenministerium zu bewegen, ihr gültige deutsche Papiere auszustellen. Vergebens. »Namhafte Juden« dürfen das Land nicht mehr verlassen, erklärt das Ministerium.

Lise Meitner sitzt in der Falle.

Jetzt bleibt ihr nur die Flucht. Hastig, in nur anderthalb Stunden, packt sie am 13. Juli 1938 ihre wichtigsten Habseligkeiten zusammen. Freunde schleusen sie in die Niederlande aus, von da reist sie über Dänemark weiter ins sichere Stockholm, wo das Nobel-Institut ihr eine befristete Forschungsstelle gibt.

Lise Meitner ist nun zwar weit weg vom Atomforschungslabor am Kaiser-Wilhelm-Institut, aber nicht abgeschnitten vom Fortgang der Versuche. Hahn und Straßmann halten sie heimlich per Brief auf dem Laufenden. Sie bleibt, so Straßmann, die »geistig Führende in unserem Team«.

Im Herbst 1938 zeigt sich, dass Lise Meitner gut daran getan hat, aus Deutschland zu fliehen. Am 9. November 1938 findet in Deutschland mit der Reichspogromnacht der Auftakt zum größten Völkermord in Europa statt. Im ganzen Land werden jüdische Geschäfte und Synagogen von Nazis zerstört und geplündert. Schaufenster werden mit Steinen eingeworfen, Möbel mit Äxten zerhackt. Mehr als hundert Juden werden ermordet, tausende festgenommen und in Konzentrationslager verschleppt, unzählige Personen misshandelt, geschlagen und gedemütigt. Die Feuerwehr steht dabei und achtet darauf, dass die Flammen nicht von den jüdischen Geschäften auf andere Gebäude übergreifen. Die Nazis haben die Aktion, die sie wegen des zersplitterten Glases »Reichskristallnacht« nennen, von Berlin aus organisiert. Adolf Hitler will, dass sein Name nicht damit in Verbindung gebracht werden kann, und überlässt Hermann Göring und Joseph Goebbels diese ›Arbeit‹.

Hahn und Straßmann mühen sich Tag für Tag im Labor und

kommen nicht weiter. Schon seit Monaten versuchen sie, Elemente herzustellen, die schwerer als Uran sind, aber ihre chemischen Analysen deuten merkwürdigerweise darauf hin, dass viel leichtere Atome vorhanden sein müssen. Es scheinen Radiumatome zu. Das ergibt keinen Sinn. Wo kommen diese Atome her? Ratlos reist Otto Hahn im November nach Kopenhagen zu Niels Bohr, dem Meister der Atome. Auch Lise Meitner und ihr Neffe, der Physiker Otto Frisch, kommen aus Stockholm. So viele kluge Köpfe, und keiner kann die Messungen erklären.

Als Hahn und Straßmann in Berlin ihre Arbeit fortsetzen, wird es noch seltsamer. Das ist gar kein Radium, finden sie heraus. Das ist Barium, dessen Atomgewicht mit etwas mehr als 137 nur halb so schwer ist wie Uran 238. Sind die Uran-Atome unter dem Neutronenhagel zerborsten? Eine solche Vermutung zu denken und auszusprechen, dafür fehlt Hahn die physikalische Vorstellungskraft. Er ist ein hervorragender Experimentator, aber keine Ausnahme vom Genieerhaltungssatz: Geniale Experimentatoren sind miserable Theoretiker, und umgekehrt.

Am 19. Dezember 1938 schreibt Otto Hahn einen Brief an Lise Meitner nach Stockholm, aus dem seine ganze Verwirrung und Verzweiflung sprechen: »Es ist jetzt 11 Uhr abends; um 11.30 Uhr will Straßmann wiederkommen, so dass ich nach Hause kann allmählich. Es ist nämlich etwas bei dem ›Radiumisotop‹, was so merkwürdig ist, dass wir es vorerst nur Dir sagen. Es könnte noch ein höchst merkwürdiger Zufall vorliegen ... Aber immer mehr kommen wir zu dem schrecklichen Schluss: unsere Radium-Isotope verhalten sich nicht wie Radium, sondern wie Barium.«

Was ist aus dem Uran geworden? »Wir wissen dabei selbst, dass es eigentlich nicht in Ba zerplatzen kann«, schreibt Hahn an Meitner. »Vielleicht kannst Du irgendeine phantastische Erklärung vorschlagen?« Kann sie nicht, nicht so schnell, sie braucht Zeit zum Rechnen. »Mir scheint die Annahme eines so weitgehenden Zerplatzens sehr schwierig«, antwortet Meitner am 21. Dezember

1938, »aber wir haben in der Kernphysik so viele Überraschungen erlebt, dass man auf nichts ohne weiteres sagen kann: es ist unmöglich.«

Am selben Tag wendet sich Hahn an Meitner, drängt weiter, ihre Briefe überkreuzen sich: »Wir können unsere Ergebnisse nicht totschweigen, auch wenn sie physikalisch vielleicht absurd sind. Du siehst, Du tust ein gutes Werk, wenn Du einen Ausweg findest.«

Bei einem Winterspaziergang diskutieren Lise Meitner und Otto Frisch die rätselhaften Berliner Messungen. Im verschneiten schwedischen Wald setzen sie sich auf einen Baumstamm und kritzeln ihre Gedankengänge auf Zettel. Sie entwerfen ein neues Modell des Atomkerns. Ein schwerer Kern kann durch den Stoß eines Neutrons ins Wabbeln geraten wie ein Wassertropfen. Wenn er sich dabei genügend verformt, überwiegt die langreichweitige elektrische Abstoßung die kurzreichweitige Kernkraft, die ihn zusammenhält. Der Kern zerstiebt in einer Explosion. Mit Einsteins Formel $E=mc^2$ schätzen Meitner und Frisch die Energie der Explosion ab. Sie ist gewaltig.

Frisch fährt nach Kopenhagen und erzählt Niels Bohr von der Theorie. Bohrs Hand fährt zur Stirn: »Ach, was für Idioten wir doch alle waren! Das hätten wir voraussehen können.« Doch nun sieht Bohr etwas anderes voraus, das ihm einen kalten Schauer über den Rücken laufen lässt: Es ist die Zerstörung, zu welcher diese Energie aus dem Atomkern fähig sein wird. Und diese Zerstörung wird rascher stattfinden, als alle Physiker es sich vorstellen konnten. Sie wird die strahlenden Jahre der Physik verdunkeln.

ATLANTIK 1939
DIE SCHRECKENSNACHRICHT

Im Januar 1939 fahren Niels Bohr und sein Assistent Léon Rosenfeld auf einem Dampfer über den Atlantik nach New York, um Albert Einstein in Princeton zu besuchen. Sie bringen eine Schreckensnachricht mit: Otto Hahn hat das Atom gespalten. Gemeinsam mit Fritz Straßmann hat er Urankerne »zerplatzen« lassen, indem er sie mit Neutronen beschoss.

Erst vier Tage bevor der Ozeandampfer mit Bohr und Rosenfeld ablegt, hat Otto Frisch die Nachricht nach Kopenhagen überbracht, und Bohr erkennt sofort ihre gewaltige Bedeutung. Ausgerechnet im nationalsozialistischen Deutschland ist ein Schlüsselschritt zum Bau einer Atombombe gelungen.

Bohr hatte eigentlich vor, die Diskussionen über Quantenphysik fortzusetzen, die er bereits seit zehn Jahren mit Einstein führt, doch dafür hat der Großmeister der Quantenmechanik nun keinen Sinn mehr. Während der Überfahrt wandern seine Gedanken immer weiter weg von der Quantenmechanik hin zur Kernphysik.

Er verbringt das Frühjahrsemester in Princeton. Jeden Tag, von Januar bis April 1939, grübelt und diskutiert er über Kernspaltung, kritzelt Formeln an Tafeln und wischt sie wieder weg. Er diskutiert vor allem mit dem Amerikaner John Wheeler, der bei ihm in Kopenhagen studiert hat und nun an der Princeton University lehrt. Einstein hält sich heraus. Er interessiert sich nicht für die Feinheiten der Kernspaltung und bezweifelt deren Nutzbarkeit.

Gemeinsam mit Wheeler beginnt Bohr, die Spaltung von Urankernen durchzuspielen, Grundlage ist die Arbeit Lise Meitners und ihres Neffen Otto Frisch, die aus ihrer österreichischen Heimat nach Schweden geflohen sind und dort die Theorie der Kernspaltung ausgetüftelt haben. Ist es möglich, eine Kaskade von Kernspaltungen auszulösen, in der die Energie aus einem gespaltenen Kern weitere Kerne spaltet und noch mehr Energie freisetzt: eine Kettenreaktion? Ist die Bombe denkbar?

Immer wieder spielen Niels Bohr und John Wheeler die Möglichkeiten durch, eine Kettenreaktion in Gang zu setzen, schließlich weihen sie zwei Kollegen aus Ungarn ein: Leó Szilárd und Eugene Wigner. Die Treffen sind streng vertraulich. Was sie tun, ist längst mehr als reine Wissenschaft.

Am 15. März 1939 sitzen Bohr, Wheeler, Szilárd und Wigner lange zusammen in einem leeren Büro – neben dem Wigners – in der Fine Hall der Princeton University. Bis vor wenigen Wochen befand sich hier noch Albert Einstein auf seiner einsamen Suche nach einer einheitlichen Feldtheorie, bevor er in den Neubau des *Institute for Advanced Study* zog. Ein paar Tage zuvor, auf einem Spaziergang vom Princeton Club zur Fine Hall, hatte Bohr eine entscheidende Erkenntnis: Die Kernspaltung, die Otto Hahn gemessen hat, geschieht nur in dem seltenen Isotop Uran-235, nicht in dem viel häufiger vorkommenden Uran-238.

Es ist paradox: Man muss einen Urankern größer machen, um ihn zu spalten. Aber zu groß darf er auch nicht sein. Zusätzliche Neutronen können ihn zum Bersten bringen oder stabilisieren. Bohr und Wheeler rechnen aus, dass die beiden Isotope Uran-235 und Uran-238 ganz unterschiedliche Eigenschaften haben. Wenn ein Neutron auf einen Kern des Isotops 235 prallt, zerspringt der Kern in zwei leichtere Kerne, eine mächtige Menge Energie wird freigesetzt und ein paar Neutronen fliegen davon – die weitere Kerne spalten können. In einer genügend großen Menge Uran-235, der »kritischen Masse«, entwickelt sich daraus eine Neutronenkaskade, die eine Kettenreaktion in Gang setzt. Mit einer Urankugel von der Größe eines Handballs könnte man eine ganze Stadt zerstören. Oder viele Tage lang mit Strom versorgen, wenn man die Kettenreaktion kontrolliert ablaufen lässt.

Mit dem schwereren Uran-238 verhält es sich anders. Die drei zusätzlichen Neutronen stabilisieren den Kern. Er lässt sich nicht mehr so leicht mit Neutronen spalten. Nicht leicht genug für eine Kettenreaktion. Das natürliche, in Bergwerken geförderte Uran besteht zu mehr als 99 Prozent aus U-238. »Dann trennen wir das U-235 ab«, sagt Szilárd, »und bauen Atombomben daraus.«

»Das wäre denkbar«, antwortet Bohr. »Aber es wird nur gelingen, wenn man die Vereinigten Staaten in eine große Fabrik verwandelt.« Natürliches Uran besteht nur zu 0,7 Prozent aus Uran-235. Es muss mit großem technischem Aufwand extrahiert werden, in Anlagen mit Reihen von hunderten Zentrifugen.

Aber was ist die Alternative? Wenn wir es nicht tun, glauben die amerikanischen Kriegsstrategen, dann tun es die Nazis. Im Herbst 1938 hat die deutsche Wehrmacht Böhmen besetzt. Die Nazis haben nun Zugang zur Uranmine in Joachimsthal, aus der sich die Curies vor 30 Jahren mit Pechblende versorgt haben. Grund zur Sorge, und Grund zur Eile. In Deutschland haben schon im Frühjahr 1939 führende Atomforscher den »Uranverein« zur Entwicklung einer »Uranmaschine« gegründet. Physiker und Geheimdienste in den USA fürchten, die Nazis seien ihnen bei der Erforschung und Nutzung der Kernspaltung weit voraus.

Im Sommer 1939 kommt Werner Heisenberg auf Vortragsreise in die USA. In Michigan besucht er Enrico Fermi, den Physiker aus Rom, der mit einer Jüdin verheiratet und vor den Rassengesetzen der Faschisten in die USA geflohen ist, und Samuel Goudsmit, den niederländischen Physiker, der einst als schüchterner Student den Elektronenspin entdeckte. Goudsmit hat nach seiner Emigration die Schreibung seines Nachnamens von Goudschmidt in Goudsmit geändert, um die Aussprache zu bewahren. »Warum bleiben Sie nicht in den USA?«, fragt Fermi Heisenberg. »Hier wären Sie auf der Seite des Anstands und der Zivilisation.« – »Ich hätte das Gefühl, Verrat zu begehen«, antwortet Heisenberg und sagt einen Satz, den Goudsmit sich merkt: »Deutschland braucht mich.« – »Und wenn Hitler Sie zwingt, die Atombombe zu bauen?«, fragt Fermi. Der Krieg wird entschieden sein, bevor die Bombe fertig ist, glaubt Heisenberg.

Eines Sonntagnachmittags sitzt Werner Heisenberg mit John Wheeler beim Picknick und erklärt, er müsse bald abreisen, zu »Schießübungen mit dem Maschinengewehr in den Bayerischen Alpen«. Auf dem fast menschenleeren Dampfer *Europa* fährt Heisenberg zurück über den Atlantik, und schon wenige Wochen später wird er zum Kriegsdienst eingezogen werden, zu seiner Überraschung nicht bei den Gebirgsjägern, sondern beim Heereswaffenamt.

Nach dem Ausbruch des Kriegs bemächtigt sich das Hitler-Regime des Uranvereins. Das Heereswaffenamt entwickelt einen »Vorbereitenden Arbeitsplan zur Aufnahme von Versuchen für die Nutzbarmachung der Kernspaltung«. Carl Friedrich von Weizsäcker zieht nach Berlin, um an dem Projekt mitzuarbeiten. Werner Heisenberg entwirft einen Uranreaktor, in dem Schwerwasser als »Bremssubstanz« für die bei der Kernspaltung herausgeschleuderten Neutronen dient. Nur langsame Neutronen können weitere Atomkerne spalten.

In einem Bericht für den Uranverein schreibt Heisenberg: »Die Anreicherung von Uran-235 ist ferner die einzige Methode, um Explosivstoffe herzustellen, die die Explosivkraft der bisher stärksten Explosivstoffe um mehrere Zehnerpotenzen übertreffen.« Seine Vorstellung einer Bombe, die »New York in Weißglut« aufgehen lässt, hinterlässt Eindruck im Heereswaffenamt.

Albert Einstein, der inzwischen 60 Jahre alt ist, sehnt sich nach Ruhe und zieht sich über den Sommer in sein Ferienhaus auf Long Island zurück: Er möchte Geige spielen, auf dem Atlantik segeln, lesen im Schatten der Kastanienbäume. Doch der Schrecken holt ihn auch dort ein. Leó Szilárd besucht ihn in diesem Sommer zweimal auf Long Island. Die beiden kennen sich aus Berlin, dort haben sie in den 1920er Jahren gemeinsam einen »automatischen Beton-Volks-Kühlschrank« entwickelt. Nun drängt Szilárd Einstein, etwas gegen die atomare Bedrohung aus Deutschland zu unternehmen. Vielleicht könnte er einen Brief an die belgische Regierung schreiben? Im Boden der Kolonie Belgisch-Kongo lagern die größten Uranvorkommen der Welt. Lässt sich noch verhindern, dass sie den Deutschen in die Hände fallen? Nein, erkennen Einstein und Szilárd. Ein paar Monate später besetzt die Wehrmacht Belgien und beginnt, tausende Tonnen Uranerz aus den Minen Belgisch-Kongos nach Berlin zu liefern.

Einstein und Szilárd beschließen, an den amerikanischen Präsidenten Franklin Delano Roosevelt zu schreiben. Einstein diktiert den Brief auf Deutsch, Szilárd schreibt ihn ins Reine. Der »überzeugte Pazifist«, wie Einstein sich selbst nennt, drängt Roosevelt zur Entwicklung einer Atombombe. Die jüngst entdeckte Kernspaltung könne zu »äußerst wirkungsvollen Waffen neuen Typs« führen, warnt er den Präsidenten und schlägt ihm einen Plan vor, die Erforschung der Kernspaltung für militärische Zwecke zu forcieren. Am Kaiser-Wilhelm-Institut in Berlin sei solche Forschung bereits im Gange, schreibt Einstein und nennt Carl-Friedrich von Weizsäcker, »den Sohn des Staatssekretärs im Auswärtigen Amt«, beim Namen.

Einstein unterzeichnet den Brief in Peconic, Long Island, am 2. August 1939: »Yours very truly, Albert Einstein«. Jahre später wird er ihn »den einen großen Fehler meines Lebens« nennen. »Hätte ich gewusst, dass es den Deutschen nicht gelingen würde, eine Atombombe zu entwickeln, hätte ich mich von allem ferngehalten.«

Roosevelt hat gerade keine Zeit für Briefe von Atomforschern. Die Weltlage ist düster. Hitler hat Polen überfallen, Großbritannien und Frankreich haben Deutschland den Krieg erklärt. Erst am 11. Oktober 1939 landet der Brief auf Roosevelts Schreibtisch.

»Da muss gehandelt werden«, folgert Roosevelt, damit »die Nazis uns nicht in die Luft sprengen«. Noch am selben Tag ruft er das Manhattan-Projekt zur Entwicklung einer Atombombe ins Leben. Es beginnt schleppend, gewinnt erst an Schwung, nachdem Einstein zwei weitere Briefe an Roosevelt hinterherschickt, mit Vorschlägen für die Organisation des Projekts und weiteren Warnungen vor den deutschen Bombenbauern. Das Manhattan-Projekt verwandelt nicht nur die Vereinigten Staaten in eine Uranfabrik. Es verlangt die vereinten Kräfte dreier Staaten: Großbritanniens, Kanadas und der USA.

Das Manhattan-Projekt wird viele der besten Physiker der Welt beschäftigen, darunter einige, die aus Deutschland oder einem mit ihm verbündeten Staat geflohen sind. Otto Frisch, inzwischen in England, rechnet aus, dass schon in 50 Kilogramm U-235 die Sprengkraft von 15 000 Tonnen TNT steckt.

Niels Bohr kehrt im Mai 1939 aus Amerika nach Kopenhagen zurück. Am 1. September 1939 überschreiten deutsche Truppen die Grenze zu Polen. Am selben Tag erscheint im *Physical Review* der Artikel von Bohr und Wheeler: »The Mechanism of Nuclear Fission«. Kein Wort darin zu einer Kettenreaktion.

Am 9. April des nächsten Jahres, vor Sonnenaufgang, marschiert die deutsche Wehrmacht in Dänemark ein. Zwei Stunden später ergibt sich die dänische Regierung. Adolf Hitler hat vor, in Dänemark ein »Modellprotektorat« zu errichten, um der Welt seine friedlichen Absichten zu demonstrieren. Niels Bohr, der so vielen Physikern in der Vergangenheit Zuflucht gewährt hat, muss nun bald selbst fliehen.

KOPENHAGEN 1941
ENTFREMDUNG

Kopenhagen, am späten Abend des 16. September 1941. Zwei Männer spazieren durch die Stadt. Sie sind oft miteinander gegangen, hier in Kopenhagen, und zum ersten Mal 22 Jahre zuvor in Göttingen: Niels Bohr, 55, und Werner Heisenberg, 39. Damals wurde Heisenberg Bohrs Ziehsohn, später wurden sie Kollegen, gemeinsam haben sie die Quantenmechanik aus der Taufe gehoben. Es ist eine Ewigkeit her seit jenem ersten Spaziergang in Göttingen. Hier im Fælledparken, auf einem nächtlichen Spaziergang, fand Heisenberg die Unschärferelation. Beide sind älter geworden, ihre Schritte langsamer. Sie stehen auf verschiedenen Seiten eines Krieges. Vater und Sohn sind einander fremd geworden.

Heisenberg ist aus Berlin gekommen, unter dem Vorwand, einen Vortrag über kosmische Strahlung zu halten. Er ist die ganze Woche in Kopenhagen. Doch er muss sofort mit Bohr sprechen, begibt sich eilig zum Haus der Bohrs, begrüßt Margrethe und die Söhne. Er geht mit Bohr hinaus in den Park. Dort können sie nicht abgehört werden. Heisenberg will gleich zur Sache kommen: zur Bombe. Er setzt so viel Hoffnung in das Gespräch, dass sie seine Wahrnehmung des Gesprächsverlaufs überlagert. Die Vertrautheit von früher ist nicht mehr da. Zwischen Bohr und Heisenberg steht etwas, das früher nicht einmal unterschwellig vorhanden war: Misstrauen.

Bohr stutzt. Heisenberg spricht anders als früher. Bohr hört Nazi-Jargon heraus. Heisenbergs Prophezeiung, der Physik käme in einem von Hitler beherrschten Europa eine herausragende

Rolle zu, alarmiert ihn. Was will Heisenberg? Warum ist er ins besetzte Kopenhagen gekommen? Ist er Freund oder Feind? Ist er ein Spion der Gestapo? Will er Bohr aushorchen? Oder beschützen?

Bohrs Mutter stammte aus einer jüdischen Familie, in den Kategorien der Nazis ist er mithin »Halbjude«. Zudem engagiert er sich im Widerstand gegen die nationalsozialistische Besatzung seines Heimatlands und hatte Kontakt zu den Physikern des amerikanischen Atombombenprojekts. Der deutsche Geheimdienst bespitzelt ihn. Immer wieder steht er kurz davor, verhaftet zu werden. Es ist nur wenige Wochen her, dass die Polizei 300 dänische Kommunisten in das Lager Horserød auf Seeland gesperrt hat.

Auch Heisenberg ist es nicht leicht ums Herz. Erst vor kurzem hat er erfahren, dass sein Lieblingsschüler Hans Euler aus Südtirol nach dem Absturz seines Flugzeugs »an der Ostfront verschollen« gemeldet ist. Euler, Nazigegner und Kommunist, weigerte sich, am Uranprojekt mitzuarbeiten, Heisenberg förderte und beschützte ihn. Während einer persönlichen Krise meldete Euler sich freiwillig zum Dienst als Meteorologe und Navigator bei einer Wettererkundungsstaffel der Luftwaffe – als »suche er im Grunde den Tod«, schrieb sein Kollege Carl Friedrich von Weizsäcker. Kurz nach dem Angriff auf die Sowjetunion, am 23. Juli 1941, wurde ein Motor seines Flugzeugs zerschossen. Nach einer Notwasserung auf dem Asowschen Meer nahmen Fischer die Besatzung gefangen. Was dann mit Euler geschah, weiß Heisenberg nicht. Er bemühte sich vergebens, das Schicksal seines Schülers zu ermitteln.

Niemand in Europa hat mehr festen Boden unter den Füßen. Niemand weiß, wie dieser Krieg ausgehen wird. Die Deutschen haben die Oberhand, sie haben Frankreich besiegt und beherrschen den größten Teil des Kontinents. Die Wehrmacht stößt in hohem Tempo auf Moskau vor, und Heisenberg spricht von der Offensive, als sei sie bereits geglückt. Doch der Kessel von Stalingrad steht den deutschen Truppen noch bevor.

Werner Heisenberg ist der führende Wissenschaftler des Uranprojekts. Er baut an einem »Uranbrenner«, der die Kriegsindustrie mit Energie versorgen soll, der in miniaturisierter Form die deutschen Panzer und U-Boote antreiben könnte. Er und Weizsäcker haben ein weiteres Element neben dem Uran-235 entdeckt. Weizsäcker hat gerade ein Patent für ein »Verfahren zur explosiven Erzeugung von Energie und Neutronen, z. B. in einer Bombe«, angemeldet, und Heisenberg ist überzeugt, den Weg zur Erfindung der Atombombe offen vor sich zu sehen.

Er ist es gewohnt, bei Bohr kein Blatt vor den Mund zu nehmen, aber nun ist er zu strengstem Stillschweigen verpflichtet. Also produziert er nur Wortwust, macht verdruckste Andeutungen über Reaktoren und Bomben. Heisenberg kann nicht einschätzen, wie viel Bohr weiß. Er weiß, dass er vorsichtig sein muss, denn er hat mächtige Feinde im Nazi-Apparat. Ein unbedachter Satz kann ihn alles kosten.

Niels Bohr baut an keiner Bombe. Er hat seit letztem Jahr nichts mehr von dem amerikanischen Atomprojekt gehört. Die Andeutung Heisenbergs, der Krieg könne durch die Atombombe entschieden werden, trifft ihn wie ein Schlag. Heisenberg gibt Bohr ein Stück Papier, auf das er das Schema eines Reaktors gezeichnet hat.

Will Heisenberg ihm drohen? Will er ihn warnen? Verbirgt sich hinter seinen Andeutungen das Angebot, gemeinsam auf eine Übereinkunft aller Physiker beiderseits des Atlantiks hinzuarbeiten, um des Friedens willen keine Atombombe zu bauen? Vielleicht hat er sich dabei zu vorsichtig ausgedrückt, aus Angst um sein Leben. Vielleicht hat Bohr ihn deshalb missverstanden und nur erschrocken gehört, wie sicher Heisenberg sich der Möglichkeit ist, eine Atombombe zu bauen. Was fällt Heisenberg ein, ihn zu fragen, ob es richtig sei, in Kriegszeiten am Uranproblem zu forschen, wenn er ebendies längst tut?

Das Gespräch geht schief. Da ist zu viel, was die beiden trennt, zu viel Misstrauen, zu viel Missverständnis. Schon nach kurzer Zeit kehren sie zu Bohrs Wohnung zurück, Heisenberg konsterniert, Bohr in höchster Erregung. Es ist nach Mitternacht, als Bohr Heisenberg zur Trambahn begleitet, die ihn ins Hotel zurückbringt.

Bohr erscheint nicht zu dem Vortrag, den Heisenberg ein paar Tage später am Deutschen Kulturinstitut – einer Propagandaeinrichtung der Nazis – hält. Am Vorabend seiner Heimreise besucht Werner Heisenberg die Bohrs noch einmal. Sie meiden die heiklen Fragen, versuchen, Freunde zu bleiben. Heisenberg spielt die Sonate Nr. 11 von Mozart auf dem Flügel. Die Fröhlichkeit des »Alla Turca« verklingt sofort, es ist Zeit, Abschied zu nehmen.

Bohr setzt noch einige Briefe an Heisenberg auf, schickt jedoch keinen davon ab. Heisenberg schreibt nach seiner Rückkehr aus Kopenhagen an einen Freund: »Vielleicht erkennen wir Menschen eines Tages, dass wir tatsächlich die Macht besitzen, die Erde vollständig zu zerstören, dass wir also durch eigene Schuld durchaus einen jüngsten Tag oder so etwas, was ihm nahe verwandt ist, heraufbeschwören können.« Als Werner Heisenberg im Januar 1944 noch einmal nach Kopenhagen kommt, um in Niels Bohrs Institut nach dem Rechten zu sehen, ist Bohr in den USA und wirkt am Bau der Atombombe mit. Nach dem Krieg tauschen sie nur noch höfliche Geburtstagsgrüße aus. Zu einer Aussprache wird es nie mehr kommen.

BERLIN 1942
KEINE BOMBE FÜR HITLER

Berlin, im Frühjahr 1942. Die deutsche Siegesgewissheit wankt. Der »Blitzkrieg« in Russland ist gescheitert. Nach dem japanischen Angriff auf Pearl Harbor befindet sich Deutschland jetzt auch mit den USA im Krieg, der nun wirklich ein Weltkrieg ist. Die Rohstoffe werden knapp in Deutschland. Adolf Hitler stellt die gesamte Wirtschaft in den Dienst des Kriegs. Für Uranforschung, diesen »Ausläufer jüdischer Pseudowissenschaft«, hat Hitler wenig übrig. Er setzt seine Hoffnung in die Raketen, die der Ingenieur Wernher von Braun von der Heeresversuchsanstalt Peenemünde bis an den Rand des Weltraums schießt.

Die deutschen Uranforscher brauchen Rohstoffe: Uranerz aus Böhmen und Belgisch-Kongo, Schwerwasser aus Norwegen, Stahl aus dem Ruhrgebiet, Aluminium aus der Lausitz. Sie fürchten, gegen die Rüstungsindustrie ins Hintertreffen zu geraten. Erich Schumann, der Leiter der Forschungsabteilung im Oberkommando des Heeres, informiert sie, dass ihre Forschung »bei der augenblicklichen Wehrersatz- und Rohstofflage nur verantwortet werden kann, wenn Gewissheit besteht, in absehbarer Zeit eine Anwendung zu erreichen«.

Schumann beruft eine Konferenz ein, auf der die Forscher den Nazi-Bonzen den Fortschritt und die Aussichten ihres Projekts erklären sollen. »Die Reindarstellung von U-235 würde zu einem Sprengstoff von unvorstellbarer Wirkung führen«, verspricht Werner Heisenberg.

Wie groß eine Bombe sein müsse, um eine Stadt wie London zu

zerstören, fragt der Feldmarschall Erhard Milch. Heisenberg formt die Hände zu einer Schale. »So groß wie eine Ananas«, antwortet er. Ungläubiges Staunen. Rüstungsminister Albert Speer will wissen, wann mit der Atombombe zu rechnen wäre. Im Prinzip sofort, antwortet Heisenberg, aber praktisch werde es noch ein paar Jahre dauern, mindestens zwei, vielleicht auch drei oder vier. So lang wollen die Kriegsstrategen jedoch nicht warten. Albert Speer beschließt, »dass die Atombombe für den voraussichtlichen Verlauf des Krieges nicht mehr von Bedeutung sein werde«. Schumann schimpft über die »Atomkackerei« der Physiker.

Fortan ist die Uranforschung ein ziviles Projekt in Deutschland. Heisenberg und Kollegen dürfen weiter an ihren Uranbrennern tüfteln, und Albert Speer genehmigt ihnen dafür ein paar Millionen Reichsmark Fördergeld, doch sein Interesse an der Atombombe ist erloschen. Werner Heisenberg wird zum Direktor am Berliner Kaiser-Wilhelm-Institut für Physik berufen, und damit zum wichtigsten Wissenschaftler des deutschen Atomprogramms. Ausgerechnet Heisenberg, der Theoretiker, der Labore stets gemieden hat. Er bedankt sich bei Heinrich Himmler »für die damit verbundene Wiederherstellung meiner Ehre« und widmet nun nicht mehr seine ganze Geisteskraft der Uranforschung. Er entwickelt eine Theorie der Wechselwirkungen zwischen Elementarteilchen, die, wie seine Quantenmechanik, nur mit beobachtbaren Größen auskommen soll: die »S-Matrix-Theorie«.

Was immer Heisenberg im Schilde führt, er treibt ein gefährliches Spiel, wenn er mit dem blutigen Geld der Nazis forscht. Sein früherer Student Rudolf Peierls zitiert später Shakespeare: »Wer mit dem Teufel speist, braucht einen langen Löffel.« Und fügt hinzu: »Vielleicht stellte Heisenberg fest, dass kein Löffel lang genug war.«

Heisenbergs Uranmaschine ist in einem Nebengebäude des Kaiser-Wilhelm-Instituts untergebracht, vor dem Schilder mit der Aufschrift »Vorsicht Viren« unerwünschte Besucher abschrecken.

Sie besteht aus Uranplatten, die in schwerem Wasser liegen. Die Forscher beschießen dieses Arrangement mit Neutronen und messen, ob mehr Neutronen herauskommen, als sie hineinschicken. Es gelingt ihnen, sie gewinnen Energie. Doch nie genug, um die Reaktion über die Schwelle zur Kritikalität zu heben: zu einer Kettenreaktion, die sich selbst erhält. Die Forscher hantieren ungeschützt mit den strahlenden Substanzen. Bei einem Versuch verbrennt eine Stichflamme die Hand eines Technikers, der gerade Uranpulver in den Reaktorbehälter schüttet. Bei einem anderen Versuch explodiert der Reaktor, Heisenberg kann sich gerade noch durch die Tür retten, die Feuerwehr muss anrücken. Heisenberg tüftelt am Versuchsaufbau. Der Neutronenfluss steigt, doch die Kritikalität bleibt außer Reichweite der deutschen Uranforscher, auch für Kurt Diebner, Physiker und Rivale Heisenbergs. Heisenberg hat Diebner aus dem Kaiser-Wilhelm-Institut verdrängt. Nun baut der in der Chemisch-physikalischen- und Atom-Versuchsstelle Gottow südlich von Berlin an einem eigenen Reaktor. Die beiden Männer können einander nicht ausstehen, sie konkurrieren, statt zu kooperieren, und machen sich gegenseitig das knappe Uran und Schwerwasser streitig. Diebner ist der gewieftere Experimentator. Er kommt darauf, das Uran in Würfel zu schneiden, um die Kontaktfläche zum Schwerwasser zu vergrößern, und holt damit ein paar Prozent mehr Neutronen heraus. Widerwillig wechselt auch Heisenberg auf Würfel.

Werner Heisenberg ahnt nicht, dass Enrico Fermi am 2. Dezember 1942 in seinem Labor in Chicago eine kontrollierte Kettenreaktion auslöst. Der erste Atomreaktor der Welt läuft bereits. Chicago Pile 1 ist ähnlich krude gebaut wie Heisenbergs Maschine: ein ungeschützter Stapel Uranplatten in einem Keller unter der Tribüne eines Football-Stadions. Neben dem Reaktor steht ein Behälter mit Cadmiumsalzlösung, um sie hineinzuschütten, falls die Kettenreaktion außer Kontrolle gerät. Fermi bremst die Neutronen mit reinstem Graphit statt des teuren und raren Schwerwassers.

Dieser Trick ist Heisenberg entgangen. Auch er hat Graphit als Bremssubstanz geprüft, es aber wieder verworfen.

Der aus Rom stammende Enrico Fermi hat theoretische Physik bei Max Born und Paul Ehrenfest gelernt und sich dann der Experimentalphysik zugewandt. Er gehört zu den seltenen Menschen, für die der Genieerhaltungssatz nicht gilt, denn er ist zugleich ein genialer Theoretiker und ein genialer Experimentator. Er versteht die Theorie der explodierenden Atomkerne, und er hat vor, sie für den Krieg nutzbar zu machen. Sein Vorschlag lautet, die Lebensmittel der Deutschen mit dem strahlenden Spaltprodukt Strontium-90 zu vergiften. Die Atombombe ist noch fern.

STOCKHOLM 1943
DIE FLUCHT

Drei Jahre lang hat Adolf Hitler sein Verlangen nach Gewaltausübung gezügelt und die Dänen vor antisemitischen oder rassistischen Gesetzen verschont. Er hält die Fiktion aufrecht, er habe nicht die Absicht, Dänemark zu nazifizieren. Nach der Niederlage von Stalingrad und dem Beginn der Flächenbombardements der Alliierten auf deutsche Städte kennt das Nazi-Regime keine Zurückhaltung mehr im Kampf für den »Endsieg«. Propagandaminister Joseph Goebbels schreit Parolen vom »totalen Krieg«: »Nun, Volk, steh auf, und Sturm, brich los!«

Im Oktober 1943, während des jüdischen Neujahrsfests Rosch Haschana, schwärmt die SS in den Straßen Kopenhagens aus. Sie hat den Befehl, die Juden festzunehmen. Doch von denen ist kaum noch jemand in der Stadt. Georg Duckwitz, ein deutscher Diplomat in Kopenhagen, hat die dänischen Juden vor der geplanten Deportation in die Konzentrationslager gewarnt, worauf sich die meisten von ihnen versteckt haben. Unter ihnen auch Niels Bohr, der mit seiner Familie in einem Fischerboot über den Öresund ins neutrale Schweden übersetzt, kurz bevor die SS an die Tür seines Instituts klopft, eindringt und das Silberbesteck plündert. In Stockholm bittet Bohr König Gustav V. um Hilfe für seine verfolgten Landsleute, und noch am Abend desselben Tages verbreitet das schwedische Radio das Aufnahmeangebot Schwedens. Mit allem, was Räder hat, mit Krankenwagen und Müllwagen, fahren die dänischen Juden an die Küste, verstecken sich unterwegs in Kirchen und Spitälern, schiffen mit hunderten Fischerbooten, Kanus und Ruderbooten über den Öresund und das Kattegat. Mehr als 7700 Juden gelingt es, den Nazis zu entkommen.

Aber auch in Stockholm, das von Nazi-Agenten wimmelt, ist Bohr nicht sicher – zumindest in den Augen der Alliierten nicht sicher genug. Der britische Physiker Frederick Lindemann, wissenschaftlicher Chefberater des Premierministers Winston Churchill, arrangiert einen Flug nach Schottland für Bohr. Vor dem Abflug sorgt dieser noch dafür, dass die goldenen Nobelpreis-Medaillen, die in seinem Kopenhagener Institut aufbewahrt werden, in »Königswasser«, einem Gemisch aus Salz- und Salpetersäure, aufgelöst werden, damit sie nicht den Deutschen in die Hände fallen. Nach dem Krieg wird das Gold aus der Lösung zurückgewonnen, und die Medaillen werden neu geprägt.

Niels Bohr wird mit einem norwegischen Jagdbomber des Typs Mosquito ausgeflogen, der so schnell und hoch fliegen kann, dass die deutschen Flak-Geschütze ihn kaum treffen können. Er muss im Bombenschacht Platz nehmen, der mit einer Sauerstoffmaske ausgestattet ist und mit einem Kopfhörer, damit er mit dem Piloten sprechen kann. Doch der Kopfhörer ist zu klein für Bohrs imposanten Schädel, er verpasst das Kommando, die Sauerstoffzufuhr einzuschalten, und fällt in Ohnmacht. Der Pilot ahnt, dass etwas nicht stimmt, fliegt niedrig über die Nordsee und rettet damit Bohrs Leben. In England wird Bohr vernommen, dann in einem komfortableren Flugzeug in die USA geflogen, ausgestattet mit falschen Papieren, die auf den Namen »Nicholas Baker« lauten. Edward Teller führt ihn durch die Labors des Manhattan-Projekts in Los Alamos in der Wüste New Mexicos, und Bohr ist beeindruckt: »Sie erinnern sich, ich habe Ihnen gesagt, es würde nicht gehen, ohne das ganze Land in eine Fabrik zu verwandeln. Gerade das haben Sie getan.« Die Angst, die Deutschen könnten schneller sein, befeuert das Projekt, an dem schon bald 125 000 Menschen mitarbeiten. Einer von ihnen ist Niels Bohr.

Bohr hat die Zeichnung eines Reaktors mitgebracht, die Heisenberg ihm zwei Jahre zuvor in Kopenhagen übergeben hat. Waffentechnisch wertlos, findet Robert Oppenheimer, der wissenschaftliche Leiter des Manhattan-Projekts. Heisenberg sei damals nicht gekommen, um zu verraten, was er weiß, sondern um zu hören, ob Bohr etwas weiß, was er selbst nicht weiß, notiert Oppenheimer.

In Berlin wird Heisenberg in die Mittwochsgesellschaft aufgenommen, einen erlesenen Kreis von Intellektuellen, die sich als »freie Gesellschaft zur wissenschaftlichen Unterhaltung« verstehen: Wissenschaftler, Philosophen, Schriftsteller, Juristen, Diplomaten, Mediziner, immer nur 16 an der Zahl, ausschließlich Männer. Jeden zweiten Mittwochabend trifft man sich bei einem von ihnen, der dann einen Vortrag über das Gebiet seiner Expertise hält, anschließend wird diskutiert. Heisenberg trägt im Juni 1943 über die »Veränderung des Wirklichkeitsbegriffs der exakten Naturwissenschaft und von den Folgerungen, die aus dieser Veränderung gezogen werden können« vor. In früherer Zeit beschrieben die Menschen die Welt, als seien sie selbst gar nicht da, sagt Heisenberg. In der Zeit der Moderne, der Quantenmechanik, lässt sich die Welt nur als eine von den Menschen beobachtete und damit beeinflusste Welt verstehen. Zwischen diesen zwei Welten wandelt der Mensch hin und her, so Heisenberg. Er kann nicht anders, als insgeheim an sich selbst zu denken: verdammt dazu, die Welt zu verändern, in der er lebt.

Im November 1943 ruft das Bomberkommando der britischen Luftwaffe die »Battle of Berlin« aus. Bald fliegen die alliierten Bomber rund um die Uhr Luftangriffe auf die Reichshauptstadt, die Lancaster-Bomber der Royal Air Force nachts, die Flying Fortresses der U.S. Air Force tagsüber. Der Angriff in der Nacht auf den 23. November 1943 setzt die Kaiser-Wilhelm-Gedächtniskirche, ein Symbol des deutschen Nationalstolzes, in Brand. Der Dachstuhl bricht ein, die Spitze des Hauptturms knickt ab. Eine Bombe zerstört das Haus der Plancks im Grunewald. Max und Marga Planck ziehen zu Freunden aufs Land. In Paris notiert der

Hauptmann Ernst Jünger in sein Tagebuch, die Deutschen hätten das Recht verloren, sich zu beklagen.

Am 12. Juli 1944, einem hellen Sommertag, spricht Werner Heisenberg noch einmal vor der Mittwochsgesellschaft: »Über die Sterne«. Er spricht über seine eigene Forschung, wieder verschlüsselt: über das Atomfeuer in den Sternen statt über jenes, das er selbst ein paar Häuser weiter im Kaiser-Wilhelm-Institut zu entfachen sucht. Am Nachmittag hat er im Institutsgarten Himbeeren gepflückt, mit denen er seine Gäste bewirten möchte. »Die Stimmung ist gedrückt«, notiert ein Teilnehmer. Es ist die 1055. Sitzung der Mittwochsgesellschaft und die vorletzte. Am 20. Juli 1944 versucht der Wehrmachtsoffizier Claus Schenk Graf von Stauffenberg, Adolf Hitler mit einer Bombe zu töten. Vier Mitglieder der Mittwochsgesellschaft werden wegen Beteiligung an dem Attentat verhaftet und hingerichtet. Der ehemalige Generalstabschef Ludwig Beck, der acht Tage zuvor noch Heisenbergs Vortrag »Über die Sterne« gehört hat, bittet bei seiner Festnahme im Bendlerblock, seine Pistole »zum privaten Gebrauch« behalten zu dürfen. »Bitte sehr, tun Sie das, aber dann sofort!«, antwortet General Friedrich Fromm, der vor dem Attentat mit den Verschwörern sympathisierte, sich nun aber auf die Seite des Regimes zu schlagen versucht – vergeblich. Er wird vom Volksgerichtshof wegen »Feigheit vor dem Feind« verurteilt und erschossen werden. Die Gestapo löst die Mittwochsgesellschaft auf.

Als die Rote Armee auf Berlin vorrückt, wird das Uranprojekt aus der zerbombten Reichshauptstadt verlegt und auf sicherere Gebiete verteilt. Das Labor Kurt Diebners kommt ins thüringische Dorf Stadtilm. Eine Ultrazentrifuge zur Anreicherung spaltbaren Urans wird in Freiburg installiert. Das Kaiser-Wilhelm-Institut für Physik mit Werner Heisenberg und Max von Laue wird im Gebäude einer Textilfabrik in Hechingen auf der Schwäbischen Alb untergebracht. Das Kaiser-Wilhelm-Institut für Chemie mit Otto Hahn zieht ins benachbarte Tailfingen. Das Herz des Uranprojekts, der Forschungsreaktor, bestehend aus 664 fingerlangen Uranwürfeln in einem mit Schwerwasser gefüllten, mit Graphit ummantelten Aluminiumkessel, wird in den Felsenkeller der Gastwirtschaft *Schwanenwirt* im Albdorf Haigerloch umquartiert, in dem zuvor Bier und Kartoffeln lagerten. Heisenberg pendelt die 15 Kilometer von Hechingen dorthin mit dem Fahrrad. Er sammelt Pilze im Wald, freut sich an den blühenden Obstbäumen, gibt ein Klavierkonzert für die Bewohner von Hechingen, »kann für Tage Vergangenheit und Zukunft vergessen«. Elisabeth Heisenberg, die mit den inzwischen sechs Kindern in der Holzhütte am felsigen Ufer des Walchensees wartet, beneidet ihren Mann um die schwäbische Idylle.

Heisenberg jedoch weiß, wie vergänglich diese Idylle ist. Der Krieg ist verloren für Deutschland. Im Dezember 1944 begibt er sich auf seine letzte Auslandsreise vor dem Zusammenbruch des Nazireichs. Er hält einen Vortrag an der ETH Zürich, nicht über Kernforschung, sondern über seine S-Matrix-Theorie, die einige seiner Kollegen für eine Verirrung halten, ähnlich wie die einheitliche Feldtheorie, nach der Einstein sucht. Der inzwischen in Princeton lehrende Wolfgang Pauli nennt sie ein »leeres Begriffsgerüst«.

Beim Abendessen fordert Werner Heisenbergs Kollege Gregor Wentzel ihn auf, die deutsche Niederlage einzugestehen. »Schön wäre es gewesen, wenn wir den Krieg gewonnen hätten«, sagt Heisenberg. Diese Bemerkung wird der Gestapo zugetragen. Die SS leitet eine Untersuchung Heisenbergs ein, und er entgeht haarscharf einer Verhaftung.

Noch einmal kehrt er in sein Kellerlabor auf der Schwäbischen Alb zurück und bemüht sich, während das Reich zerfällt, weiter, seinen Reaktor in Gang zu bringen. Einer seiner Briefe nach Zürich gelangt in die Hände des amerikanischen Geheimdiensts. Der Poststempel verrät den Spionen, dass Heisenberg in Hechingen arbeitet.

PRINCETON 1943
EINSTEIN WIRD MILDER

Albert Einstein hat sich eingerichtet auf der »Schicksalsinsel« Princeton. Auf seinen Spaziergängen leistet ihm ein weiterer »winziger stelzbeiniger Halbgott« Gesellschaft: Kurt Gödel, der österreichische Logiker, ist im Jahr 1940 ans Institut gekommen. Nach dem »Anschluss Österreichs« hat Gödel eine abenteuerliche Flucht über Sibirien und Japan in die USA hinter sich. Einmal in der Woche treffen sich Kurt Gödel, Wolfgang Pauli und Bertrand Russell für einen Nachmittag in Einsteins Haus, um über Philosophie zu diskutieren. Pauli ist seit 1940 am *Institute for Advanced Study*, weil ihm in Zürich die Nähe zu Hitler nicht geheuer war. Russell hat keine Stelle in Princeton, er ist nur zu Besuch, hält ab und zu einen Vortrag, arbeitet als freier Schriftsteller. Es ist die wohl erlesenste Runde älterer Herren der Wissenschaftsgeschichte, die bei Einstein in der 112 Mercer Street zusammenkommt.

Auch mit der Quantenmechanik hat Einstein sich arrangiert. Nicht dass er inzwischen überzeugt von ihr wäre. Niemals. Aber er hat aufgegeben, sie widerlegen zu wollen. In einem Brief an Max Born, der inzwischen in Edinburgh lebt, schreibt er: »Du glaubst an den würfelnden Gott und ich an volle Gesetzlichkeit in einer Welt von etwas objektiv Seiendem. Ich hoffe, dass einer einen mehr realistischen Weg finden wird, als es mir gegeben ist. Der große anfängliche Erfolg der Quantentheorie kann mich doch nicht zum Glauben an das fundamentale Würfelspiel bringen, wenn ich auch wohl weiß, dass die jüngeren Kollegen dies als Folge der Verkalkung auslegen.«

Wolfgang Pauli, Professor für Theoretische Phsyik an der ETH Zürich, November 1945.

Gelegentlich schaut Niels Bohr bei Einstein am *Institute for Advanced Study* vorbei, und die alten Herren streiten über die Quantenmechanik – wie damals, und doch anders. Es ist nicht mehr der Kampf von einst, eher schon ein liebgewordener Ritus, ein Trost für Einstein in einer einsamen Zeit. Er ist allein auf der Suche nach einer Theorie jenseits von Relativitätstheorie und Quantenmechanik. Sein Freundeskreis ist auf Gödel und wenige andere geschrumpft. Seine beiden Ehen sind gescheitert. Mit einem Sohn ist er zerstritten, der andere ist psychisch krank, seine Tochter ist schon lange verschwunden. Als Albert Einstein im April 1955 stirbt, ist die Tafel in seinem Institutsbüro mit Formeln vollgeschrieben, die zu nichts führen.

ENGLAND 1945
DIE WUCHT DER EXPLOSION

Im März 1945 überschreiten die Truppen der Alliierten den Rhein. Mit ihnen kommen die Agenten der amerikanischen Geheimdienst-Mission Alsos, die seit 1943 das deutsche Atomenergie-Projekt ausspioniert. Ihre Aufgabe ist, die deutschen Uranwissenschaftler zu fassen und zu verhören. Die Zeit drängt. Auch die Sowjets und die Franzosen sind hinter den deutschen Physikern her.

»Alsos« ist altgriechisch und steht für deutsch »Hain«, englisch »grove«. Brigadegeneral Leslie Groves, der militärische Leiter des Manhattan-Projekts, hat sie entsandt. Als er den Namen der Mission hörte, ärgerte er sich über die Anspielung auf seinen Nachnamen. Codenamen dienen ja eigentlich dazu, die Identität zu verschleiern. Doch Groves belässt es bei dem Namen, denn ihn zu ändern, hätte noch mehr Aufsehen erregt.

Die Alsos-Agenten durchsuchen ein verlassenes Labor nach dem anderen, sichern Beweismaterial, beschlagnahmen Akten, nehmen Wissenschaftler fest.

Am 16. März 1945, noch in den letzten Wochen des Kriegs, wird Heisenbergs Geburtsstadt Würzburg von der Royal Air Force bombardiert. Binnen Minuten entfachen die Bomber der Typen Lancaster und Mosquito mit ihren Sprengbomben und Brandbomben einen Feuersturm über der Stadt, mehr als tausend Grad Celsius heiß. Viele Menschen rennen aus ihren Kellern und versuchen, über den Main zu entkommen. Die Feuerwehr unterstützt sie dabei, indem sie ihnen mit Wasser Fluchtwege freispritzt, doch das Wasser verdampft und Tausende sterben.

Im Felsenkeller von Haigerloch sitzt Werner Heisenberg neben seiner Uranmaschine und rechnet. Sein Neutronenzähler schlägt höher aus als je zuvor. Er legt einen Block Cadmium neben den Reaktor, um es in den Kessel zu werfen, falls die Kettenreaktion außer Kontrolle gerät. Wenn er nur etwas mehr Uran, etwas mehr Schwerwasser und einen größeren Kessel hätte – er ist so nah dran. Doch die Uranfabrik der Auergesellschaft und das Schwerwasserwerk der I.G. Farben sind zerbombt. Im April ziehen die letzten verbliebenen deutschen Truppen von der Schwäbischen Alb ab.

Eines Nachmittags im April hört Heisenberg die Motoren der sich nähernden französischen Panzer und beschließt zu fliehen. Er sorgt noch dafür, dass die letzten Lebensmittelvorräte in den Keller der Textilfabrik gebracht werden, dann verabschiedet er sich von seinen Mitarbeitern. Am 20. April 1945, morgens um drei Uhr, steigt er auf sein Fahrrad, andere Verkehrsmittel gibt es nicht mehr. Es sind 260 Kilometer bis Urfeld. Heisenberg hat sich selbst eine Reiseerlaubnis ausgestellt. Für alle Fälle steckt er noch eine Packung Pall Mall ein. Drei Nächte lang radelt er, tagsüber versteckt er sich vor den Tieffliegern der Alliierten und den marodierenden deutschen Soldaten, beobachtet die Bombardierung von Memmingen, passiert das brennende Weilheim. Er hungert und friert in diesen kalten Frühlingstagen, begegnet Kindern in viel zu großen Wehrmachtsuniformen. An einem Kontrollposten will ein Soldat ihn festhalten, unbeeindruckt von der Reiseerlaubnis, die Heisenberg sich selbst ausgestellt hat. Heisenberg zieht die Zigarettenpackung aus der Tasche und kommt durch. Am 23. April, eine Stunde nach dem Einmarsch der französischen Truppen, stöbern die Alsos-Agenten in Hechingen die Forschungsgruppe Heisenbergs auf. Nur von Werner Heisenberg selbst, dem »Ziel Nummer eins« ihrer Mission, weit und breit keine Spur. Im Felsenkeller finden sie die armseligen Reste des Reaktors, der niemals lief. Die Uranwürfel sind in einem Acker verscharrt, die Forschungspapiere in einem verlöteten Kanister in einer Jauchegrube versenkt. Colonel Boris Pash, der Kommandant der Alsos-Mission, lässt den Aluminiumkessel sprengen. Das also war die furchteinflößende Uranmaschine, die das Manhattan-Projekt zur Eile getrieben hat? Sie wirkt beinahe lächerlich.

Erschöpft, abgemagert und zerlumpt kommt Heisenberg in Urfeld an. Er umarmt Elisabeth und die Kinder, macht sich daran, Lebensmittel und Brennholz einzulagern und die Fenster des Hauses mit Sandsäcken gegen Schüsse zu sichern. Noch immer wüten versprengte Soldaten der Waffen-SS in der Gegend, auf dem Rückzug vor der 7. US-Armee. Am 1. Mai 1945 holen Werner und Elisabeth Heisenberg ihre letzte Flasche Wein aus dem Keller und stoßen auf Hitlers Tod an. Der Nationalsozialismus, zu dem Werner Heisenberg nie ein klares Verhältnis fand, ist am Ende.

Nun findet die Klarheit zu Heisenberg. Colonel Pash tritt am 4. Mai 1945 auf die Veranda des Holzhauses, auf der sein »target number one« friedlich sitzt und auf den See blickt. Pash hat den Ruf eines Draufgängers. Noch bevor die Infanteristen der 7. US-Armee in Urfeld einmarschieren, kommt er mit zwei seiner Soldaten ins Dorf, um Heisenberg persönlich abzuholen. Ein ganzes deutsches Bataillon ergibt sich ihm.

Heisenberg bittet Pash und seine Männer herein, stellt ihnen Elisabeth und die Kinder vor. Er fragt seinen Bewacher, wie ihm die Gegend gefällt. Der Amerikaner blickt auf die Berge um den Walchensee, auf denen Neuschnee liegt, der in der Frühlingssonne glitzert: Es sei der schönste Flecken Erde, den er je gesehen habe, sagt er. Heisenberg ist erleichtert. Sein Schicksal ist ihm aus der Hand genommen. Zwei Tage darauf kapituliert die deutsche Wehrmacht.

Werner Heisenberg wird seine Familie, mit der er gerade erst wiedervereint ist, neun Monate lang nicht wiedersehen. Pash transportiert ihn in einem Jeep ab, und er wird nach Heidelberg gebracht, in die Basis der Alsos-Mission. Als Heisenberg in den

Verhörraum geführt wird, sitzt dort, in der Uniform der U.S. Army, ein alter Bekannter von früher: Samuel Goudsmit, der niederländische Physiker, dem Heisenberg zuletzt vor sechs Jahren in Michigan begegnet ist, als er dort auf seiner Vortragsreise gastierte. Im Januar 1943 wurden Goudsmits jüdischer Vater und seine blinde Mutter von den deutschen Besatzern aus ihrem Haus in Den Haag abgeholt und in einem Viehwagen nach Auschwitz deportiert. Goudsmit wandte sich an Heisenberg und bat ihn um Hilfe, doch dieser antwortete erst einen Monat später mit einem Brief, in dem er Goudsmits Gastfreundschaft für deutsche Wissenschaftler pries und seine Sorge um die Sicherheit der Eltern Goudsmits beteuerte. Das war alles. Im selben Jahr übernahm Goudsmit die wissenschaftliche Leitung der Alsos-Mission. Er ist Heisenbergs Jäger.

Nun liegt Heisenbergs Schicksal in Goudsmits Hand. Er verhört Heisenberg, der immer noch glaubt, sich in einer freundschaftlichen Unterhaltung zu befinden, und ganz wie früher meint, er sei der Wissende. Er streckt dem »lieben Goudsmit« die Hand zur Begrüßung hin, doch Goudsmit weist sie ab. Heisenbergs »Haltung während der Gespräche war besonders trotzig, weil er glaubte, dass seine Arbeit am Uranproblem unserer voraus sei, und dass dies der Grund für unser Interesse an ihm sei«, berichtet Goudsmit von den Verhören. »Natürlich korrigierten wir diese irrige Ansicht nicht.«

Schließlich wird Heisenberg nach Paris gebracht und in dem heruntergekommenen Schloss *Le Grand Chesnay* mit neun weiteren Forschern des Uranvereins interniert. Dort trifft er seinen Schüler Carl Friedrich von Weizsäcker wieder, außerdem seine älteren Kollegen Max von Laue und Walther Gerlach, den ihm verhassten Kurt Diebner, den stillen Otto Hahn. Die Amerikaner nennen das Lager treffend »Dustbin«: »Mülleimer«. Die Türen hängen aus den Angeln, die Tapeten von den Wänden, außer den Eisenpritschen zum Schlafen gibt es keine Möbel.

Was tun mit der hier versammelten geballten Geisteskraft? Die Siegermächte sind unschlüssig. Ein General schlägt vor, die deutschen Forscher zu exekutieren. Doch dafür sind sie zu wertvoll. Sie werden über Belgien nach England gebracht, auf einen Bauernhof in der Grafschaft Huntingdonshire, in einen roten Ziegelbau namens *Farm Hall*, den der britische Auslandsgeheimdienst MI6 übernommen hat. Heisenberg kennt die Gegend, von Cambridge sind es anderthalb Stunden hierher mit dem Fahrrad.

In der englischen Provinz genießen die deutschen Forscher mehr Komfort als die allermeisten Menschen in den Tagen nach dem Krieg: Farm Hall ist mit Sportgerät, Kreidetafeln, einem Billardtisch und einem Radio ausgestattet. Es gibt reichlich zu essen. »Ich frage mich, ob hier Mikrofone installiert sind?«, erwägt Diebner. »Mikrofone installiert?«, spottet Heisenberg. »Oh nein, so schlau sind die nicht. Ich glaube nicht, dass sie die echten Gestapo-Methoden kennen. Sie sind in dieser Hinsicht ein bisschen altmodisch.« Die anderen Gefangenen glauben ihm. Sie sprechen freimütig über Physik, Politik und die Ereignisse dieser Tage. Aber ganz so altmodisch sind die Geheimdienste der Alliierten nicht. Sie haben die Insassen gerade deshalb mit einem Radio ausgestattet und lassen Zeitungen per Expressboten kommen, um solche Gespräche anzuregen. In den Wänden sind Mikrofone versteckt. Der MI6 hört jedes Wort, das Heisenberg & Co. sprechen, und stenographiert alles mit.

Die Physiker diskutierten und rätseln, warum sie so lange in diesem Luxusgefängnis festgehalten werden. Als sie ihre Bewacher danach fragen, bekommen sie zur Antwort, sie würden »nach dem Belieben Ihrer Majestät« festgehalten – ein Begriff aus dem englischen Strafrecht für eine Freiheitsstrafe von unbestimmter Dauer.

Tage vergehen, und die deutschen Physiker schlagen die Zeit tot. Sie versichern sich gegenseitig, die weltweit führenden Köpfe der Kernphysik zu sein, und sind überzeugt, dass das amerikanische Bombenprojekt unmöglich Erfolg haben konnte, wo sie selbst gescheitert sind. Selbstverständlich sei die deutsche Physik überlegen.

Die Physiker schmieden Ausbruchspläne. Vielleicht könnte man die Presse über ihre Notlage informieren? Vielleicht könnten sie zu ihren Fachkollegen nach Cambridge entwischen, die doch bestimmt sehnsüchtig darauf warten, an ihrem kernphysikalischen Wissen teilzuhaben? Sie glauben sogar ernsthaft, die »Großen Drei«, Harry S. Truman, Winston Churchill und Josef Stalin, die sich gerade in Potsdam versammeln, hätten nichts Besseres zu tun, als über ihr Schicksal zu beraten. Manche von ihnen sind zuversichtlich, dass ihre Zusammenarbeit mit den Nazis ihnen keine Scherereien einbringen werde, schließlich sind sie die weltbesten Physiker, und Physik ist doch erhaben über die Politik, oder etwa nicht? Sie werden nach Argentinien gehen und ein neues Leben beginnen, jawohl.

Am Morgen des 6. August 1945 scheint die Sonne auf Hiroshima. Um acht Uhr sitzen viele der 250 000 Einwohner der Stadt beim Frühstück, lesen Zeitung oder sind auf dem Weg zur Arbeit oder in die Schule. Ein rosafarbener Lichtblitz erhellt den Himmel. 80 000 Menschen sind sofort tot. Zwei Minuten später blickt der Pilot des amerikanischen Flugzeugs, von dem die Bombe auf Hiroshima fiel, aus zehn Kilometern Höhe nach unten: »Wo zuvor eine Stadt war, mit Gebäuden und allem, was aus unserer Höhe erkennbar war, konnte man nun nichts als schwarzen, dampfenden Schutt sehen.« Zehntausende sterben später an den Nachwirkungen der Explosion.

Am Abend dieses 6. August 1945 spielen die zehn deutschen Physiker auf dem Rasen von Farm Hall Rugby. Sie rennen dem Lederball hinterher, stolpern und lachen, der britische Ballsport ist neu und ungewohnt für sie, man sieht es ihnen an. Bald wird es Abendessen geben.

Kurz vor sechs Uhr nimmt Major Thomas Rittner, der für die

Aufsicht der deutschen Gefangenen verantwortliche Geheimdienstoffizier, Otto Hahn beiseite und sagt ihm, dass die Amerikaner eine gewaltige Atombombe über einer japanischen Stadt abgeworfen haben. Hahn, der schon im Ersten Weltkrieg beim Einsatz von Chlorgas als Waffe mitgewirkt hatte, ist »völlig erschüttert von der Nachricht«, notiert Rittner. Hahn erkennt die Perfidie des Arguments, die Atombombe würde den Krieg abkürzen – des Arguments, mit dem er selbst im vorigen Weltkrieg seine Beteiligung an der Entwicklung von Chemiewaffen rechtfertigte. »Er fühlte sich persönlich verantwortlich für die Tode hunderttausender Menschen, da es ursprünglich seine Entdeckung war, die die Bombe möglich gemacht hatte«, schreibt Rittner in sein Protokoll.

Rittner muss Hahn zur Beruhigung mehrere Gläser Gin verabreichen, bevor sie zu den anderen ins Esszimmer gehen können, um ihnen die Nachricht zu verkünden. Am Tisch macht sich Staunen breit. »Ich glaube kein Wort der ganzen Sache«, sagt Heisenberg. »Ich glaube nicht, dass es irgendetwas mit Uran zu tun hat.« Hahn höhnt: »Wenn die Amerikaner eine Uranbombe haben, seid ihr alle zweitrangig. Armer alter Heisenberg.« Nach dem Abendessen hören sie die Nachrichten der BBC. Es gibt kein Leugnen mehr. Die Amerikaner haben eine Atombombe gezündet. Gerlach verliert die Fassung, schreit, schließt sich bis zum nächsten Tag in seinem Zimmer ein, erwägt, sich umzubringen wie ein geschlagener General.

Werner Heisenberg ist tief getroffen in seinem Wissenschaftlerstolz. In den Tagen darauf rechnet er fieberhaft, versucht nachzurechnen, wie den Amerikanern gelingen konnte, was er, der große Heisenberg, nicht geschafft hatte. Er muss sich eingestehen, nie genau verstanden zu haben, wie eine Atombombe zu bauen wäre. Er glaubte nur, es zu verstehen. Es gelingt ihm nicht einmal, die kritische Masse an Uran zu berechnen.

Die deutschen Physiker tun in Farm Hall, was sie schon in Deutschland taten: Sie zanken sich, sie klagen, sie sticheln. Sie führen den Alsos-Mitarbeitern an den Mikrofonen vor, warum das Atombomben-Programm der Nazis kein Vergleich mit dem Manhattan-Projekt war: Es war ein Chaos. Es gab keinen Plan. Werner Heisenberg und Carl Friedrich von Weizsäcker geben auch unwissentlich zu Protokoll, wie sie versuchen, die Geschichte ihrer Kriegsaktivitäten umzuschreiben. Sie wollen die Welt glauben machen, sie hätten gezielt vermieden, Hitler eine so furchtbare Waffe in die Hand zu geben, und hätten sich auf die Entwicklung eines Atomreaktors beschränkt, während die Amerikaner ohne Skrupel die Bombe bauten und benutzten. So deuten sie ihr technisches Scheitern in moralische Standhaftigkeit um. »Es ist uns nicht gelungen, die Atombombe zu bauen, weil alle Physiker aus Prinzip gar nicht wollten, dass es gelang«, sagt Weizsäcker. »Wenn wir gewollt hätten, dass Deutschland den Krieg gewinnt, hätte es uns gelingen können.« – »Das glaube ich nicht«, erwidert Otto Hahn, »aber ich bin dankbar, dass es uns nicht gelungen ist.«

Am 14. August 1945 tritt Werner Heisenberg vor seine Mithäftlinge und hält einen Vortrag. Er hat ausgerechnet, dass der kritische Radius der Bombe zwischen 6,2 und 13,7 Zentimetern beträgt. Die Oberfläche der Kugel strahlt bei der Explosion 2000-mal heller als die Sonne. »Es wäre interessant, ob Gegenstände von dem sichtbaren Strahlungsdruck schon umgeworfen werden können«, schließt Heisenberg. Er bewegt sich wieder auf dem Terrain des Wissenschaftlers, auf dem er sich sicher fühlt. Viel später wird er in seinen Erinnerungen eingestehen: »Ich musste mich mit der Tatsache abfinden, dass die Fortschritte in der Atomphysik, die ich 25 Jahre lang miterlebt hatte, nun den Tod von weit über hunderttausend Menschen verursacht hatten.«

EPILOG

Man kann die Welt nicht beobachten, ohne sie zu verändern. Diese Einsicht führte Werner Heisenberg zur Quantenmechanik, und sie war sein Dilemma. Er wollte die Welt erforschen, ihm lag nicht daran, sie zu verändern. Dennoch veränderte er sie, er musste sie verändern mit dieser gewaltigen Theorie in der Hand, denn er lebte in einer Zeit, in der es keine Gleichgültigkeit gab, im vom Nationalsozialismus beherrschten Deutschland. Anderen Physikerinnen und Physikern ging es ähnlich. Nicht einmal Albert Einstein, der erklärte Pazifist, konnte sich aus der Weltgeschichte heraushalten, auch er gab einen Anstoß zum Bau der Atombombe, was er später bereute. Das ist die dunkle Seite der Geschichte, die von den Rissen in Marie Curies Fingerkuppen zur Atombombe von Hiroshima führt.

Die helle Seite der Geschichte ist die von all diesen erstaunlichen, unglaublich klugen und wissbegierigen Menschen und dem Zusammenspiel ihres Geistes. Die Quantenmechanik war eine so fremdartige Theorie, dass keiner von ihnen sie allein entdecken konnte, sie mussten zusammenarbeiten, konkurrieren, Freunde und Gegner sein, um sie gemeinsam aus der Taufe zu heben. Von den Briefen, Notizen, Forschungspapieren, Tagebüchern und Memoiren, die sie dabei schrieben, lebt dieses Buch.

Wahre Geschichten haben kein Ende. Ein Buch hört irgendwo auf. Die Physikerinnen und Physiker in diesem Buch wirkten nach 1945 weiter. Doch keinem von ihnen gelang mehr ein Fortschritt, der mit der Quantenmechanik oder der Relativitätstheorie vergleichbar wäre. Einstein suchte eine Weltformel. Auch Heisenberg suchte eine. Sie fanden keine. Aber ihre Theorien, die sie vor hundert Jahren formulierten, stehen bis heute, sie stecken in unseren Computerchips und Medizingeräten, und die Dispute, die sie damals über die Deutung ihrer Theorien ausfochten, sind bis heute nicht beigelegt. Die Einwände, die Einstein gegen die Quantenmechanik erhob, erheben auch heute noch skeptische Physikerinnen und Physiker. Diese Geschichte ist noch nicht vorbei.

ANHANG

AUSGEWÄHLTE LITERATUR

Diese Literatur habe ich als Quellen genutzt und empfehle sie zur weiteren Lektüre:

PARIS 1903

Barbara Goldsmith: *Marie Curie. Die erste Frau der Wissenschaft.* Piper Verlag, 2019.

BERLIN 1900

John L. Heilbron: *Max Planck. Ein Leben für die Wissenschaft 1858–1947.* S. Hirzel Verlag, 2006.

Dieter Hoffmann: *Max Planck. Die Entstehung der modernen Physik.* Verlag C. H. Beck, 2008.

BERN 1905

Albrecht Fölsing: *Albert Einstein. Eine Biographie.* Suhrkamp Verlag, 1993.

Jürgen Neffe: *Einstein. Eine Biographie.* Rowohlt Verlag, 2005.

Paul Arthur Schilpp (Hg.): *Albert Einstein. Philosopher-Scientist.* Open Court, 1949.

CAMBRIDGE 1911

Finn Aaserud, John L. Heilbron: *Love, Literature, and the Quantum Atom. Niels Bohr's 1913 Trilogy Revisited.* Oxford University Press, 2013.

Jim Ottaviani, Leland Purvis: *Suspended in Language. Niels Bohr's life, discoveries, and the century he shaped.* G.T. Labs, 2009.

MÜNCHEN 1913

Florian Ilies: *1913. Der Sommer des Jahrhunderts.* S. Fischer Verlag, 2012.

MÜNCHEN 1914

Abraham Pais: *Niels Bohr's Times, in Physics, Philosophy and Polity.* Clarendon Press, 1991.

BERLIN 1920

Albert Einstein, Max Born: *Briefwechsel 1916–1955.* Nymphenburger Verlagshandlung, 1969.

Manjit Kumar: *Quantum. Einstein, Bohr and the Great Debate About the Nature of Reality.* Icon Books, 2008.

KOPENHAGEN 1924

David Lindley: *Uncertainty. Einstein, Heisenberg, Bohr, and the Struggle for the Soul of Science.* Anchor Books, 2008.

HELGOLAND 1925

Wolfgang Pauli: *Wissenschaftlicher Briefwechsel mit Bohr, Einstein, Heisenberg u.a. Band I: 1919–1929.* Springer-Verlag, 1979.

AROSA 1925

Walter J. Moore: *Erwin Schrödinger. Eine Biographie.* Theiss Verlag, 2015.

BERLIN HEISENBERG 1926

Werner Heisenberg: *Der Teil und das Ganze. Gespräche im Umkreis der Atomphysik.* Piper Verlag, 1969.

BERLIN SCHRÖDINGER 1926

Paul Halpern: *Einstein's Dice & Schrödinger's Cat. How Two Great Minds Battled Quantum Randomness to Create a Unified Theory of Physics.* Basic Books, 2015.

GÖTTINGEN 1926

Nancy T. Greenspan: *Max Born. Baumeister der Quantenwelt.* Spektrum Akademischer Verlag, 2006.

SOLVAY-KONFERENZ 1927

Louisa Gilder: *The Age of Entanglement. When Quantum Physics Was Reborn.* Alfred A. Knopf, 2008.

Carsten Held: *Die Bohr-Einstein-Debatte. Quantenmechanik und physikalische Wirklichkeit.* Schöningh, 1998.

Erhard Scheibe: *Die Philosophie der Physiker.* Verlag C. H. Beck, 2006.

BERLIN 1930

Julia Boyd: *Travellers in the Third Reich. The Rise of Fascism through the Eyes of Everyday People.* Elliot and Thompson, 2017.

SOLVAY-KONFERENZ 1930

Sigmund Freud, Arnold Zweig: *Briefwechsel.* S. Fischer Verlag, 1968.

Abraham Pais: *»Raffiniert ist der Herrgott…« Albert Einstein. Eine wissenschaftliche Biographie.* Spektrum Akademischer Verlag, 2000.

ZÜRICH 1931

Arthur I. Miller: *137. C. G. Jung, Wolfgang Pauli und die Suche nach der kosmischen Zahl.* Deutsche Verlags-Anstalt, 2009.

KOPENHAGEN 1932

Gino Segrè: *Faust in Copenhagen. The Struggle for the Soul of Physics and the Birth of the Nuclear Age.* Jonathan Cape, 2007.

OXFORD 1935

John Gribbin: *Erwin Schrödinger and the Quantum Revolution.* Bantam Press, 2012.

PRINCETON 1935

Adam Becker: *What Is Real? The Unfinished Quest for the Meaning of Quantum Physics.* Basic Books, 2018.

Rosine De Dijn: *Albert Einstein & Elisabeth von Berlin. Eine Freundschaft in bewegter Zeit.* Verlag Friedrich Pustet, 2016.

Arthur Fine: *The Shaky Game. Einstein, Realism and the Quantum Theory.* The University of Chicago Press, 1996.

GARMISCH 1936

Ernst Peter Fischer: *Werner Heisenberg – ein Wanderer zwischen zwei Welten.* Springer Verlag, 2015.

Werner Heisenberg, Elisabeth Heisenberg: *»Meine liebe Li!« Der Briefwechsel 1937–1946.* Residenz Verlag, 2011.

MOSKAU 1937

Graham Farmelo: *Der seltsamste Mensch. Das verborgene Leben des Quantengenies Paul Dirac.* Springer Verlag, 2016.

BERLIN 1938

David Rennert, Tanja Traxler: *Lise Meitner. Pionierin des Atomzeitalters.* Residenz Verlag, 2018.

ATLANTIK 1939

Richard von Schirach: *Die Nacht der Physiker. Heisenberg, Hahn, Weizsäcker und die deutsche Bombe.* Rowohlt Taschenbuch Verlag, 2014.

KOPENHAGEN 1941

David C. Cassidy: *Beyond Uncertainty. Heisenberg, Quantum Physics and the Bomb.* Bellevue Literary Press, 2009.

Ernst Peter Fischer: *Niels Bohr. Physiker und Philosoph des Atomzeitalters.* Siedler Verlag, 2012.

STOCKHOLM 1943

Joachim Fest: *Staatsstreich. Der lange Weg zum 20. Juli.* Siedler Verlag, 1994.

PRINCETON 1943

Jim Holt: *When Einstein Walked with Gödel. Excursions to the Edge of Thought.* Farrar, Straus and Giroux, 2018.

ENGLAND 1945

Martijn van Calmthout: *Sam Goudsmit and the Hunt for Hitler's Atom Bomb.* Prometheus Books, 2018.

BILDNACHWEIS

Tobias Hürter und der Verlag Klett-Cotta, Stuttgart, danken der akg-Images (Berlin) für die engagierte Unterstützung bei der Bildauswahl und für die freundliche Druckgenehmigung der folgenden Bilder:

S. 13: Madame Curie (AKG5440550; © akg-images / Science Source)
S. 35: Albert Einstein (AKG81628; © akg-images)
S. 236f.: Solvay-Konferenz (AKG5468844; © akg-images)
S. 119: Niels Bohr (AKG1048109; © akg-images)
S. 139: Werner Heisenberg (AKG5431035; © akg-images / Science Source)
S. 317: Erwin Schrödinger (AKG1051767; © akg-images / Imagno
S. 371: Wolfgang Pauli (AKG6363711; © akg-images / Keystone)

NAMENS- UND ORTSREGISTER

C

I

J

K